逆向工程基础及应用实例教程

张晋西　郭学琴　张甲瑞　编著

清华大学出版社
北京

内容简介

本书介绍四大著名逆向工程软件之首——UG NX 中提供的逆向工程造型软件 Imageware，抽出 Imageware 中最常用的部分加以介绍，重在实际操作技能的讲解，以期读者在短时间内掌握逆向反求的基本技巧。

全书分为两个部分——基础部分和实例部分。基础部分介绍 Imageware 基本知识，根据命令的使用频率，选择常用的优先加以讲解，重要命令均提供实例操作图形，并提供原始点云。实例部分首先根据产品结构特点，剖析逆向反求思路，然后一步步具体地讲解实现过程。精选的实例包含大量的逆向反求技巧，读者要认真体会，学会分析，逐步过渡到对任何复杂的产品均可提出有效的解决方案。

随书附赠的光盘提供了各章涉及的原始点云以及各步骤的反求结果文件共 60 个，读者可结合本书学习使用。

本书可作为高校教材，也可供设计技术人员阅读参考。

图书在版编目（CIP）数据

逆向工程基础及应用实例教程／张晋西，郭学琴，张甲瑞编著. --北京：清华大学出版社，2011.11（2017.8 重印）

ISBN 978-7-302-26283-1

Ⅰ. ①逆…　Ⅱ. ①张…　②郭…　③张…　Ⅲ. ①工业产品－计算机辅助设计－应用软件，Imageware－教材　Ⅳ. ①TB472-39

中国版本图书馆 CIP 数据核字（2011）第 141699 号

责任编辑：张秋玲　洪　英
责任校对：赵丽敏
责任印制：杨　艳

出版发行：清华大学出版社
网　　址：http://www.tup.com.cn，http://www.wqbook.com
地　　址：北京清华大学学研大厦 A 座　　**邮　　编**：100084
社 总 机：010-62770175　　**邮　　购**：010-62786544
投稿与读者服务：010-62776969，c-service@tup.tsinghua.edu.cn
质量反馈：010-62772015，zhiliang@tup.tsinghua.edu.cn
印 装 者：虎彩印艺股份有限公司
经　　销：全国新华书店
开　　本：185mm×260mm　　**印　　张**：11.5　　**字　　数**：280 千字
附光盘 1 张
版　　次：2011 年 11 月第 1 版　　**印　　次**：2017 年 8 月第 3 次印刷
定　　价：35.00 元

产品编号：036426-02

前言

逆向工程技术与传统的产品正向设计方法不同。它是根据已存在的产品或零件原型，重构产品或零件的CAD模型，在此基础上对已有产品进行剖析、理解和改进，是对已有设计的再设计。在整个逆向工程中，产品三维几何模型的CAD重建是最关键、最复杂的环节。因为只有获得了产品的CAD模型，才能够在此基础上进行后续产品的加工制造、快速成型制造、虚拟仿真制造、产品的再设计等。逆向工程技术涉及计算机图形学、计算机图像处理、微分几何、概率统计等学科，是CAD领域最活跃的分支之一。逆向技术在我国的应用日趋广泛，很多企业急需这方面的杰出人才。

Imageware由美国EDS公司出品，为UG NX中提供的逆向工程造型软件，居四大著名逆向工程软件之首，具有强大的点云数据处理、曲面造型、误差检测功能。可以处理几万至几百万的点云数据，根据这些点云数据构造的A级曲面(CLASS A)具有良好的品质和曲面连续性。利用Imageware的模型检测功能可以方便、直观地显示所构造的曲面模型与实际测量数据之间的误差以及平面度、真圆度等几何公差，所以该软件正被广泛应用于汽车、航空、航天、消费家电、模具、计算机零部件等设计与制造领域。该软件拥有广大的用户群，如国外有BMW、Boeing、GM、Chrysler、Ford、Raytheon、Toyota等著名国际大公司，国内则有上海大众、上海DELPHI、成都飞机制造公司等大企业。

本书讲解及实例操作采用目前广受好评的Imageware 12.1版本，全书共分为两个部分。

第1～5章为基础部分，介绍Imageware基本知识，根据命令的使用频率，优先选择最常用的命令加以讲解，突出重点，便于读者尽快入门。常用命令均提供实例操作图形，并提供原始点云及完成结果文件，供对照理解。

第6～9章为实例部分，首先根据产品点云结构特点，剖析逆向反求思路，列出思路要点，然后一步一步具体地介绍操作过程，进行产品逆向构形。对关键曲面的构造，进行详细介绍并适当拓展一些知识与技巧；对简单曲面的构造，用简洁的语言交代构造思路，并给出结果。每一步操作都详细列出了命令在菜单中的位置，便于读者快速寻找使用。精选的实例包含大量的逆向反求技巧，读者要认真体会，学会分析，逐步过渡到对任何复杂的产品均可提出有效的解决方案。

本书根据作者多年的教学经验，抽出 Imageware 软件中最常用的部分加以介绍，重在实际操作技能的掌握，指导读者在短时间内融会贯通逆向反求的基本技巧。

随书附赠的光盘提供了各章涉及的原始点云以及各步骤的反求结果文件共 60 个，读者阅读本书时，可打开这些文件，作为原始素材，并与自己操作的结果进行比较。

本书获得重庆理工大学教材出版重点资助，在此表示感谢。

由于作者水平有限，疏漏和错误之处在所难免，恳请读者批评指正。

作者电子邮箱：zjx2002cq@sina.com。

编　者

2011 年 5 月于重庆理工大学

目录

第 1 章

Imageware 基本操作

本章对 Imageware 界面做了简单介绍，通过一个由点云构造曲面的小实例，使读者对软件的一些基本操作有大致的了解；右键菜单是常用命令的集合，初学者应优先掌握；层管理器可以给软件操作、管理带来极大的方便，本章对此做了解释和说明。掌握本章内容，可使读者在短时间内快速熟悉 Imageware 的基本操作。

1.1 Imageware 12.1 界面简介

运行 Imageware 12.1 后，软件界面如图 1.1 所示。界面主要包括视图区、菜单栏、工具条、滑动条、视图下拉列表、图层下拉列表、图形信息提示栏、命令信息提示栏、方位坐标、单位下拉列表等。

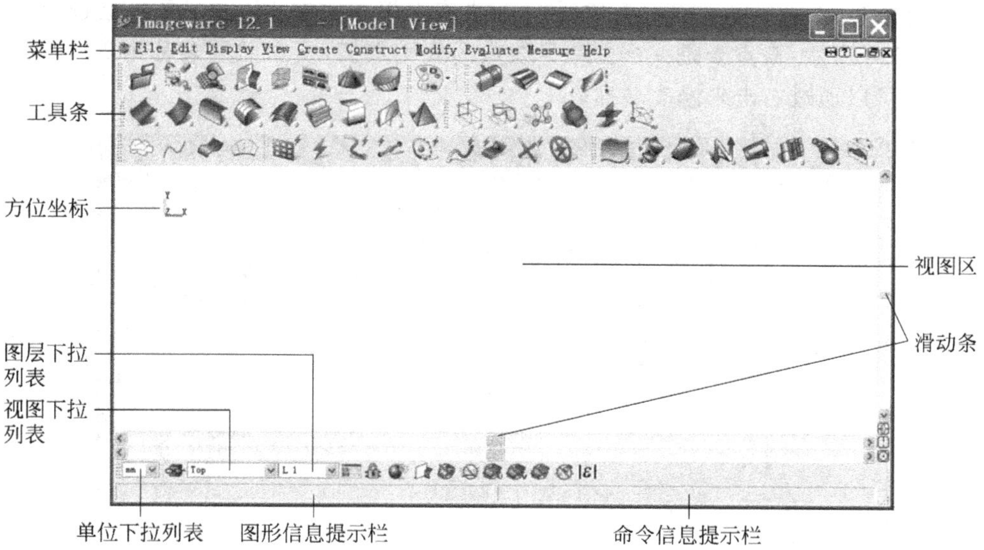

图 1.1

(1) 视图区：显示打开的图形文件。

(2) 菜单栏：包含软件的所有命令。

(3) 工具条：和菜单功能一样，但通过图标可直观地选择命令。工具条中，右下角有凸起圆点的图标，按住鼠标左键不放，周围会弹出其余命令图标，如图 1.2 所示；灰色显示的图标表示目前视图区没有可供操作的元素(如点云、曲线或曲面等),不可选择执行相关命令。

(4) 滑动条:拖动该滑动条,可方便地移动或旋转视图区中的图形。至于是移动还是旋转方式,可通过右击视图中空白处弹出的右键菜单来选定。

(5) 视图下拉列表:顶视图、底视图等 8 个视图,分别对应功能键 F1~F8,利用功能键可快速切换当前视图。

图 1.2

(6) 图层下拉列表:选择任意图层设置为当前层。

(7) 图形信息提示栏:显示当前实体信息。例如,当右击某曲面时,出现右键菜单的同时,该栏显示曲面的名称、所在层、跨度数、曲面阶次等。

(8) 命令信息提示栏:当执行某一命令时,实时提示下一步应如何操作。例如,提示用鼠标左键选择图中曲线等。当执行某些命令时,如果不知道下一步该如何做,可参考此提示信息。

(9) 方位坐标:位于视图的左上角,不受图形缩放的影响,给图形提供参考方位。

(10) 单位下拉列表:文件导入是没有测量单位的,可以在这里的下拉列表中设置单位,默认值为毫米。

1.2 快速入门小实例

下面介绍一个简单的实例,通过点云反求曲面,使读者对软件操作有个大致的了解。

(1) 选择 File→Open,打开光盘文件“1-1 快速入门小实例 1”,在工具条上选择层管理器,如图 1.3 所示,该点云是一个去除了杂点的规则点云,所在图层名称为 L1,点云名称为“1”,用户可以通过右击来修改名称。

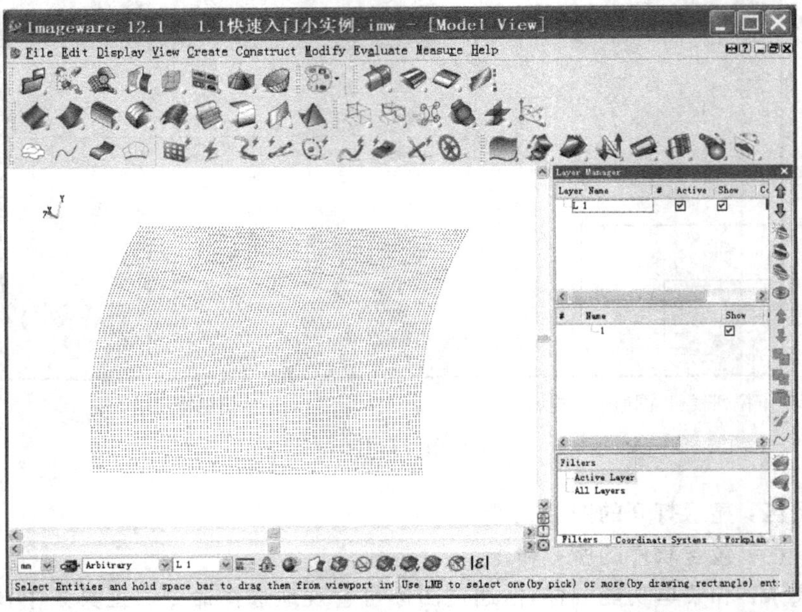

图 1.3

(2) 右击点云,选择,如图 1.4 所示,得到点云特性显示对话框,如图 1.5 所示,可以根据点云的名称,修改点云显示的形状为 Cross Mark(十字形)或 Circle(圆形)等,也可改变点云的颜色(Color)、点云的大小(Point Size)等。最后单击 Apply 按钮完成对话框的设置。

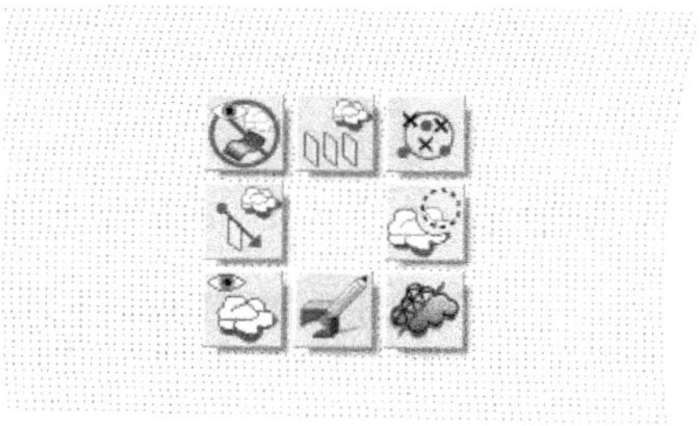

图 1.4

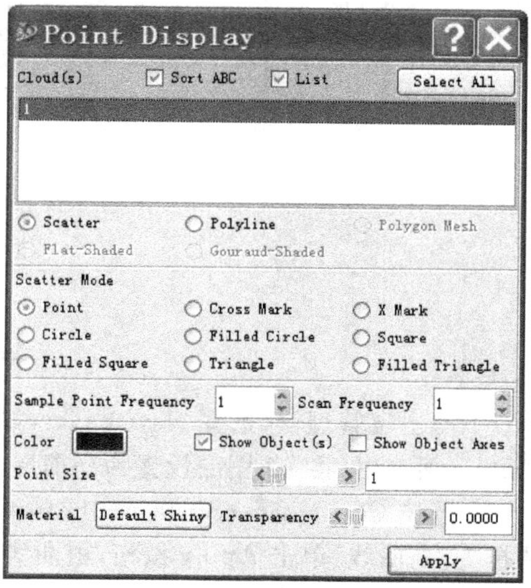

图 1.5

(3) 右击层管理器,选择 New Layer,如图 1.6 所示,新建立一个名为 L2 的图层。并且选中 Active 项,将 L2 图层设置为当前层(活动层),此后操作命令生成的新的点云、曲线、曲面等实体,均将位于这一层上。

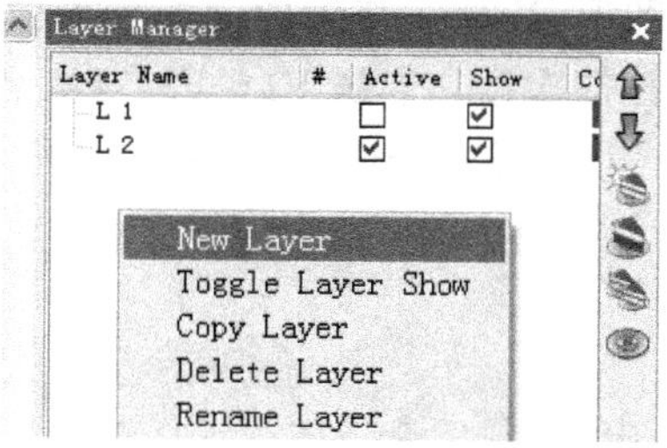

图 1.6

(4) 右击点云,选择,如图 1.7 所示,得到平行剖切点云对话框,在 Sections 文本框中输入 10,选中 Auto Calculate Spacing 复选框,自动计算各截面的间距,单击 Apply 按钮确定。

(5) 选择 Construct→Curve from Cloud→Uniform Curve,如图 1.8 所示,选择新得到的名为"1 SectCld"的

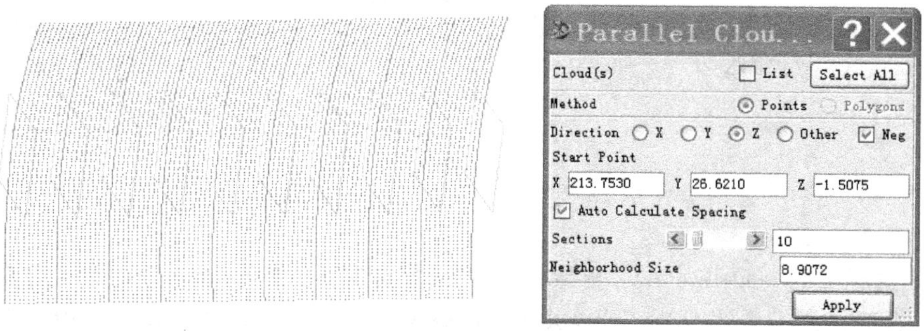

图 1.7

点云，单击 Apply 按钮，由点云得到 10 条均匀曲线。

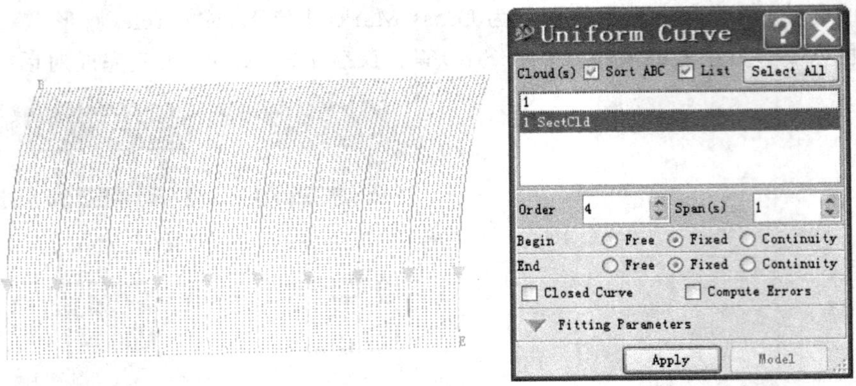

图 1.8

(6) 右击层管理器，选择 New Layer，如图 1.9 所示，新建立一个名为 L3 的图层。并且将 Active 项选中，将 L3 图层设置为当前层。

(7) 选择 Construct→Surface→Loft，如图 1.10 所示，依次选择 10 条曲线，单击 Apply 按钮，由曲线得曲面。

(8) 在层管理器中，取消图层 L1、L2 对应的 Show 的勾选，如图 1.11 所示，用鼠标单击 L3 图层，下面部分显示该图层上只有一个名为 LoftSrf 的曲面，就是刚刚生成的曲面。右击图形，选择将该曲面渲染着色。至此，完成了点云重构曲面。依次按功能键 F1～F8，观察各种视图状态下的实体显示。

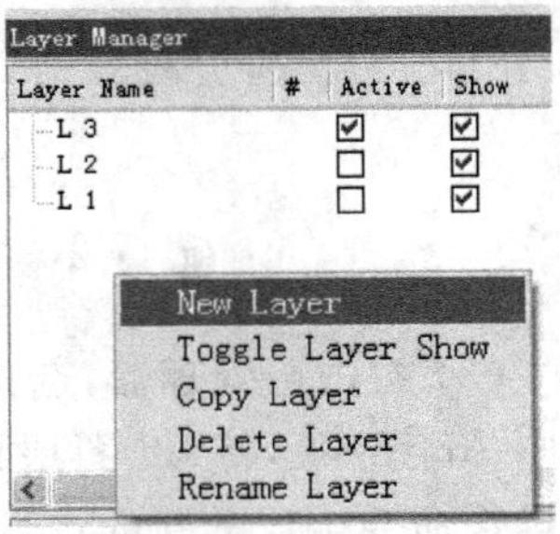

图 1.9

(9) 选择 File→Save As，将完成的曲面另存为文件“1-2

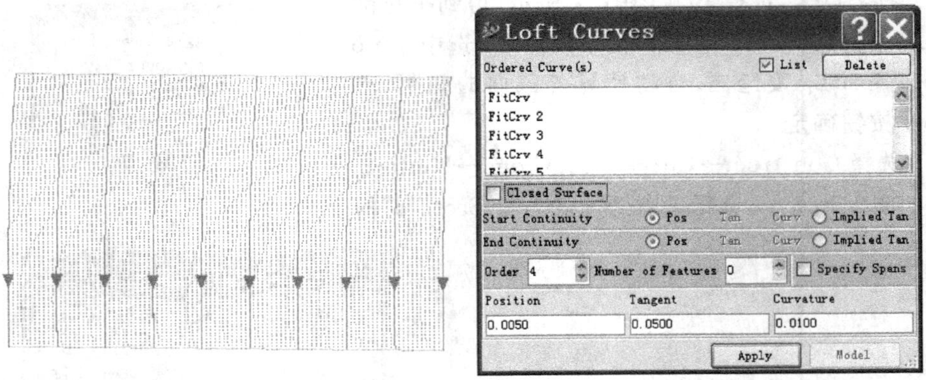

图 1.10

快速入门小实例 2”。

(10) 选择 Edit→Delete All，删除视图中的所有实体，使 Imageware 处于空白文件状态，这样，重新打开一个文件时，不必关闭 Imageware，也不会使两个文件的内容重叠在一起。切换操作文件时，经常需要运用这一方法。

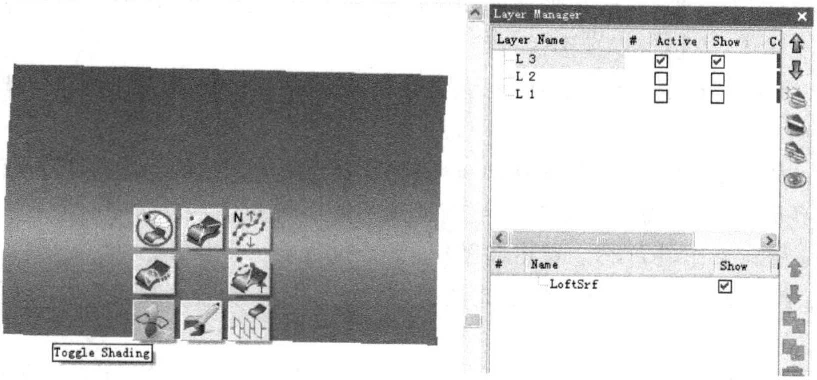

图　1.11

1.3　基本操作与常用命令

Imageware 的操作方式以鼠标为主，键盘为辅。很多工作只用鼠标就可以完成，对鼠标和键盘的熟练程度决定了工作效率。使用三键鼠标，三键各司其职。

1. 鼠标左键

鼠标左键用来选取操作中的所有对象，如几何体、图标、菜单、对话框中的命令和按钮、下拉菜单等。

2. 鼠标中键

鼠标中键目前很多是滚轮形状，按下中键，其作用相当于单击对话框中的 Apply 按钮。

3. 鼠标右键

鼠标右键是功能键，聚集了一些最常用的命令，很多操作均可使用右键菜单来完成。因此，开始学习的时候，熟悉右键菜单，不失为一种快捷的入门方式。

选择 File→Open，打开光盘文件“1-1 快速入门小实例 2”，当分别右击视图空白区域、点云、曲线、曲面时，会弹出不同的浮动工具条，可选择执行一些最常用的命令。另外，当分别右击坐标系、约束和群组时，也会有不同的工具条出现。

下面对这些命令分别加以介绍。

1）在空白区域上右击

右击视图的空白区域，将出现图 1.12 所示的右键菜单。

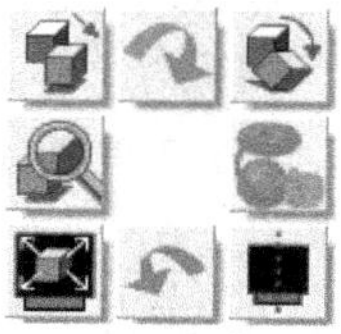

图　1.12

（1）：移动视图（Translate View）。移动鼠标，实体随视图平行移动。快捷实现方式：Shift 键＋鼠标右键。

（2）：旋转视图（Rotate View）。移动鼠标，旋转视图。快捷实现方式：Shift 键＋鼠标左键。

（3）：区域放大（Zoom In Boundary）。按住鼠标左键不放，拖动鼠标，形成一个矩形区域，放大矩形内的图形。快捷实现方式：Shift 键＋鼠标中键。此外，按住上下箭头键↑、↓也可对视图进行缩放。

(4) ：变比例显示实体(Toggle Non-proportional Zoom Mode)。单击此图标，实体在正常长宽比与变比之间切换。

(5) ：完整显示实体(Fill Screen)。实体充满整个视图，显示实体的所有部分，当实体超出图形界面时，用此命令快速显示当前视图中的所有实体。

(6) ：重新操作(Redo)。单击此图标，重新执行上一步操作。

(7) ：撤销操作(Undo)。单击此图标，撤销上一步操作。误操作时，可使用此命令退回。

(8) ：镜像显示当前实体(Mirror Display)。单击此图标，将当前实体镜像显示，默认镜像平面为 $Y=0$。在检查实体的对称性时，经常用到该命令。如果误按了此图标，视图中会出现另一个对称实体，这常常会使初学者感到困惑，再次单击此图标，就可消除镜像。

2）在点云上右击

在点云上右击，将出现图 1.13 所示的右键菜单。

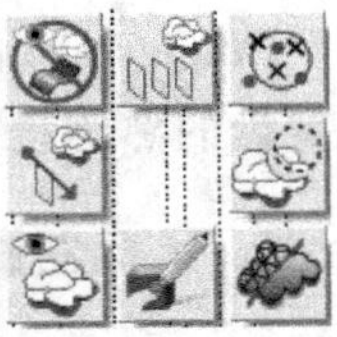

图 1.13

(1) ：隐藏实体(Hide Entity)。隐藏右击的实体。

(2) ：平行剖切点云(Parallel Cloud Cross Sections)。给定方向，获得一组平行的扫描线(Scan Lines)。

(3) ：减少点云(Space Sampling)。当点云太密时，采用此命令使点云均匀地稀疏。方法有两种，一种是给出两点间距(Distance Tolerance)，此操作删除距离之内的点，如图 1.14 所示；一种是给出剩余点云的总数(To Total Number)。

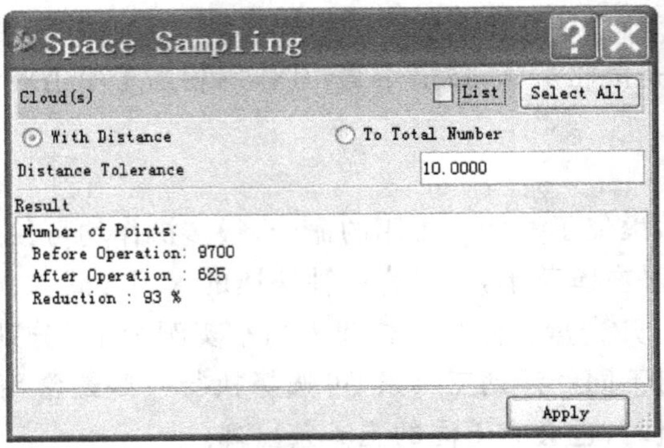

图 1.14

(4) ：交互剖切点云(Interactive Cloud Cross Sections)。用鼠标在点云上选点连线，剖切点云，获得扫描线(Scan Lines)。

(5) ：多边形框选点云(Circle-Select Points)。可以进行提取部分点云、删除部分点云、去掉噪声点或多余点等操作。该命令是点云处理的常用方法，使用频率较高。

(6) ：点云显示(Point Display)。可以改变点云中点显示的形状(点、圆、十字形等)、显示/隐藏点云、减少可见点的数量等。

(7) ：删除实体(Cut Entity)。右击需要删除的实体，删除该实体。此外，也可按下 X 键，在出现的对话框中选择需要删除的实体。

(8) ：点云多边形化(Polygonize Cloud)。把点云用三角面片连接起来，可以使点云以离散、着色等方式显示，便于观察点云的全貌形状。如图 1.15 所示。

3) 在曲线上右击

在曲线上右击，出现如图 1.16 所示的右键菜单。

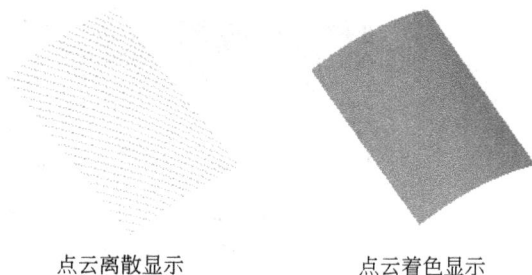

点云离散显示 点云着色显示

图 1.15

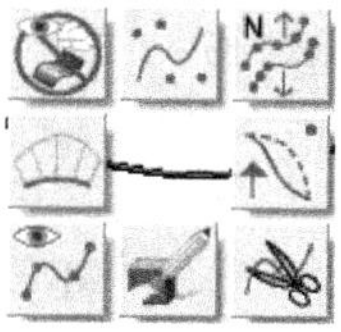

图 1.16

(1) ：显示/隐藏曲线的控制点(Toggle Control Point Visibility)。如图 1.17 所示。

图 1.17

(2) ：重新参数化曲线 (Redistribute B-Spline)。增加曲线的 Order(阶次)或 Span(跨度)数，控制点增多，可使曲线模拟更复杂的形状，但将增加编辑曲线的难度，影响曲线的光顺性。如图 1.18 所示。

(3) ：显示/隐藏曲线的曲率图(Toggle Create Curvature Plot) 。在曲线上右击，切换曲率图的显示与隐藏状态，这是评估曲线光顺性的方法之一。如图 1.19 所示。

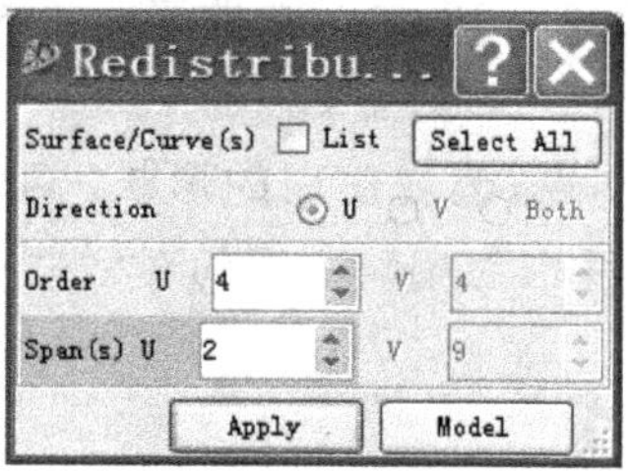

图 1.18

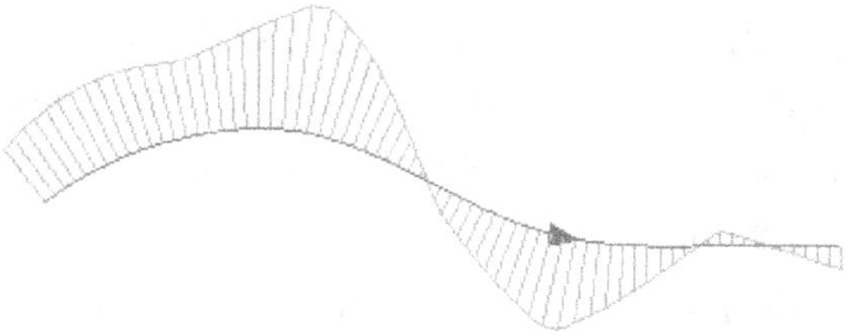

图 1.19

(4) ：编辑曲线 (Edit Curve)。修改曲线的控制点，改变曲线的形状。可以用鼠标拖动控制点，也可准确地输入控制点的坐标修改值。如图 1.20 所示。

(5) ：显示/隐藏曲线的节点(Toggle Knot Visibility)。如图 1.21 所示。

(6) ：剪断曲线(Snip Curve(s))。可以用取点、曲线、平面等方式剪断曲线。如图 1.22 所示。

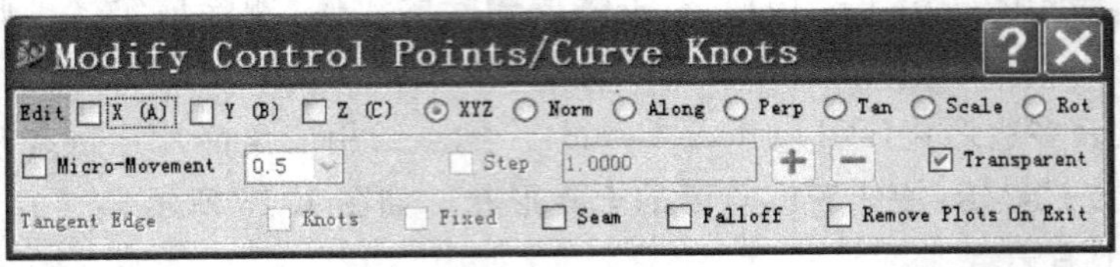

图 1.20

图 1.21

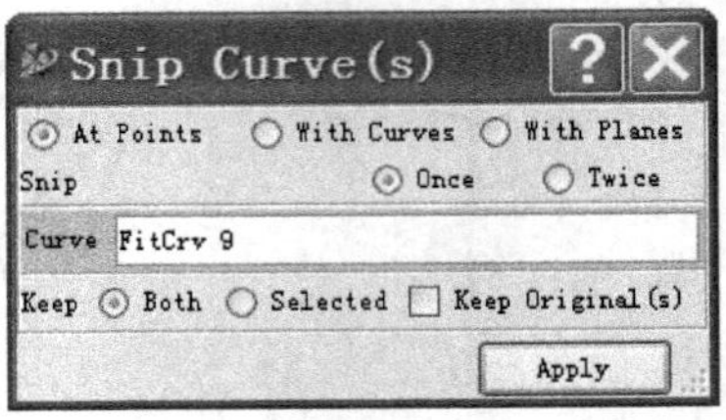

图 1.22

4) 在曲面上右击

在曲面上右击，出现如图 1.23 所示的右键菜单。

(1) ：显示/隐藏曲面的控制点(Toggle Control Point Visibility)。如图 1.24 所示。

图 1.23

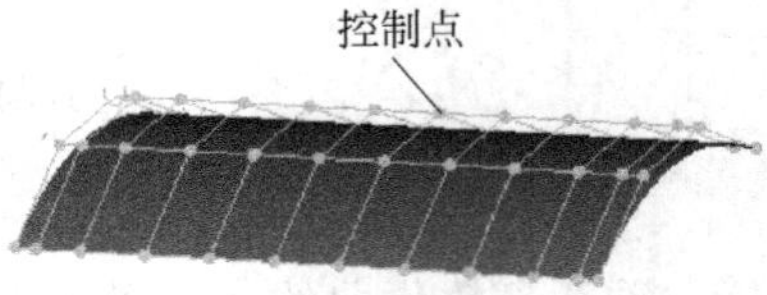

图 1.24

(2) ：重新参数化曲面(Redistribute B-Spline)。增加曲面的 Order(阶次)或 Span(跨度)，控制点增多，可使曲面模拟更复杂的形状，但将增加编辑曲面的难度，影响曲面的光顺性。其对话框与重新参数化曲线的对话框一样，如图 1.18 所示。

(3) ：显示/隐藏曲面的曲率图(Toggle Create Curvature Plot)。在曲面上右击，切换曲率图的显示与隐藏状态，这是评估曲面光顺性的方法之一。如图 1.25 所示。

(4) ：编辑曲面(Edit Surface)。用来修改曲面的控制点，改变曲面的形状。可以用鼠标拖动控制点，也可准确地输入控制点坐标修改值。其对话框与编辑曲线的对话框一样，如图 1.20 所示。

(5) ：切换曲面线框/着色显示。如图 1.26 所示。

图 1.25

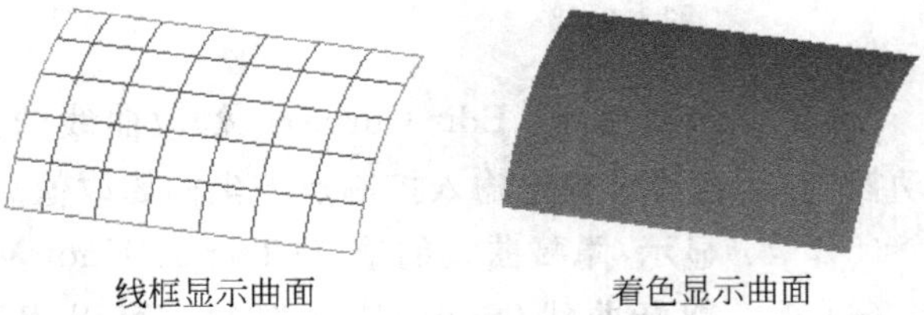

图 1.26

(6) ：曲面剖切(Surface Cross Sections)。在曲面上剖切，获得点云扫描线、图形、曲线、曲线组。

1.4 图层与群组管理

Imageware 软件中有众多实体，如点云、曲线、面等，它们具有以下共同的特征。

(1) 有名称：系统会为每一个实体提供唯一的名称，此名称可被用户重命名。

(2) 有可见性：实体的可见性决定了它的可选性。

(3) 颜色：每个实体都有系统默认的颜色，用户可以通过编辑改变实体的颜色。

(4) 层：每个实体都必须位于某一个层中，一般情况下，所有实体会被放置于同一层中。实体的存在构成了软件的处理对象，Imageware 可以利用层和群组工具来处理这些对象。

1.4.1 层管理器

层管理是 Imageware 中最基本的操作，也是非常有效的操作，特别是对于复杂的数模，适当地利用层管理分类管理文件的不同部分，可以极大地提高工作效率，避免错误的产生，同时也方便后续管理。

选择 Edit→Layer Manager，或在工具条中单击，弹出层管理器对话框，如图 1.27 所示。

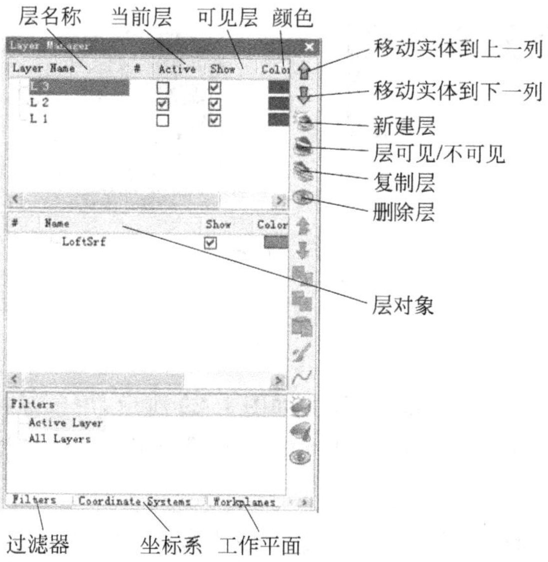

图 1.27

层管理器主要部分名称如图 1.27 所示。可以用后边的图标命令进行移动、新建等对每层进行操作，也可用右键菜单执行这些命令。对于层管理器应重点掌握下面几点。

(1) 层名称：新建图层时，软件默认名为 L1、L2、L3、…可用右键命令修改层名称。

（2）当前层：当前层（Active）也叫活动层，执行命令新获得的实体将位于该层，比如点云、曲线、曲面等。如图 1.27 所示，当前层为选中的 L2 层，虽然鼠标目前位于 L3 层，但生成的实体将在 L2 层上。当前层只能设置一个，选中 Active 复选框，可设置该层为当前层。

（3）层对象：用鼠标选中的层，将在层管理器中部显示该层的所有对象。如图 1.27 所示，显示的是 L3 层的对象，只有一个曲面，名为 LoftSrf。

（4）可见层：视图区显示（Show）的实体，为所有可见层上的实体。可见层可以包括任意多个。选中 Show 复选框，可设置该层为可见层；取消 Show 复选框的选中状态，该层上所有实体将隐藏。常用于减少显示对象，使视图简洁，便于观察与操作。

（5）新建层：可用右键菜单或层管理器右边的图标按钮新建一个图层，如图 1.27 所示。对操作内容较多的模型，开始一个新的部分构造时，可以新建一个图层，并设置为当前层，使得新生成的实体位于该层，便于显示、隐藏等管理操作。

1.4.2 群组

与层一样，利用群组也可以方便数据的管理，它可以将两个及两个以上实体绑定成一体，在实现对齐与定位命令时，最为常用。

打开光盘文件"1-3 群组"，选择 Edit→Creat Group，可以在弹出的对话框中选择实体，创建群组，如图 1.28 所示。选择 Edit→Ungroup，可取消已经创建的群组。

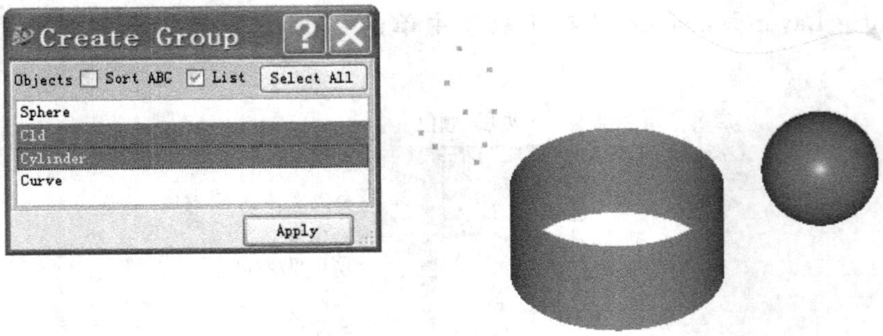

图 1.28

1.4.3 捕捉模式

工具条中，Global Snap（全局捕捉）模式如图 1.29 所示，用鼠标在该工具条上选择图标时，软件能准确地捕捉点的位置。该工具条由 3 个部分组成：属性过滤器、捕捉模式选项、捕捉模式开关。

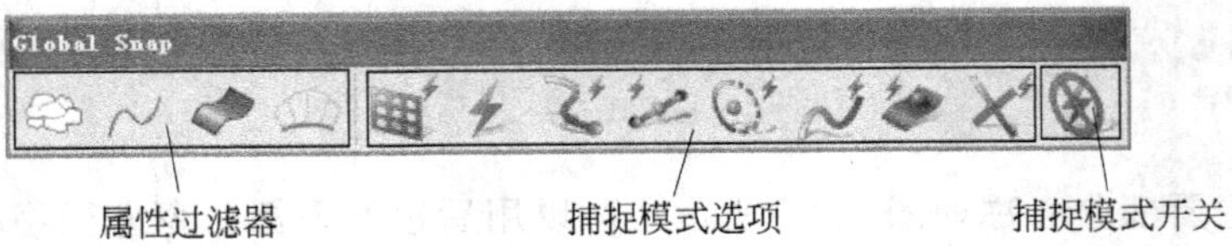

图 1.29

(1) 属性过滤器

如图 1.29 所示,从左至右依次为对点云过滤、对曲线过滤、对曲面过滤、对图形(例如曲率显示图形等)过滤。其作用是当视图中出现多种属性实体时,如同时存在点云和曲线,而这多个物体重叠显示在欲选择的点云或曲线上,这时可以单击点云或曲线按钮,来过滤所需要选取的实体,这样可以方便实体的选择。

(2) 捕捉模式选项

一共有 8 个,如图 1.29 所示,从左至右依次是网格点、点选位置、曲线端点、曲线中点、圆心点、曲线上点、曲面上点、交点。可以打开一个或同时打开几个进行捕捉。

(3) 捕捉模式开关

如图 1.29 所示,单击捕捉模式的开关,将在打开与关闭之间进行捕捉模式切换。打开光盘文件“1-4 捕捉模式”,如图 1.30 所示,选择 Create→3D Curve→3D B-Spline,绘制样条曲线,体会打开/关闭捕捉模式开关时的各种捕捉模式。当捕捉到点时,会有锁住的感觉。

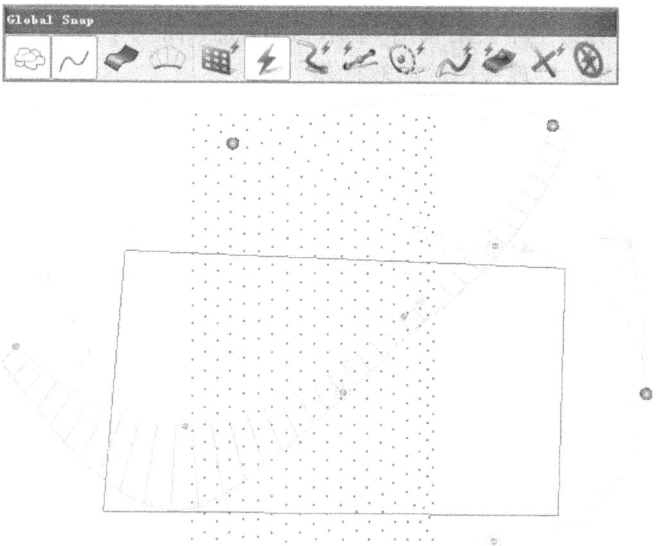

图　1.30

1.5　常用快捷键

快捷键是通过按键盘上的一个键或同时按下多个键执行某一命令,往往比用鼠标选择菜单或工具条命令更迅速,是提高软件使用效率的重要手段。具有快捷键的命令,在菜单命令后面均有标注。例如,菜单命令 Display→Point→Display 后面的 Ctrl+D,即是该命令的快捷键。如图 1.31 所示。

Imageware 软件为用户提供了众多的快捷键,按类别分有视图操作快捷键、文件操作快捷键、编辑快捷键、显示快捷键、创建快捷键、构造快捷键、评估快捷键和测量快捷键等。这

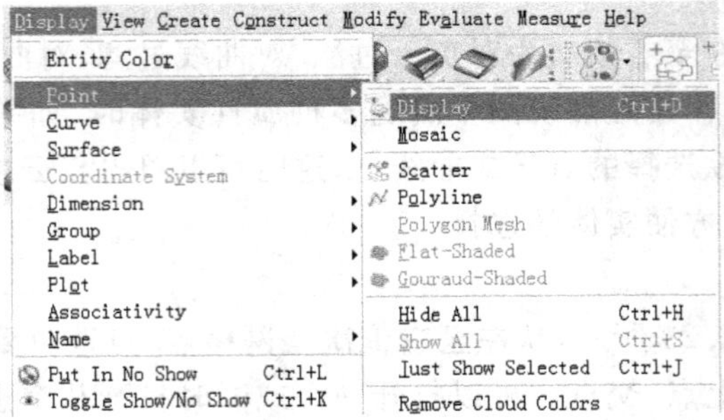

图 1.31

里列出对初学者来说几种常用的快捷键。可选择 File→Open，打开光盘文件“1-2 快速入门小实例 2”，配合练习。

1. 视图快捷键

F1～F8：实现视图的“上下左右前后”显示和两种轴测视图显示。

↑、↓：上、下箭头键，实现视图的缩放操作。

Ctrl＋F 为全屏显示；Ctrl＋1 为单一视图显示；Ctrl＋4 为标准的 4 个视图窗口显示。

2. 实体过滤器＋热键

在快捷键中常使用 Ctrl 键和 Shift 键作为过滤键，一般情况下，Ctrl 键为点过滤键；Shift 键为曲面过滤键；Ctrl＋Shift 组合键为曲线的过滤键；Alt＋Shift 组合键为群组的过滤键。通常过滤键和一些热键的组合运用，比如前面提到的“D(Display)”、“H(Hide)”分别为“显示”和“隐藏”的热键，如果分别用 Ctrl 键、Shift 键和 Ctrl＋Shift 组合键与这两个热键组合就会出现如下命令。

Ctrl＋D：点显示命令。

Ctrl＋H：点隐藏命令。

Shift＋D：面显示命令。

Shift＋H：面隐藏命令。

Ctrl＋Shift＋D：线显示命令。

Ctrl＋Shift＋H：线隐藏命令。

Alt＋Shift＋D：群组显示命令。

Alt＋Shift＋H：群组隐藏命令。

搞清楚过滤键与热键的组合使用后，只需多记一些热键，就能很方便地记忆很多命令。如“J(Just)”为“仅显示”热键，“S(Show)”为“显示所有的”热键，“K”为“剪断”热键，“R”为“反向”热键，“F”为“自由(曲线或曲面)”热键，“Q”为“与点云距离”热键。

3. 其他常用快捷键

X：删除对象。

G：创建群组。

Shift+U：取消群组。
Shift+N：显示对象所有名称。
Ctrl+Shift+N：隐藏所有对象名称。
Ctrl+N：更改对象名称。
Shift+P：创建点命令。
Ctrl+Shift+P：选择删除点命令。

第 2 章

点 云 操 作

点云是 Imageware 逆向反求的原始数据，对点云进行处理是反求的首要步骤，本章介绍处理点云的常用命令，按照各命令的特点和作用对其进行分类讲述，主要包括点云分类和创建、点云分割、点云处理、按特征提取点云、多边形化点云与编辑、点云测量与查询等，对使用频率高的命令，随书光盘中给出了数据文件，结合实例操作讲解。

2.1 点云分类和创建

在实施逆向造型之前，必须要有实物或模型的测量数据，这些数据便是通常所说的点云。测量数据的过程叫做实物或模型的数据化，它是模型重建的基础，数据化结果的好坏直接影响对实物或模型描述的精确度和完整度，从而影响逆向造型的质量。因此，高效、高精度地实现实物或模型表面的数据采集，是实现逆向造型的重要步骤。目前，逆向工程采用的数据采集方法总体来说有两种：接触式测量和非接触式测量。其中三坐标测量机、激光三角法、立体视觉法的应用相当成熟，使用得非常广泛。

在 Imageware 中，点云数据有多种各具特色的分类和显示方法，以方便在不同条件要求下使用；在建模时，有时需要根据个人要求添加一些点或是几块点云，软件为满足这种需求，也提供了点云创建的命令。

2.1.1 点云分类

在 Imageware 中，按照点云数量或点云的显示方式等，点云可以分为不同的类别。

1. 按照数量分类

(1) 奇点(Singular)：一个点。

(2) 任意点云(Arbitrary)：多个无序点，此类点云一般由手动式的坐标测量仪获取。

(3) 点云(Cloud)：点的集合，从奇点到成千上万的点。

2. 按显示方式分类

为了方便观察，Imageware 提供了点云的 5 种显示方式，也叫模态(Viewing Mode)。选择 Display→Point，弹出点显示菜单，上面提供了离散点(Scatter)、折线(Polyline)等 5 种显示方式，如图 2.1 所示。此外，在点云上右击，选择，也可转换这 5 种显示方式，如

图 2.2 所示。

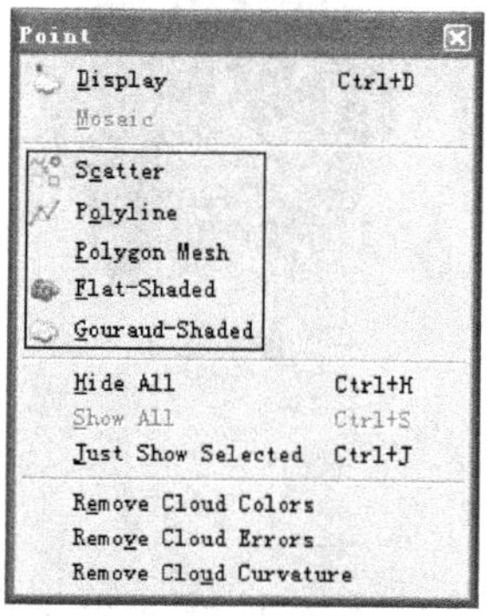

图　2.1

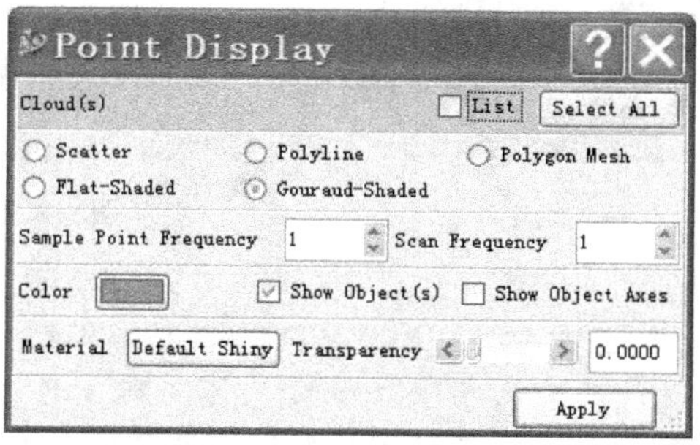

图　2.2

1) Scatter(离散点)

离散点是点云在 Imageware 中默认的显示方式,以离散点的方式显示点云能降低计算机显卡的负担,提高显示速度,在打开海量点云时此种显示方法优势更为明显,显示状态如图 2.3 所示。

2) Polyline(折线)

按点的顺序将点用直线连接,用于检查点是有序还是无序,显示状态如图 2.4 所示。注意不要将折线显示的点云误解为曲线。

3) Gouraud-Shaded(高洛德着色)

高洛德着色是目前较为流行的着色方法,比平面着色更先进一些,它为物体的每个顶点提供了一组单独的色调值,并对各顶点的颜色进行平滑、融合处理。它渲染的物体具有极为丰富的颜色和平滑的变色效果。

打开光盘文件“2-1 玫瑰花”,右击点云,选择,如图 2.5 所示,显示状态如图 2.6 所示。

图　2.3

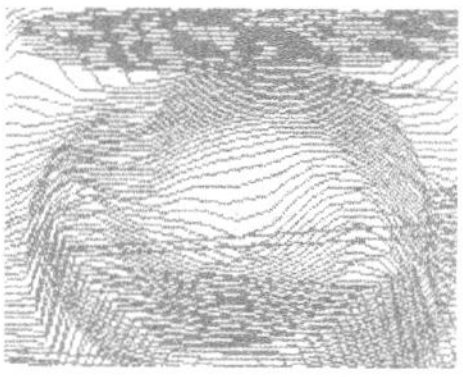

图　2.4

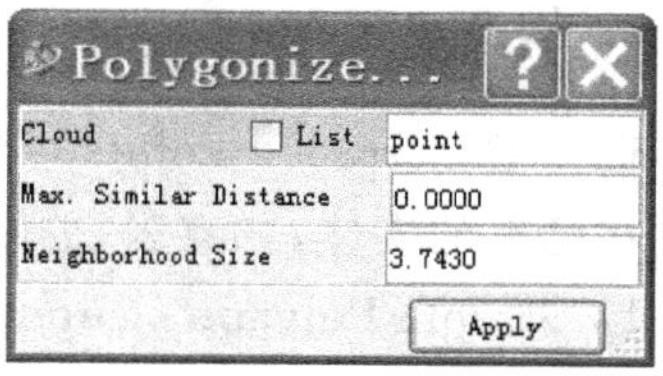

图　2.5

4) Polygon Mesh(三角网格)

以三角网格的方式显示点云,常用来判断点云的形状,显示状态如图 2.7 所示。

5) Flat-Shaded(平面着色)

平面着色是最简单也是最快速的着色方法,每个多边形都会被指定一个单一的且没有变化的颜色。这种方法虽然效果不够真实,不过它非常适用于侧重细致度的场合,如图 2.8 所示。

图 2.6

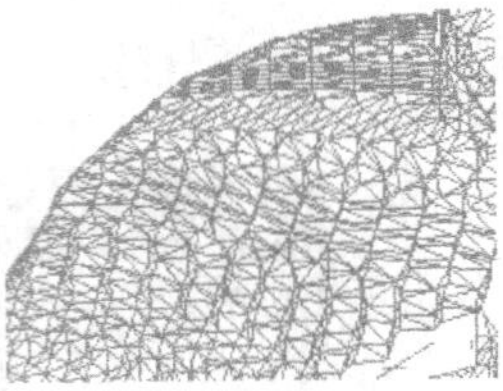

图 2.7

图 2.8

2.1.2 获得点云

点云一般由三维坐标测量仪对实物进行扫描获得，但有时为了建模的需要也进行点云的创建(Create)或构造(Construct)。Imageware 提供了几种创建点云和构造点云的方法。

1. 创建点云

选择 Create→Points，弹出创建点云对话框，如图 2.9 所示，在视图工作区的任何位置上单击，获得若干个需要的点后，单击 Apply 按钮，即可创建一些点云。在用此命令创建点云时，通常都会结合工具条上的全局捕捉器一起使用，否则生成的点云会自动向当前视图投影，导致创建的点云偏离所需位置。

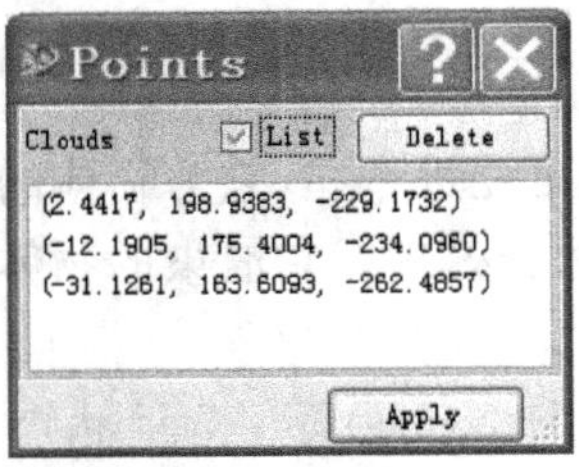

图 2.9

图 2.10

2. 构造点云

选择 Construct→Points 可以构造点云。构造点云与创建点云的最大区别在于，构造点云是在已有的实体，如点云、曲线、曲面、图形上等构造得到新的点云。

1) Sample Polygon Centers(取样三角面的中心点)

打开光盘文件"2-1 玫瑰花"，用三角网格(Polygon Mesh)的方式显示。选择 Construct→Points→Sample Polygon Centers，弹出取样三角面中心点对话框，如图 2.10 所示，选择三角网格面，单击 Apply 按钮，在三角网格面的中心创建点云，点云创建前后对比如图 2.11、图 2.12 所示。

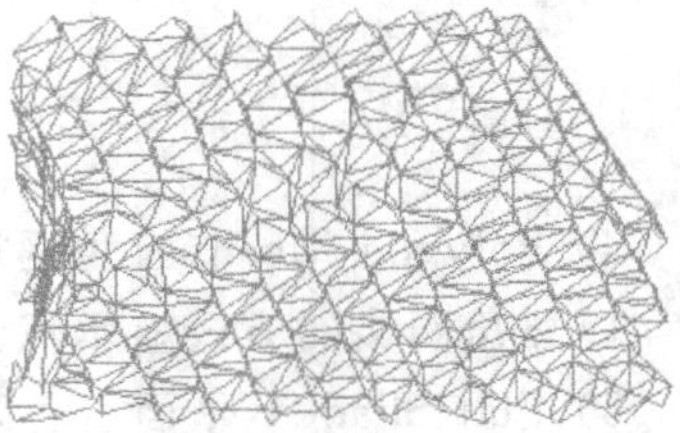

图 2.11

2) Sample Curve(取样曲线)

取样曲线顾名思义就是在曲线上取样一些点，构造点云。选择 Construct→Points→

Sample Curve，弹出取样曲线对话框，如图 2.13 所示，对话框中提供了 3 种曲线取样方式。

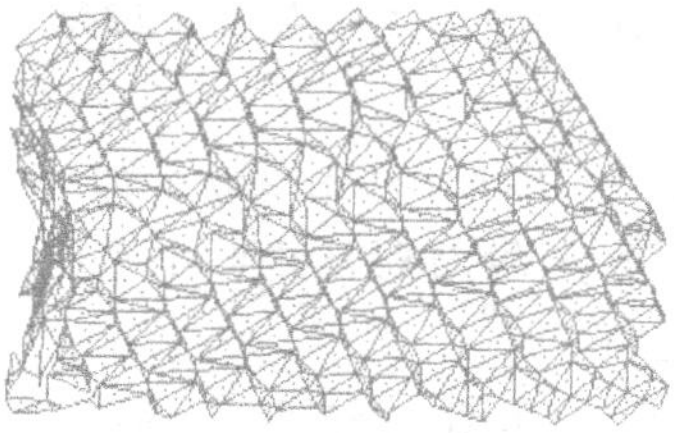

图 2.12

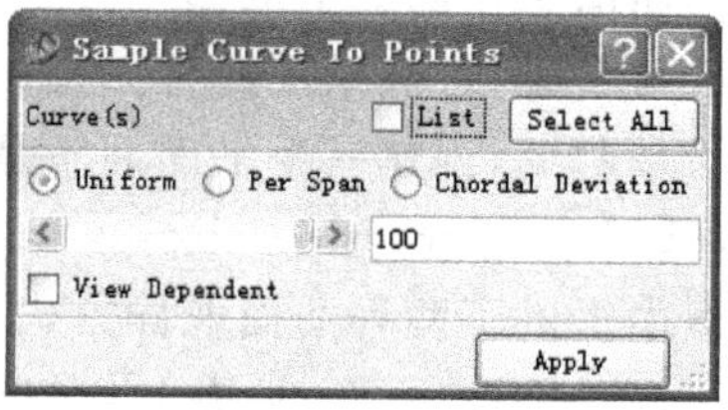

图 2.13

Uniform：均匀取样。取样曲线时，取样点在沿着曲线上的距离是相等的，如选择 View Dependent，则取样点之间距离在视图方向上是相等的。

此种方式需要指定取样点数，取值可在 2～100 之间。选择 Create→3D Curve→3D B-Spline，绘制一条曲线，然后，选择 Construct→Points→Sample Surface，如图 2.14 所示，获取样点，取样方式为 Uniform，取样点数为 10，视图设置为顶视图。切换视图到左视图，如图 2.15 所示，可知取样点距离在视图方向上是不相等的。

图 2.14

图 2.15

撤销以上操作，选中 View Dependent 复选框，其他设置不变，如图 2.16 所示，视图设置为左视图，如图 2.17 所示，可知所得样点距离在视图方向是相等的。

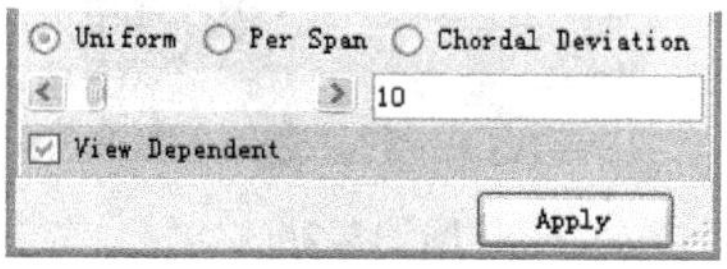

图 2.16

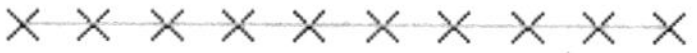

图 2.17

Per Span：以曲线的节点段为单位取样曲线，在每段上所生成的点是均匀分布的。如图 2.18 所示，取样点数为 3，图中圆点为节点，叉点为取样点。

Chordal Deviation：用指定弦偏差法取样点云。如图 2.19 所示。

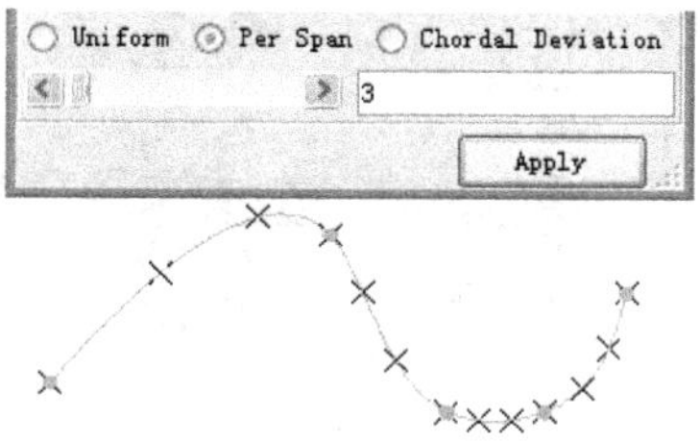

图 2.18

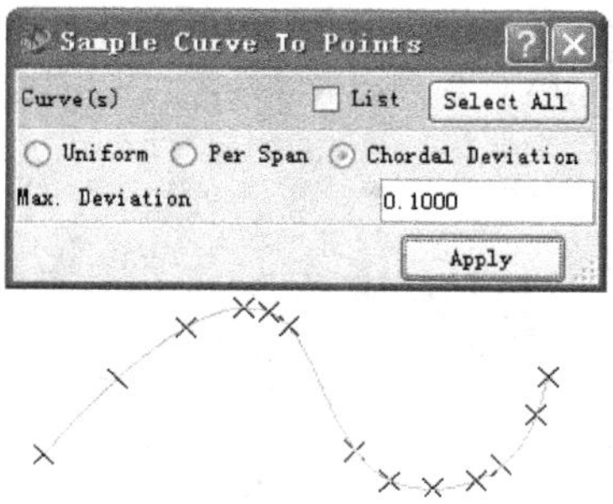

图 2.19

3) Sample Surface(取样曲面)

取样曲面是在曲面上取样一些点，构造得到点云。当已经有曲面，需要反过来得到在该曲面上的点云时，可以采用此种方法。

为简单起见，创建一个平面而不是曲面。选择 Create→Plane→Center/Normal，创建一个平面，选择 Construct→Points→Sample Surface，弹出取样曲面对话框，如图 2.20 所示，该对话框中提供了两种曲面取样方式。

Uniform：沿曲面 U、V 方向均匀地生成点云，如图 2.21 和图 2.22 所示，沿 U 方向均匀地生成 8 列，沿 V 方向生成 5 列。

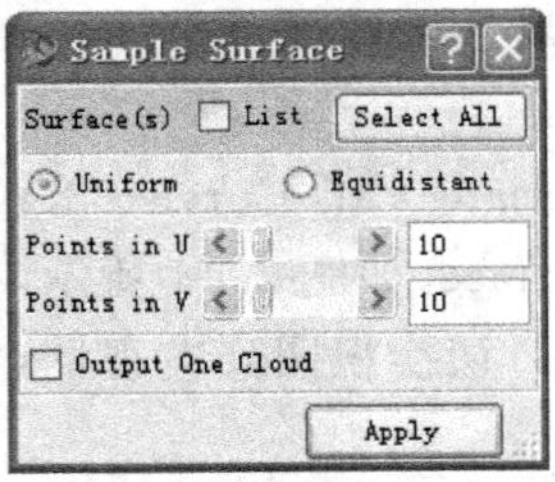

图 2.20

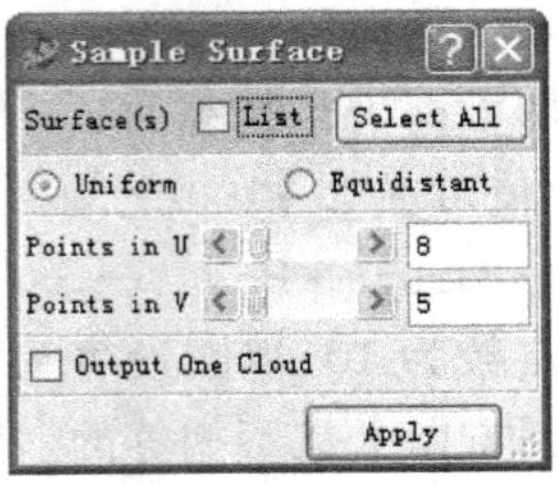

图 2.21

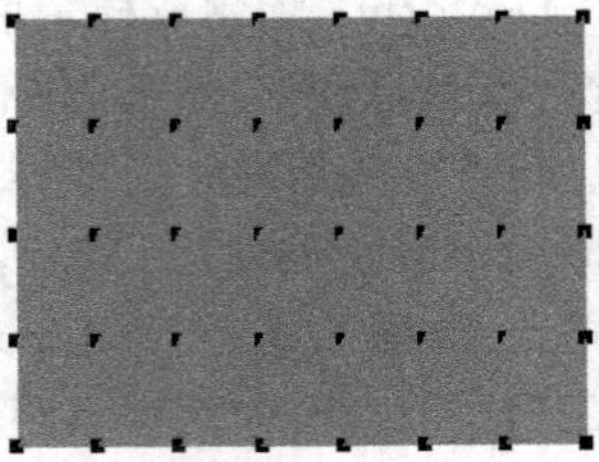

图 2.22

Equidistant：在曲面上按照指定的取样距离(Sample Distance)取样，如图 2.23 和图 2.24 所示，在 50 mm 以内均匀生成点云。

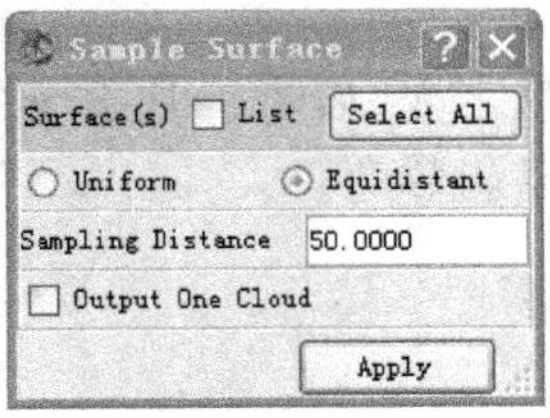

图 2.23

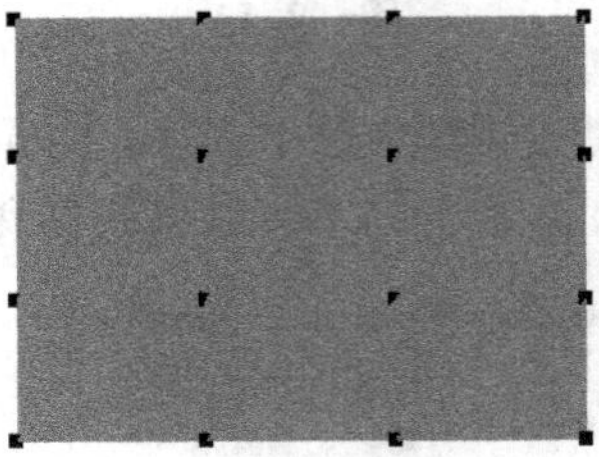

图 2.24

在这两种取样方式中，都提供了输出一个点云的命令(Output One Cloud)，它的作用是将在不同曲面上取样得到的多个点云合成一个。如图 2.25 所示，不选中该复选框时，两个曲面得到的是两个点云 SampSrfCld 和 SampSrfCld2，如图 2.26 所示选中该复选框时，两个曲面得到的是一个点云 SampSrfCld3。

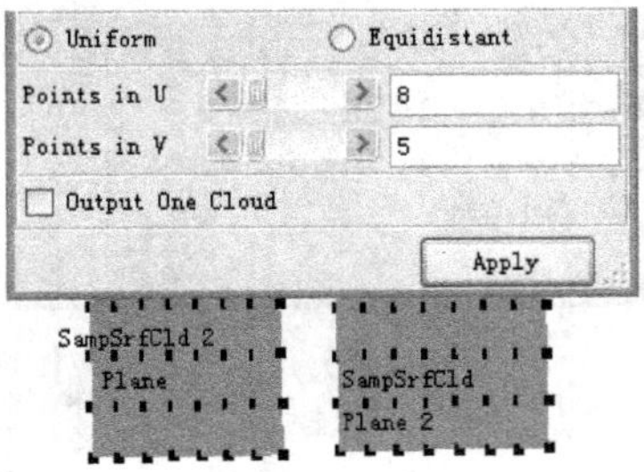

图 2.25

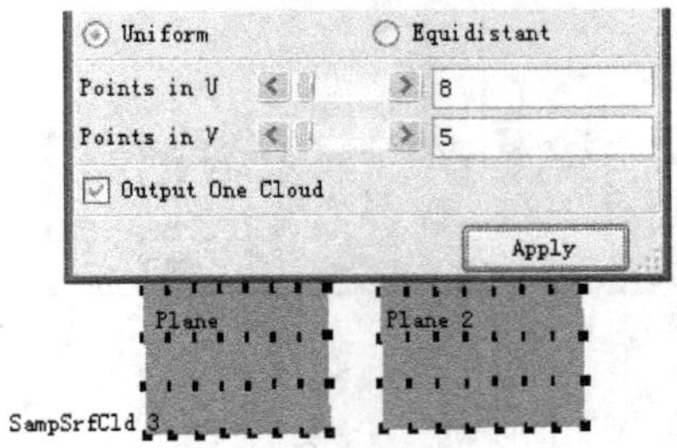

图 2.26

4) Sample Plot(取样图形)

在这里 Plot 是指各组件的控制点图、曲率梳图和法向量图等。取样图形就是在 Plot 上取样一些点,构造点云。选择 Construct→Points→Sample Plot,弹出取样图形对话框,如图 2.27 所示。利用此命令分别对控制点图和曲率梳图进行取样,生成的点云如图 2.28 和图 2.29 所示。图 2.28 中的圆点为控制点,叉点为样点。

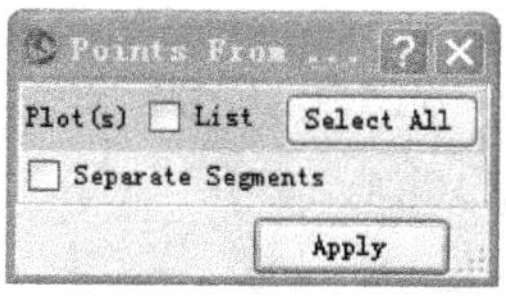

图 2.27

图 2.28

图 2.29

2.2 点云分割

在逆向工程中,进行造型前,还要进行一个重要工作——数据分割(Data Segmentation)。实际产品只有一个曲面构成的情况不多,产品形面往往由多个曲面混合而成。数据分割是根据组成实物外形曲面的子曲面类型,将属于同一子曲面类型的数据分组,将全部数据划分成代表不同曲面类型的数据域,即点云分割。

1. Project Cloud on Surface(向面投影点云)

向面投影点云是把选择的点云投影到选择的曲面上。选择 Construct→Points→Project Cloud on Surface,弹出向面投影点云对话框,如图 2.30 所示。通过把点云投影到一个指定的平面,可方便地找出点云边界。

2. Cross Section(构造剖断面点云)

选择 Construct→Cross Section,得到构造剖断面菜单,如图 2.31 所示。剖切点云是获得点云扫描线、构造曲线的常用方法。

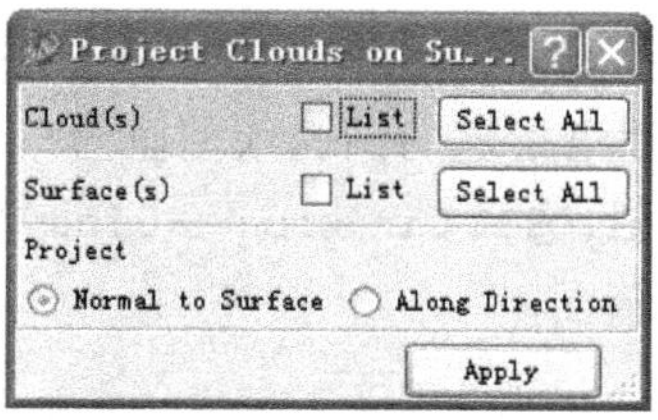

图 2.30

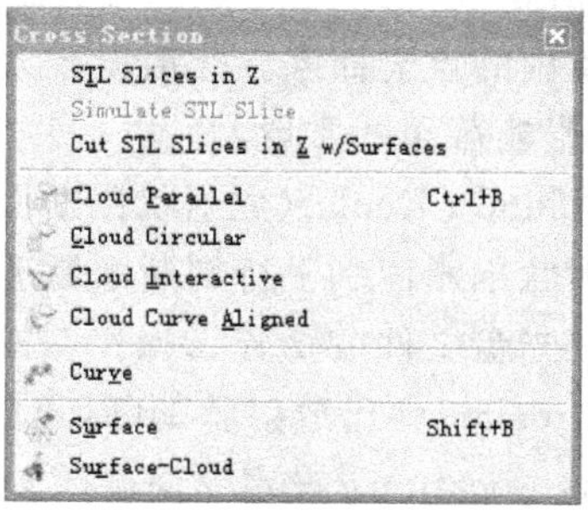

图 2.31

1) Cloud Parallel(平行剖断面)

平行剖断面是利用一系列与某一指定方向垂直的平行平面与点云或三角网格面相交,

切割出一系列扫描线状的点云，用以构造一系列剖断面曲线，进而构造曲面。

打开光盘文件“2-2 点云操作”，选择 Construct→Cross Section→Cloud Parallel，弹出平行剖断面对话框，如图 2.32 所示。剖切后，获得的点云用离散点显示，如图 2.33 所示。

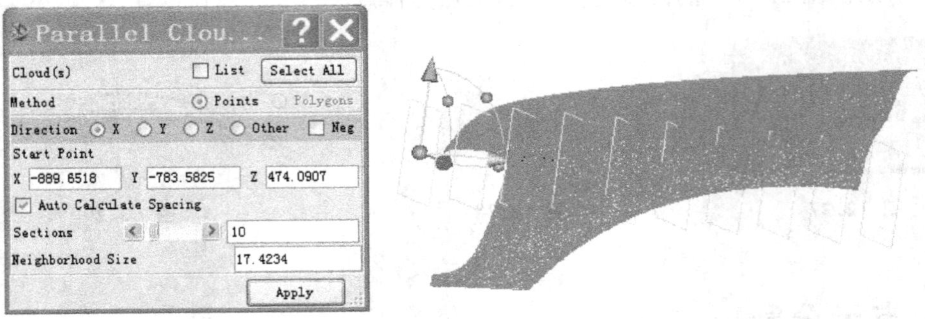

图 2.32

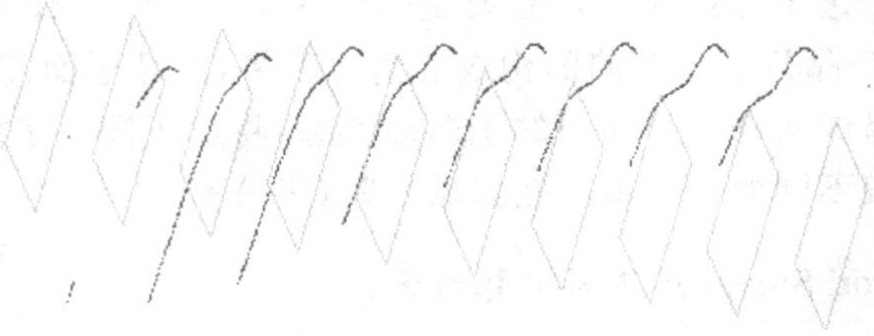

图 2.33

Start Point：起始点，创建第一个截面的 X、Y 和 Z 坐标。

Auto Calculate Spacing：自动计算间距，自动计算起始点与指定方向上最远平面之间的距离，根据 Sections 的值自动计算 Spacing 的值。如果不选中此复选框，可直接输入断面间距。

Sections：设置剖断面数量。

Neighborhood Size：点的临近距离，用来定义断面点位置的参考，断面点从断面附近指定的距离内的点群而来。此值设置太大，会耗费大量的计算时间；设置太小，仅有极少截面点出现，影响截面的质量。

2) Cloud Circular(放射状剖断面)

放射状剖断面和平行剖断面原理一样，只是断面位置跟指定的圆弧线呈垂直环状排列。

打开光盘文件“2-2 点云操作”，按 F3 键切换到左视图，选择 Construct→Cross Section/Cloud Circular，弹出放射状剖断面对话框，如图 2.34 所示。

Axis Location：设定断面旋转轴位置。

Axis Direction：设定断面旋转轴方向。

Start Point：设定第一道断面的起始位置。

Flip Direction：断面的逆时针或顺时针排列。

Auto Calculate Spacing：自动计算间距，自动计算起始点与指定方向上最远平面之间

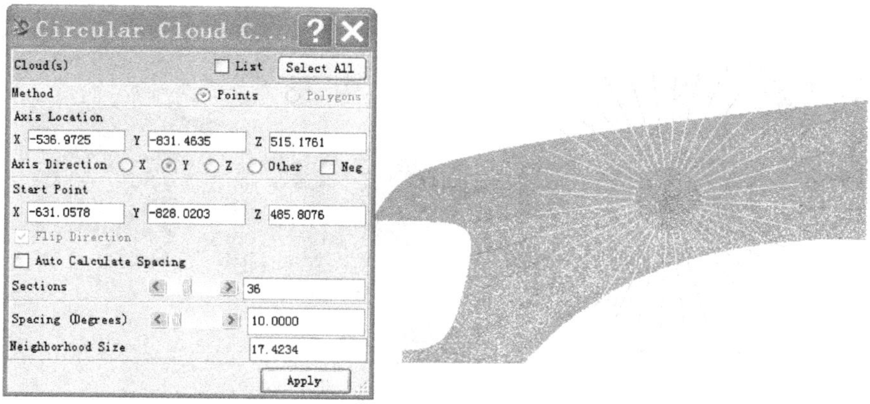

图　2.34

的距离，根据 Sections 的值自动计算 Spacing 的值。如果不选中此复选框，可直接输入断面间距。

Sections：设置剖断面数量。

Spacing(Degrees)：设置断面之间的夹角。

Neighborhood Size：点的临近距离，用来定义断面点位置的参考，断面点从断面附近指定的距离内的点群而来。此值设置太大，会耗费大量的计算时间；设置太小，仅有极少截面点出现，影响截面的质量。

3) Cloud Interactive(交互式剖断面)

原理跟以上两种剖断面类似，用户可以根据自己的需要，用该命令在一个点云上切割出一个新点云。选择 Construct→Cross Section→Cloud Interactive，弹出交互式剖断面对话框，如图 2.35 所示。

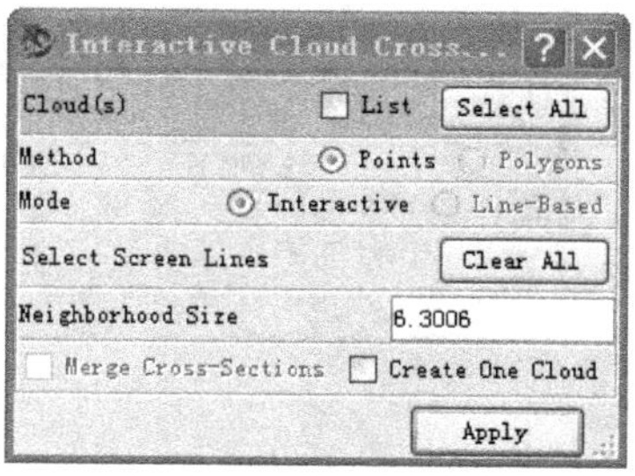

图　2.35

由对话框可知，软件提供了两种交互方式(Mode)：Interactive 和 Line-Based。选中 Interactive 方式时，可以用 Select Screen Lines 选项用鼠标在屏幕上选择两点，构造一条自定义的直线来生成剖断面；选中 Line-Based 方式，可以用 Lines 选项来选择已存在的直线以生成剖断面。

4) Cloud Curve Aligned(沿曲线剖断面)

沿曲线剖断面是用垂直于指定曲线或与屏幕视角对齐方向的一组剖断面在点云上切割出新的点云。它可以精确地沿着特征线建立断面，以获取更具体的建构特征线。

打开光盘文件“2-2 点云操作”，选择 Create→Curve Primitive→Circle，创建一个半径为 120 mm 的圆，然后选择 Construct→Cross Section→Cloud Curve Aligned，弹出沿曲线剖断面对话框，如图 2.36 所示。

注意，要调节 Extent of Cross-Sections 文本框中值的大小，使其切面延伸至所需要的距离，软件不会自动剖切整个点云的范围。

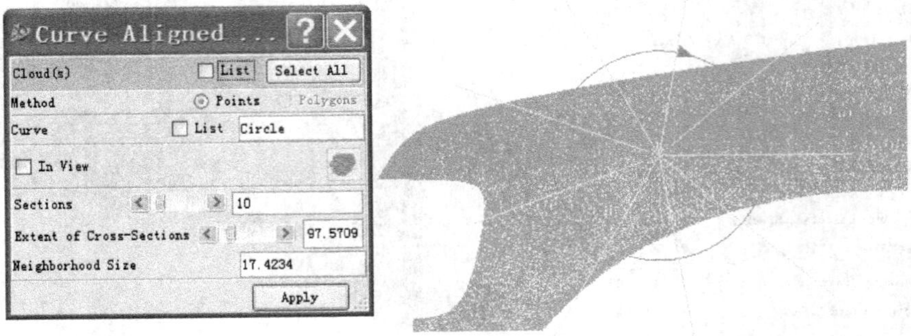

图 2.36

3. Slice(创建切片)

Slice 命令可以从现有点云中切割出具有相同宽度的带状点云。注意与 Cross Section(剖断面点云)中的一些方法不同,如与 Cloud Parallel(平行剖断面)的区别是,Slice 得到的点云是具有宽度的带状点云,而 Cross Section 得到的只是一条扫描线装的点云。

打开光盘文件"2-2 点云操作",选择 Modify→Extract→Slice,弹出点云切片对话框,如图 2.37 所示。

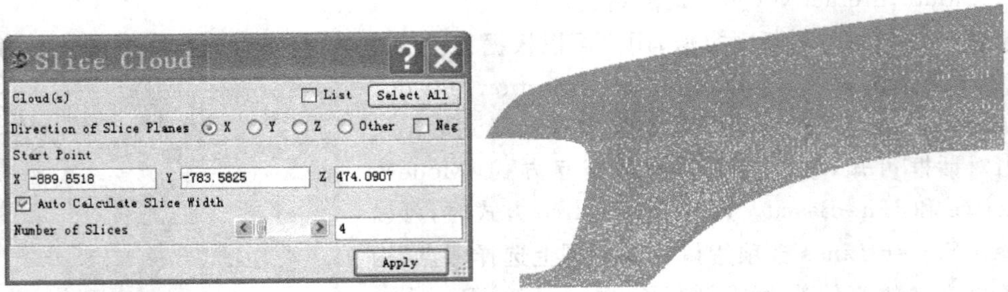

图 2.37

Direction of Slice Planes:设定切片的方向。

Start Point:设置切片起始位置的坐标。

Auto Calculate Slice Width:选中此复选框后,系统按照切片的数目自动计算出每段切片的宽度。

Number of Slices:设定切片的数量。

4. Circle-Select Points(多边形框选点云)

Circle-Select Points 常用来提取部分点云、删除部分点云、去掉噪声点或多余点。该命令的使用频率较高,并且可使用右键菜单快速地执行该命令。

打开光盘文件"2-2 点云操作",右击点云,选择,单击 Circle-Select Points,选中 inside 选项,用鼠标在图形上框选图示范围,如图 2.38 所示,单击 Apply 按钮,原来的点云只剩下图 2.39 所示的部分。若选中 Outside 或 Both 选项，得到的点云如图 2.40 和图 2.41 所示。

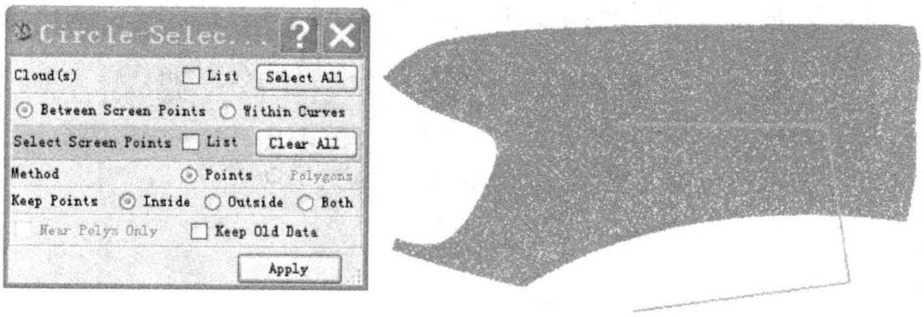

图　2.38

图　2.39

图　2.40

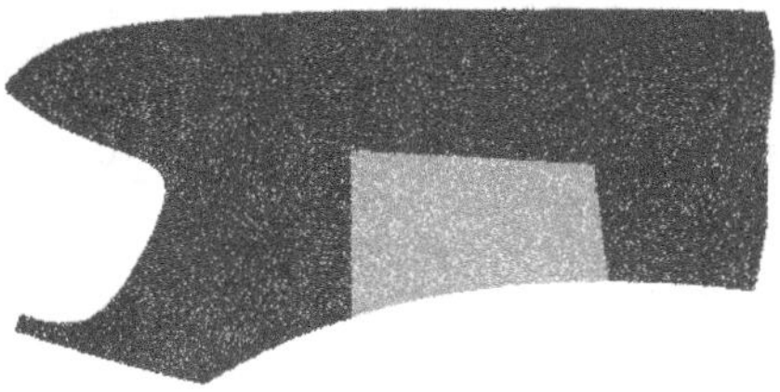

图　2.41

若选中了 Keep Old Data 选项，则原点云依然不变，框选的点云为新创建的点云。可以在层管理器里面的当前层中，查看点云的增加。

选择 Create→3D Curve→3D B-Spline，创建一条曲线，然后用曲线框（Within Curves）框选点云，如图 2.42 所示，得到如图 2.43 所示的点云。

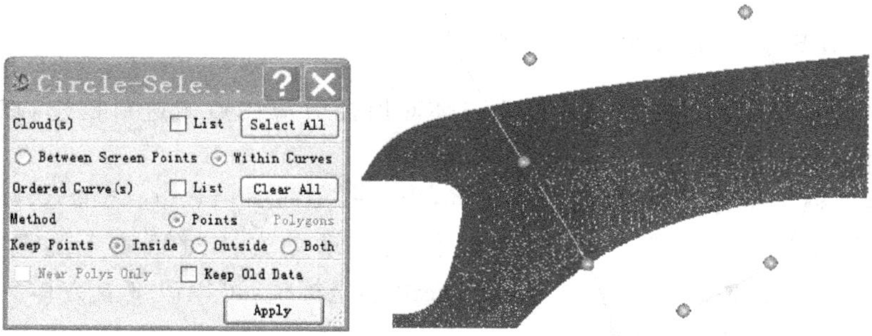

图　2.42

5. Points Within Curves（曲线框选点云）

Points Within Curves 是利用封闭曲线（首尾可以不相接）来分离点云。

打开光盘文件“2-3 摩托车油箱”，生成点云，选择 Modify→Extract→Points Within Curves，弹出曲线框选点云对话框，选择油箱点云和 4 条封闭曲线，如图 2.44 所示，调整当前视图为顶视图（Top），单击 Apply 按钮，隐藏油箱原始点云，得到的点云如图 2.45 所示；

调整当前视图为轴侧视图 1(Isometric),如图 2.46 所示,单击 Apply 按钮,隐藏油箱原始点云,得到的点云如图 2.47 所示。比较图 2.45 和图 2.47 可知,该命令所分离出来的点云与当前视图有关,即使是相同点云和曲线,视图不同,分离出的点云也不同。

图 2.43

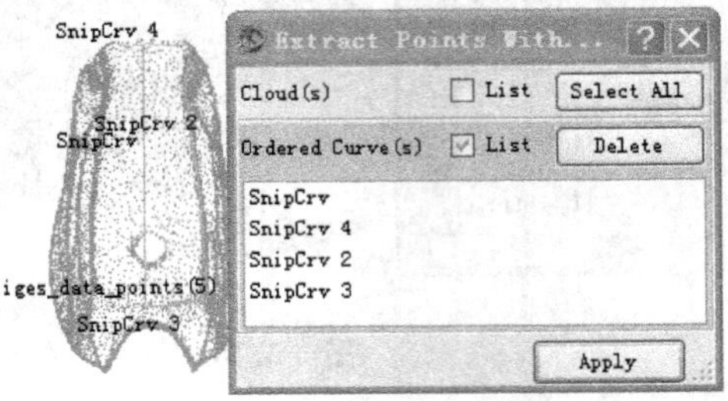

图 2.44

图 2.45

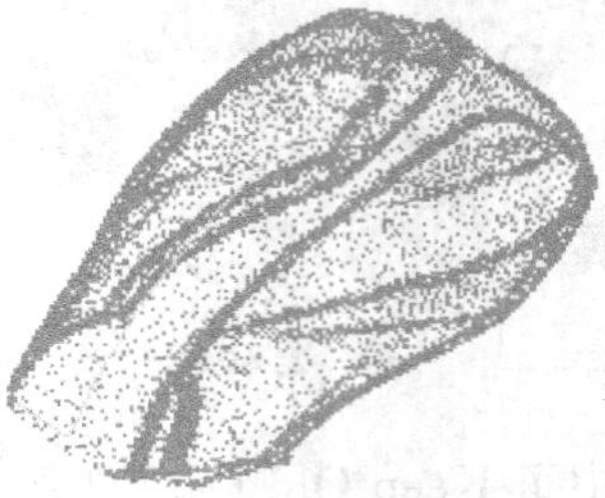

图 2.46

此命令常用于有 4 条曲线的情况,可用 4 条曲线框选点云,然后再用依据点云和曲线的拟合(Fit w/Cloud and Curves)命令生成曲面。

6. Points in Box(立方体框选)

立方体框选是利用该命令所构造的立方体对所需分离的点云进行框选,在立方体框架内的点云将被分离出来。

打开光盘文件"2-3 摩托车油箱",选择 Modify→Extract→Points in Box,弹出立方体框选对话框,在点云上出现一个默认立方体,任意拖动立方体对角线上的两个黄色球体(Corner1 和 Corner2)或改变 Corner1 和 Corner2 的坐标值,可以改变立方体大小以满足所需分离点云的大小,如图 2.48 所示。

图 2.47

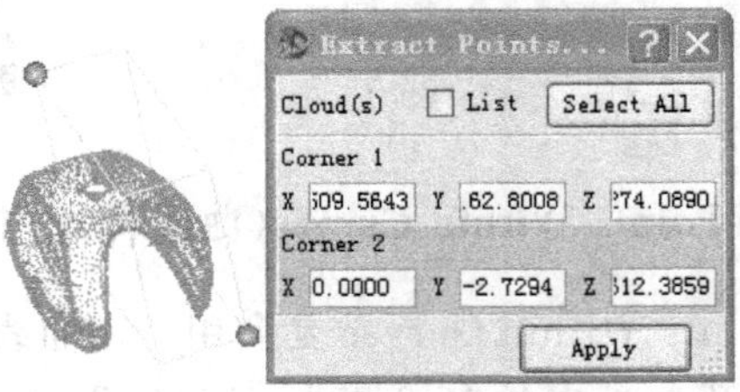

图 2.48

7. Subtract Cloud from Cloud(点云相减)

点云相减命令是点云的相减功能，它可以从一笔点云中取出没有被另一笔点云覆盖的点云。在零件表面形状的测量过程中，许多因素决定了无法一次完成对整个零件的测量过程，这就需要对工件进行多次测量然后对数据进行拼接、对齐。为了使数据信息完整，每次测量中都会有一部分与其他测量过程中的测量重复，从而造成点云重叠。此命令可以方便地去除点云的重叠。

选择 Modify→Extract→Subtract Cloud from Cloud，弹出点云相减对话框，如图 2.49 所示。

8. Curvature Based(基于点云曲率析出)

在对点云计算曲率后，可以提取不同曲率的点云。打开光盘文件“2-4 提取点云”，选择 Evaluate→Curvature→Cloud Curvature，计算点云曲率，如图 2.50 所示。

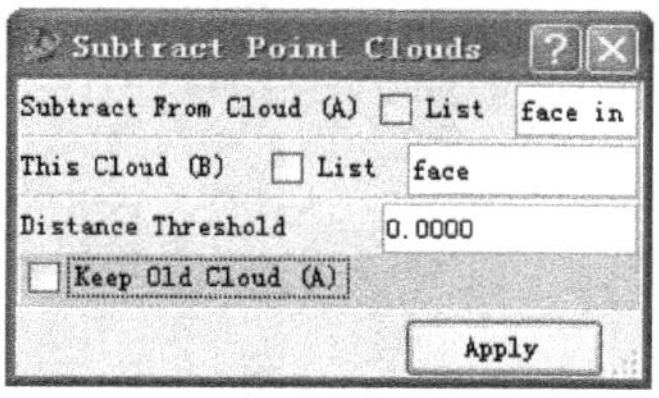

图　2.49

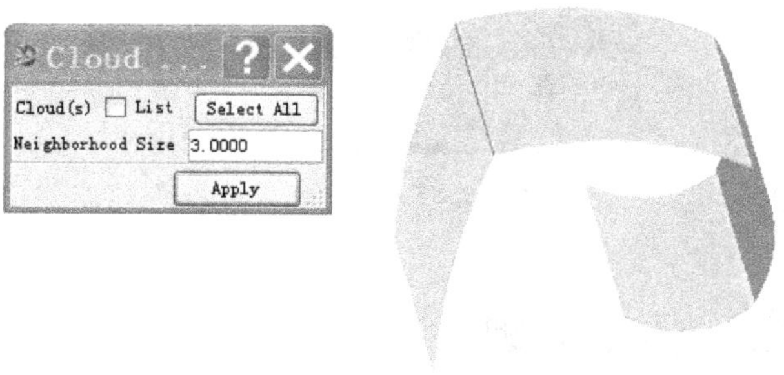

图　2.50

选择 Modify→Extract→Curvature Based，弹出基于点云曲率析出对话框，如图 2.51 所示。拖动滑块，可以看见该曲率范围的点云动态地显示出来，将 3 条棱边的点云析出。如图 2.52 所示。

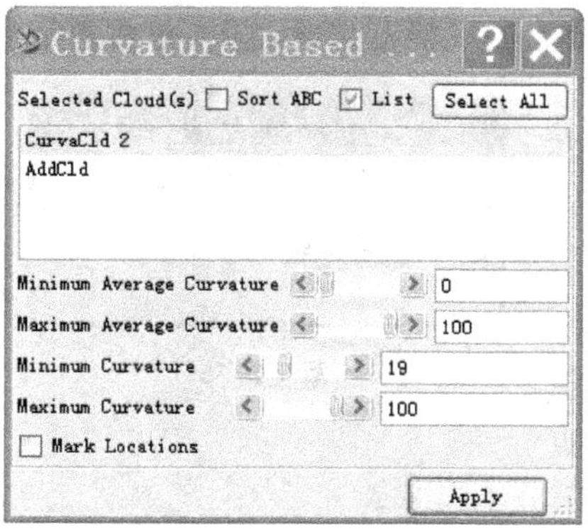

图　2.51

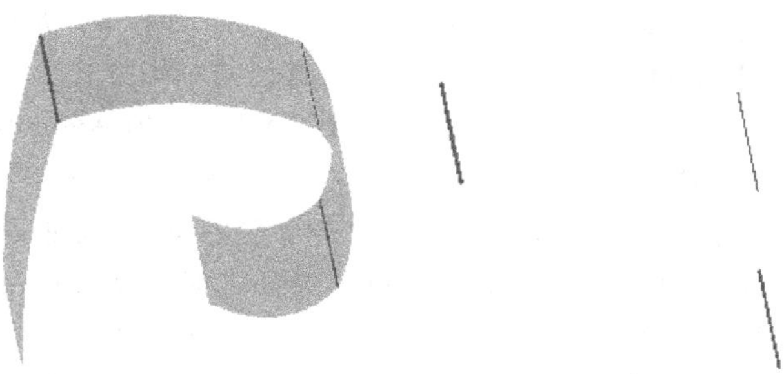

图　2.52

9. Break into XYZ Scans(*X*、*Y*、*Z* 方向有序析出)

选择 Modify→Extract→Break into XYZ Scans，弹出 *X*、*Y*、*Z* 方向有序析出对话框，如图 2.53。该命令将点云整理为 *X*、*Y* 或 *Z* 方向上的扫描线。

打开光盘文件“2-4 提取点云”，选择 Evaluate→Information→Object，查看该点云信息，可见该点云类型名为 Piont Cloud，选择 Modify→Extract→Break into XYZ Scans，执行该命令后，该点云变换为 *Z* 方向坐标为常数的扫描线点云，名称自动改为 Z-ScansCld，类型成为 Scan Lines。

10. Break into Distinct Clouds(距离析出点云)

选择 Modify→Extract→Break into Distinct Clouds，弹出距离析出云点对话框，如图 2.54 所示，将给定距离的点云形成一个点云。

图 2.53

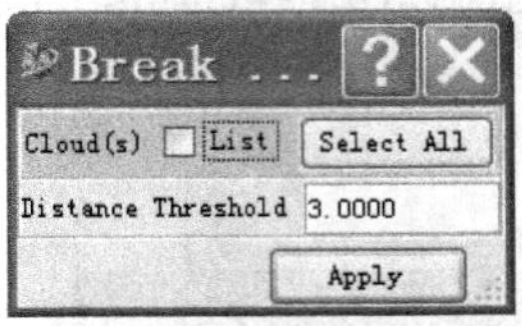

图 2.54

2.3 点云处理

数据预处理是逆向工程的一项重要的技术环节，它决定后续的模型重建过程是否能方便、准确地进行。

2.3.1 点云平均

点云平均命令用来取一组同类型点云的平均值，单个点云不能开启此命令，必须是两个或两个以上的点云。选择 Construct→Points→Average Point Clouds，弹出平均点云对话框，如图 2.55 所示。其中 Method 选项提供了 3 种不同类型的平均方式。

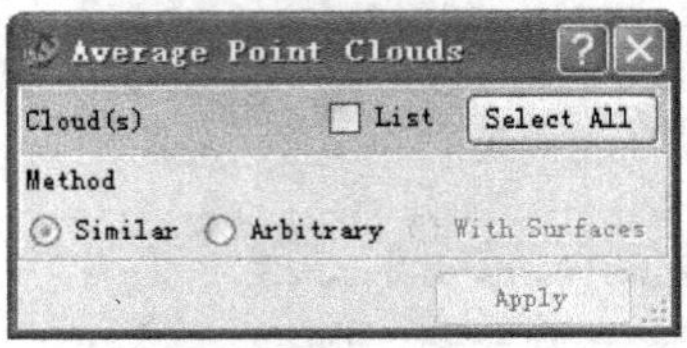

图 2.55

(1) Similar：对一组点云取平均值，得到 AverageCld，要求所选择的一组点云的数量必须相等。

(2) Arbitrary：取一个点云为主要点云，设置距离值 Neighborhood Size，以主要点云为基础对所选择的一组点云进行运算，得到 AverageCld。超过设定的相邻距离的部分不运算。

(3) With Surfaces：同 Arbitrary，只是设置参考曲面来替代主要点云。

2.3.2 点云平滑

点云平滑的目的是为了消除噪声点，得到精确的模型和良好的特征提取效果，采用平滑处理方法，应力求保持待求参数所提供的信息不变。

数据平滑通常采用标准高斯（Gaussian）、平均（Averaging）或中值（Median）滤波算法，滤波效果如图 2.56 所示，高斯滤波器在指定域内的权重为高斯分布，其平均效果较小，故在滤波的同时能较好地保持原数据的形貌；平均滤波器采样点的值为滤波窗口内各数据点的统计平均值；而中值滤波器采样点的值为滤波窗口内各数据点的统计中值，这种滤波器消除数据毛刺的效果较好。

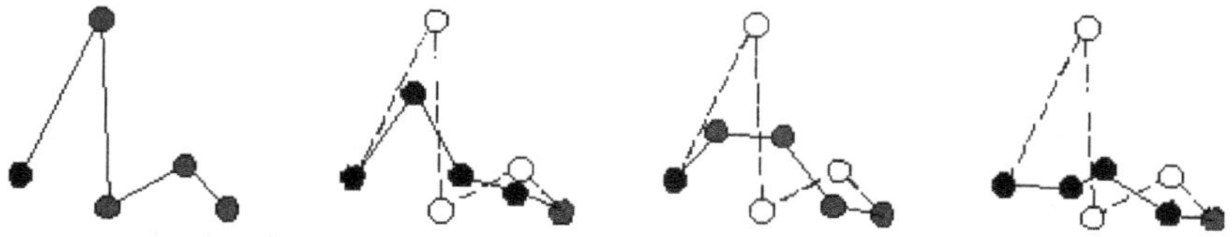

(a) 原始点云　(b) 高斯滤波　(c) 平均滤波　(d) 中值滤波

图　2.56

实际使用时，可根据点云质量和后序建模的要求灵活地选择滤波算法。

在 Imageware 中，选择 Modify→Smooth，弹出平滑处理菜单，如图 2.57 所示。其中，点云平滑如图 2.58 所示，区域点云平滑如图 2.59 所示，拐角平滑如图 2.60 所示，将会运用以上 3 种滤波方法。

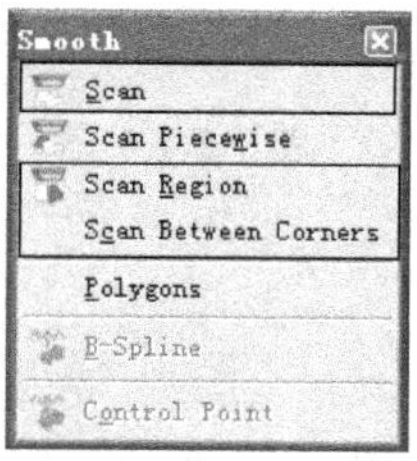

图　2.57

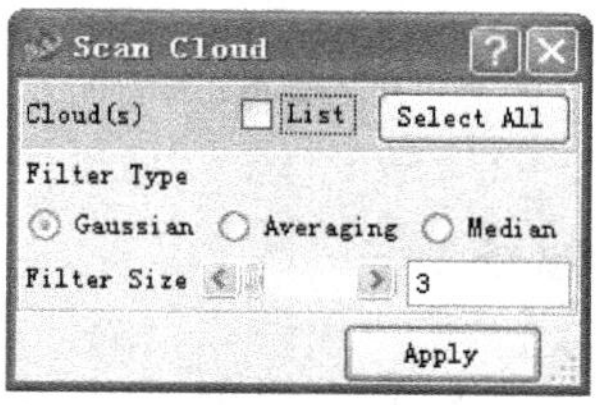

图　2.58

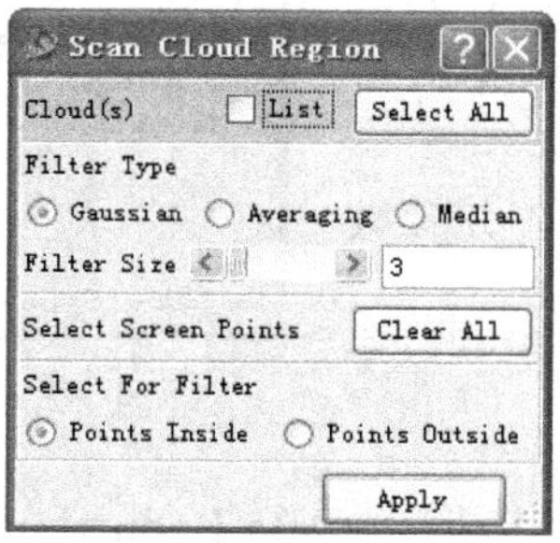

图　2.59

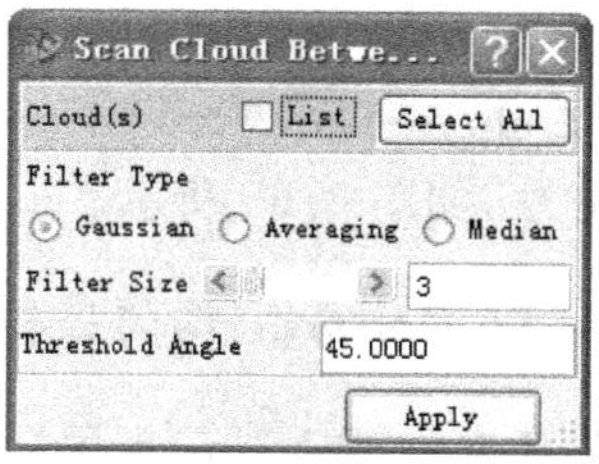

图　2.60

3 种平滑处理方法都有过滤类型（Filter Type）和过滤尺寸（Filter Size）选项，在过滤类型中可选用高斯、平均、中值 3 种过滤方法，而过滤尺寸则是用来设定平滑的程度，数值越大，平滑处理的变形度越大。根据各自的光顺特点，在区域点云光顺中可选择屏幕中所需过滤的点云，如图 2.59 中的 Select Screen Points 与 Select For Filter 分别用来选择点云内面和点云外面的点；在拐角光顺中可以输入所需的角度阈值（Threshold Angle），它用来设定保留的角度范围。

原始点云如图 2.61 所示，根据点云光顺命令，分别用 3 种过滤类型来对其进行光顺处理，结果如图 2.62、图 2.63 和图 2.64 所示。

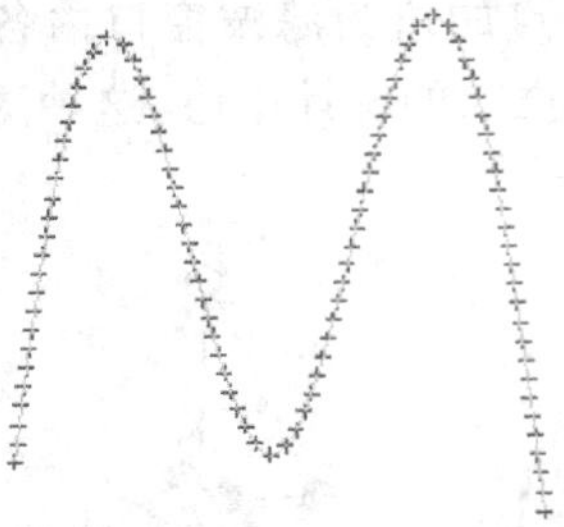

图 2.61

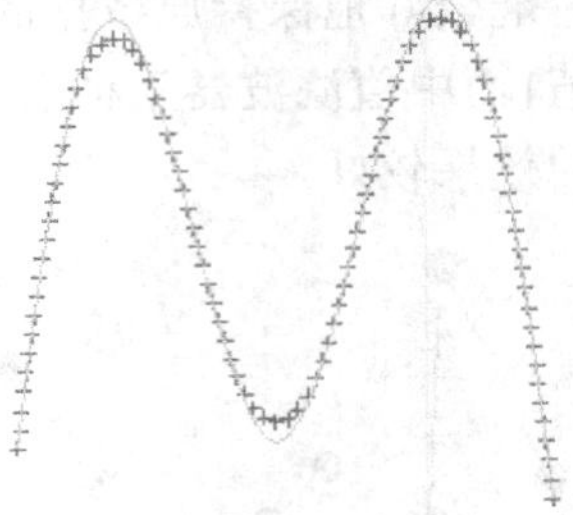

图 2.62

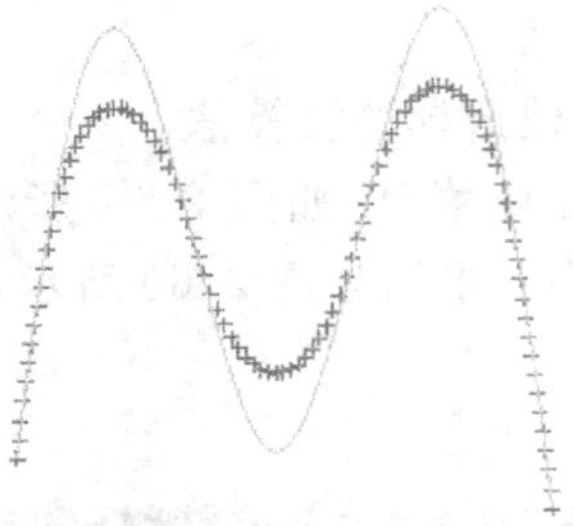

图 2.63

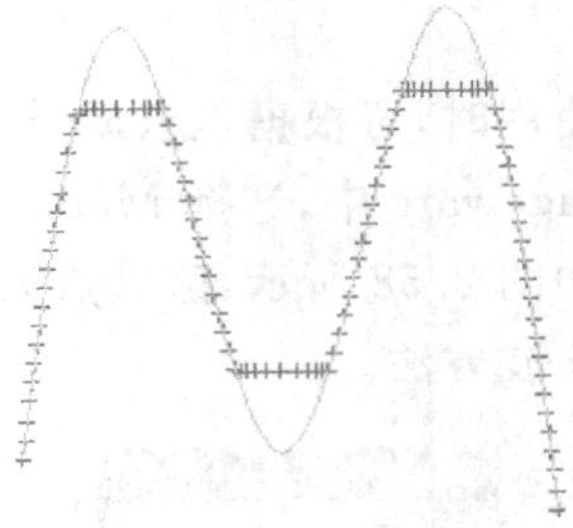

图 2.64

2.3.3 数据精简

目前，激光扫描技术在精确、快速地获得数据方面取得了很大的进展。但是，激光扫描获得的点云数据，一般都是海量点云，在其存储和处理方面都存在很大的弊端。实际上，并不是所有的数据对模型的重建都有用，因此，可以在保持一定精度的前提下减少数据量，对点云数据进行精简。

选择 Modify→Data Reduction，Imageware 提供了以下几种数据精简的方法，如图 2.65 所示。

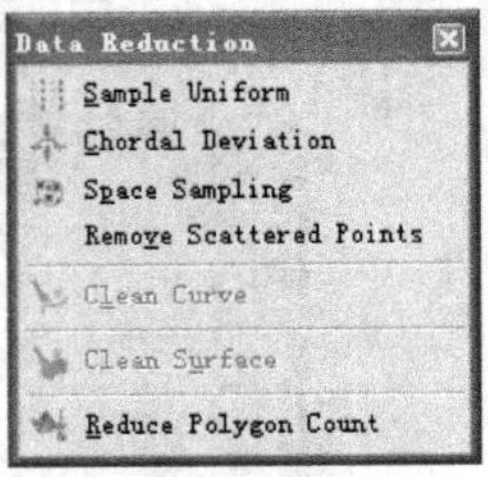

图 2.65

1. Sample Uniform（均匀采样）

打开光盘文件“2-5 车门把手”，如图 2.66 所示，选择 Modify→Data Reduction→Sample Uniform，弹出均匀采样对话框，如图 2.67 所示。可在点云间隔数值（Point Interval）中输入间隔数值，取值在 1～100 之间，间隔数值越大，采样后点云密度越低。间隔值取 5，采样后只取原始点云的 1/5，如图 2.67 所示。

2. Chordal Deviation（弦差采样）

选择 Modify→Data Reduction→Chordal Deviation，弹出弦差采样对话框，如图 2.68 所

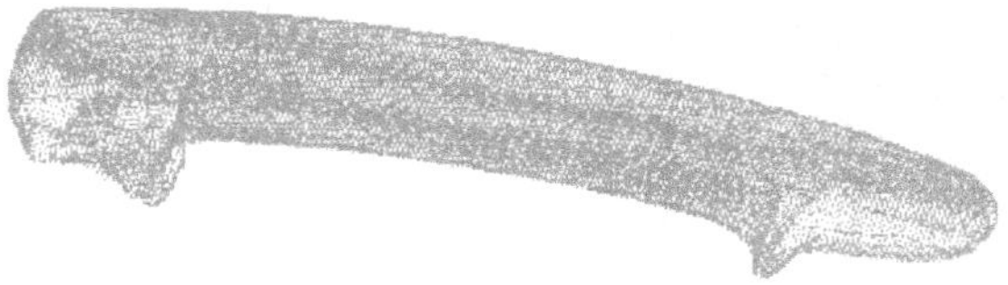

图　2.66

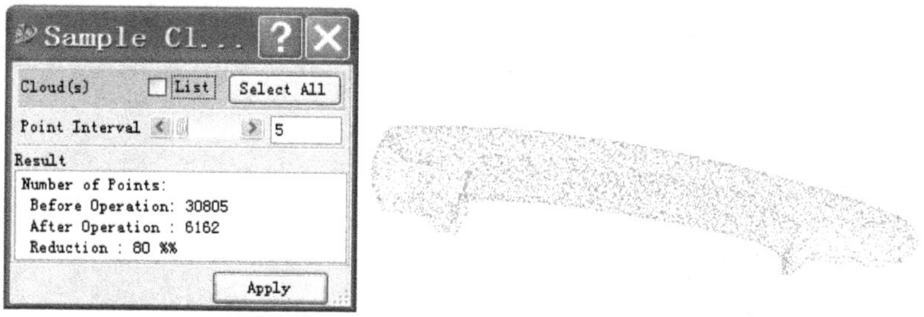

图　2.67

示。此命令通过设置最大弦差(Max. Deviation)和最大跨度(Max. Span)的数值对所选择的点云进行采样，用于识别高曲率的特征数据点，对形状变化较大的区域保留更多的点，对形状变化较小的区域保留相对少的点，这样有利于在尽量保持点云形状的前提下，精简点云数据。

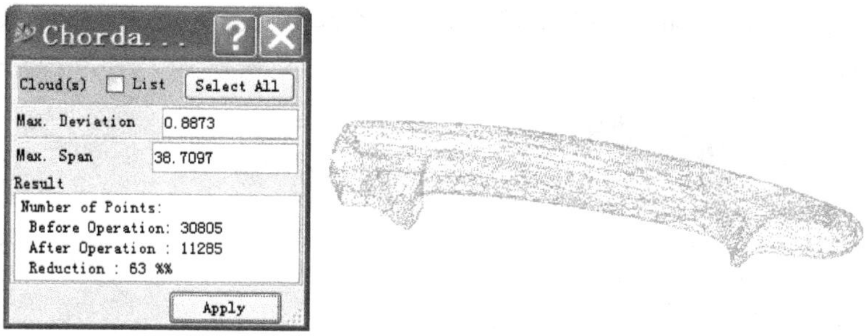

图　2.68

3. Space Sampling(间距采样)

选择 Modify→Data Reduction→Space Sampling，弹出间距采样对话框，如图 2.69 所示。此命令可以分别通过设置按照距离(With Distance)和按照点云总数(To Total Number)的数值对所选择的点云进行采样，它既适合有序点也适合散乱点。

4. Remove Scattered Points(去除散乱点)

选择 Modify→Data Reduction→Remove Scattered Points，弹出去除散乱点对话框，如图 2.70 所示。此命令的作用是从扫描线点云中除去超出阈值(Threshold Distance)的可疑点和废点。

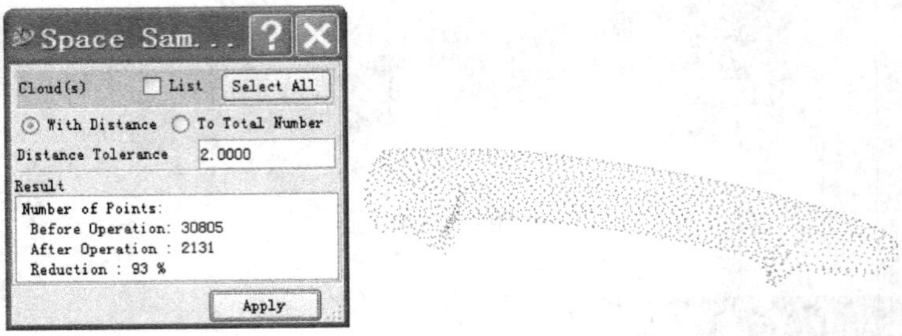

图 2.69

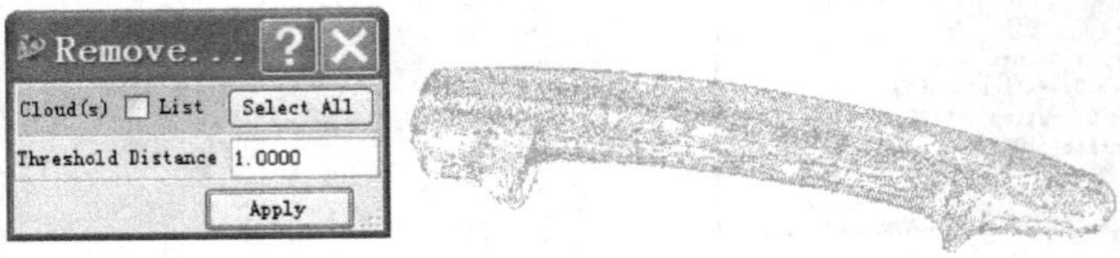

图 2.70

5. Reduce Polygon Count(减少三角形网格数)

减少三角形网格数命令只有在点云被网格化后才能使用。选择 Modify→Data Reduction→Reduce Polygon Count,弹出减少三角形网格数对话框,如图 2.71 所示。此命令提供了 3 种减少三角形网格的方法:按总数(To Count)、按比例(By Percentage)、按公差(By Tolerance)。

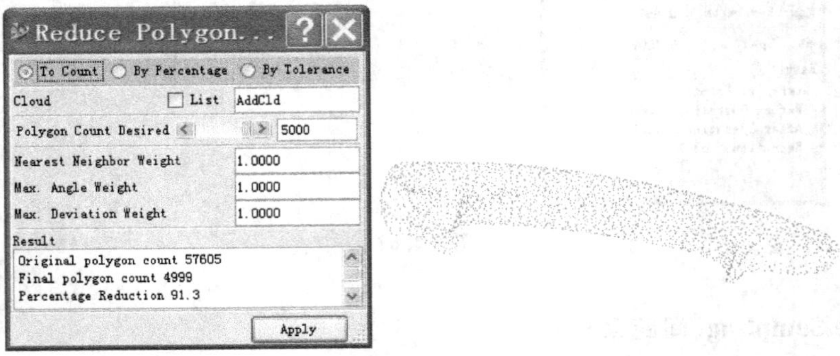

图 2.71

2.3.4 噪点删除

在点云采集过程中,会不可避免地受到外界干扰,从而产生噪点。对于大量的噪点,可采用圈选点(Circle-Select Points)命令选取删除;而对于少量或位于特殊位置不便于圈选的噪点,可以用该命令删除。

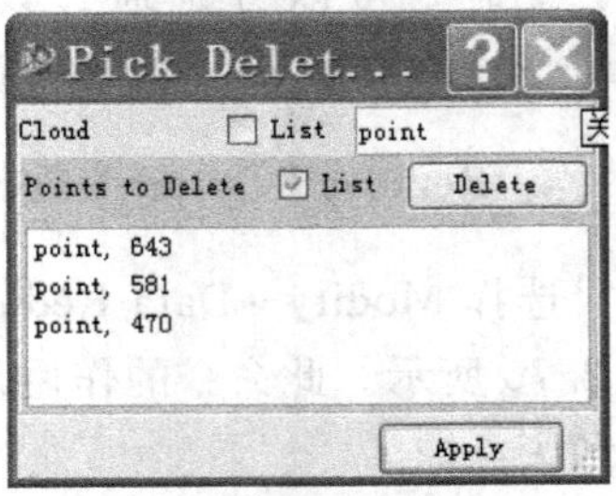

图 2.72

选择 Modify→Scan Line→Pick Delete Points,弹出噪点删除对话框,如图 2.72 所示,然后用鼠标在图中选择需要删除的点。

2.4 按特征提取点云

点云的一些特征往往是做逆向的一个突破口，它对于后面的建模处理和点云分块都很重要。在 Imageware 中提供了两种提取特征点云的方法，即边缘特征(Sharp Edges)和颜色特征(Color Based)。

1. Sharp Edges(边缘特征)

边缘特征命令是以点云的曲率变化为依据，与定义的半径运算，寻找出点与相邻点的曲率变化，可以在点云尖锐处生成多义线，从而确定特征边界。

打开光盘文件“2-4 提取点云”，选择 Construct→Feature Line→Sharp Edges，弹出边缘特征对话框，如图 2.73 所示，改变参数后，析出边缘尖锐点云，如图 2.74 所示。

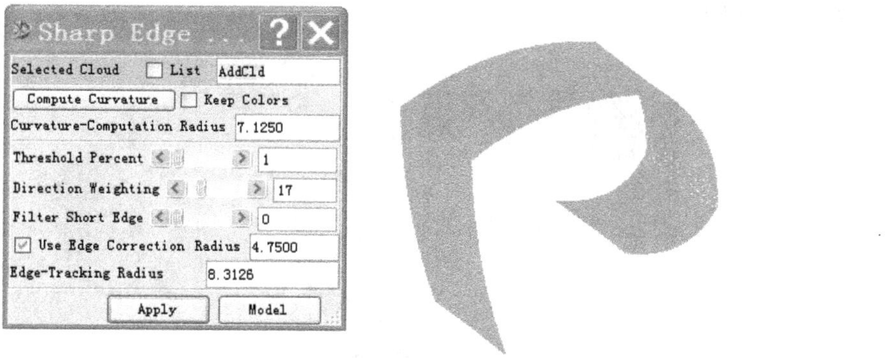

图 2.73

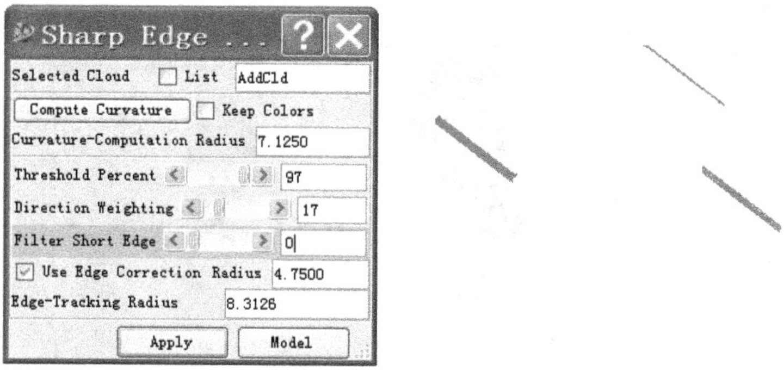

图 2.74

Compute Curvature：首先计算整体点云的曲率，其结果用来做下一阶段参数调整的基础。

Threshold Percent：锐角的范围，设定数值越大，选出的特征越明显。

Direction Weighting：数值越大，得到的边缘线越直，但是与原始点云偏差越大。

Filter Short Edge：输入百分比值，可以删除长度低于指定的百分值内的边缘线，以便过滤掉不连续的误差点云。

Use Edge Correction Radius：可以调整得到的边缘线，使其更平顺，有美感。

Curvature-Computation Radius：设置曲率计算半径。

Edge-Tracking Radius：输入一个半径值来追踪尖锐边。

Correction Radius：在选择 Use Edge Correction Radius 后，用来设定调整的半径值。

2. Color Based（颜色特征）

颜色特征命令是以点云的颜色为区分来分割点云的，在运用此命令前，要先对点云进行曲率计算。

打开光盘文件“2-4 提取点云”，选择 Evaluate→Curvature→Cloud Curvature，弹出点云曲率对话框，对点云进行曲率计算，如图 2.75 所示。然后选择 Construct→Feature Line→Color Based，弹出颜色特征对话框，选择 Dynamic Update 复选框，如图 2.76 所示，提取侧面一块点云，如图 2.77 所示。

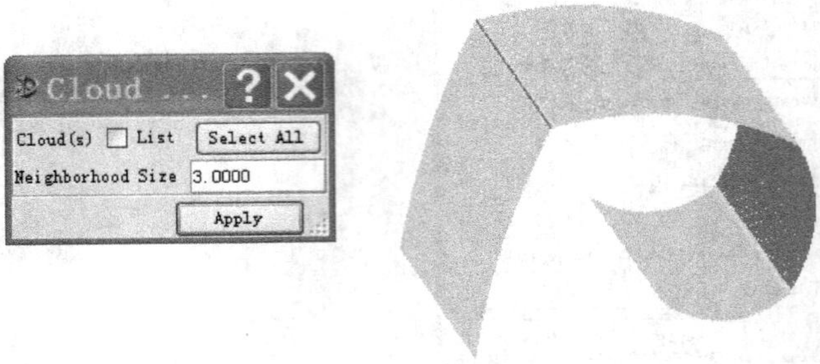

图 2.75

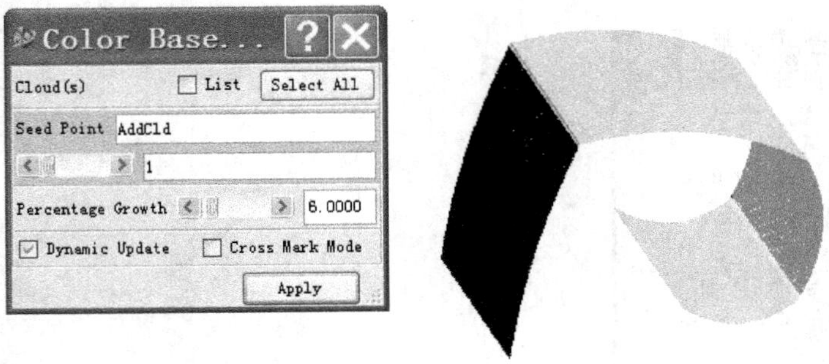

图 2.76

图 2.77

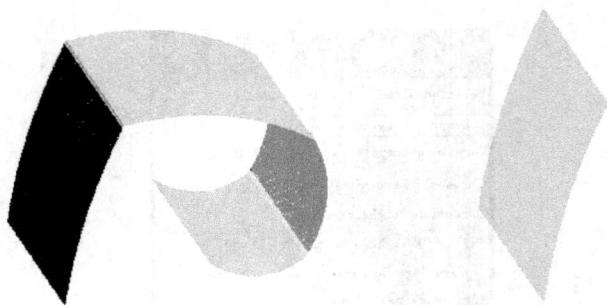

Seed Point：选择某种颜色的点云，系统会将与之颜色相近的点云提取出来。

Percentage Growth：设定从选取点（Seed Point）往四周扩展范围的比例。

Dynamic Update：动态的显示调整参数后被选中点云的变化。

Cross Mark Mode：以“+”显示点云。

2.5 多边形化点云与编辑

多边形化点云是把点云用三角面片连接起来，可以使点云以网格、着色等方式显示，可以直观地观察点云形状，从而帮助用户更好地判断后续操作。

2.5.1 多边形化点云

选择 Construct→Polygon Mesh→Polygonize Cloud，弹出多边形化点云对话框，也可右击点云，选择执行该命令，如图 2.78 所示。将人脸点云多边形化的效果如图 2.79 所示。

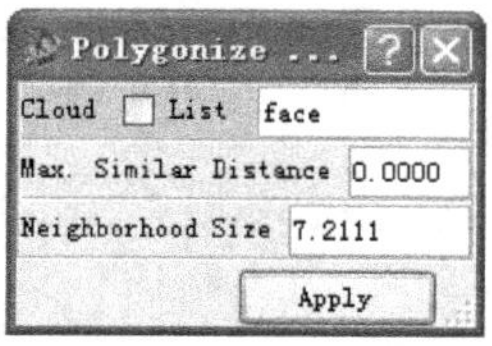

图 2.78

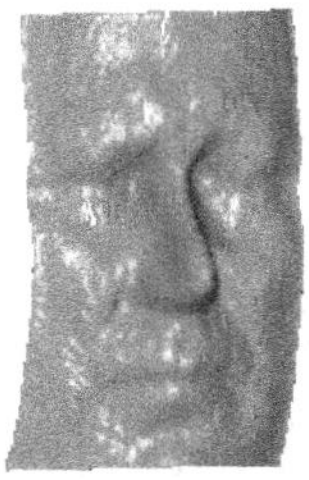

图 2.79

Max. Similar Distance：此文本框用来设置两点之间的最大相似距离，生成的三角网格上两点之间的最大距离将大于此值。

Neighborhood Size：相邻点云的尺寸，此文本框用来设置在同一个三角网格上两点之间的最大距离。

2.5.2 编辑三角形面片

对于多边形化后的点云可以对其进行非多边形化、删除多边形化上三角面片的顶点等编辑操作。

1. Unpolygonize(非多边形化)

选择 Modify→Polygon Mesh→Unpolygonize，弹出非多边形化对话框，如图 2.80 所示。将人脸点云非多边形化的效果如图 2.81 所示。

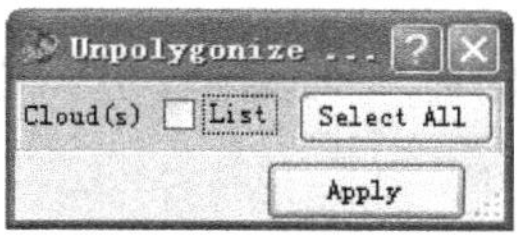

图 2.80

图 2.81

2. Delete a Vertex(删除顶点)

选择 Modify→Polygon Mesh→Delete a Vertex，弹出删除多边形顶点对话框，如图 2.82 所示。选择点云中的顶点，单击 Apply 按钮即可删除一三角形面片的顶点，并在周围生成新的多边形点云，使其不至于出现孔。

3. Vertex(移动三角形面片)

移动三角形面片是将所选顶点及相邻的点交互移动到新的位置，选择 Modify→Polygon Mesh→Vertex，弹出交互模式三角形网格编辑对话框，如图 2.83 所示。

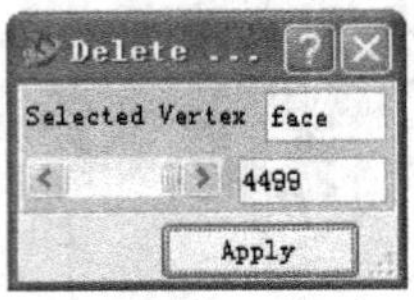

图 2.82

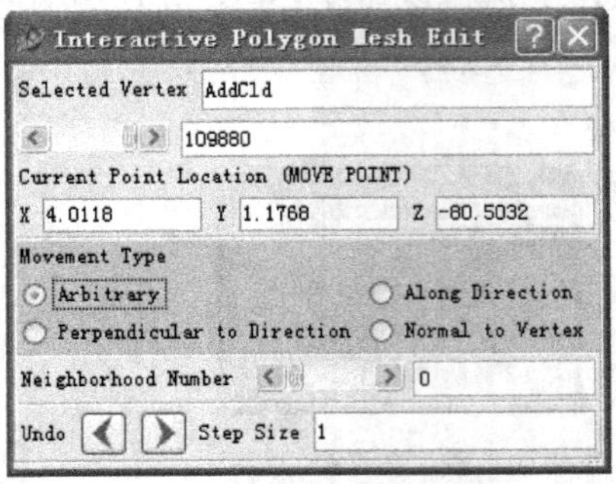

图 2.83

Selected Vertex：选择要移动的顶点。
Current Point Location：顶点移动的新位置。
Movement Type：顶点移动的类型。
Arbitrary：顶点随鼠标任意移动。
Along Direction：顶点沿指定的方向移动。
Perpendicular to Direction：使顶点在垂直于指定方向的平面内移动。
Normal to Vertex：顶点沿垂直于三角面的法向移动。
Neighborhood Number：指定临近可以移动的三角面数量。

2.6 点云测量与查询

在处理点云前首先要对点云进行初步观察，查看点云量、测量点云平均距离、估算密度等，若有需要可对其进行均匀化、点云分层、点云重组等操作。

1. 查看点间距离

选择 Measure→Distance→Between Points，弹出两点间距离对话框，可以在工作区点云中选择两个点，在对话框中查看点间距离，如图 2.84 所示。

2. 查看 3 点间角度

选择 Measure→Angle/Tangent Direction→Between Points，弹出点间角度对话框，可

以在工作区点云中选择 3 个点，在对话框中查看 3 点间的角度，如图 2.85 所示。

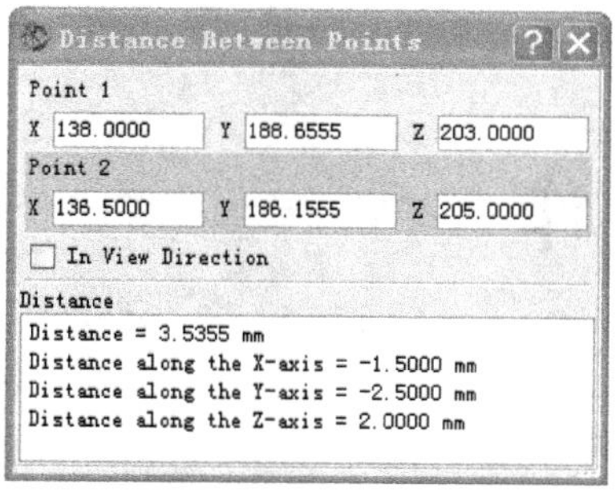

图　2.84

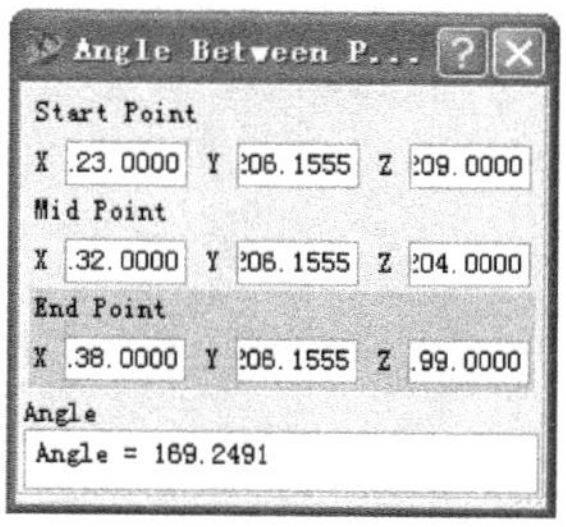

图　2.85

3. 查看两点间方向

选择 Measure→Angle/Tangent Direction→Direction Between Points，弹出两点间方向对话框，可以在工作区点云中选择两个点，在对话框中查看两点间的方向，如图 2.86 所示。

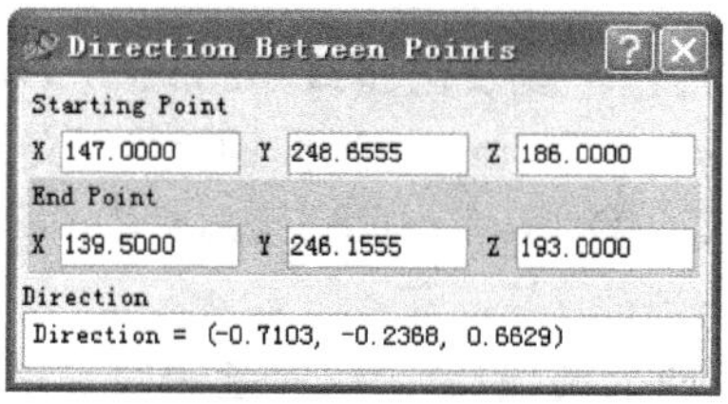

图　2.86

4. 点云信息查询

选择 Evaluate→Information→Object，弹出对象属性对话框，如图 2.87 所示。可以从这里获知点云所在层(Layer)的名称、类型(Type)、数量(Data Points)、尺寸(Size)等信息。

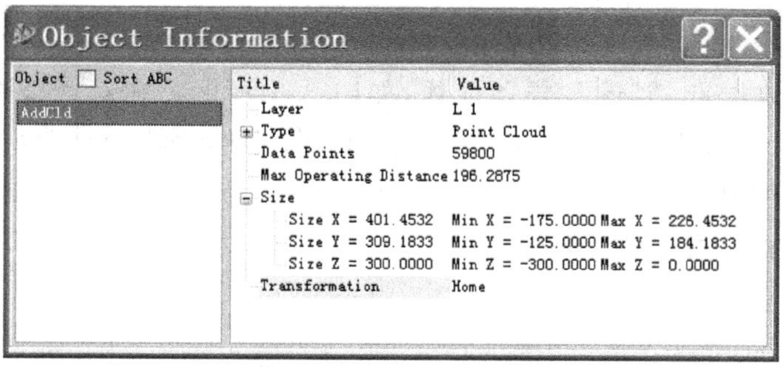

图　2.87

第 3 章

曲线操作

本章介绍 Imageware 曲线操作部分，包括直接输入曲线的定义、元素创建(Create)曲线、从点云通过不同方式拟合得到构造(Construct)曲线，以及对曲线添加约束、匹配曲线、剪切曲线等曲线编辑方法。

3.1 创建曲线

Imageware 软件包含的曲线：等参数化曲线(Isoparametric Curve)、曲面曲线(Curve-on-Surface)、曲面边界曲线(Surface Boundary)、曲面上 3D 交互 B 条曲线(3D Interactive B-Spline)、3D 自由形状拟合曲线(3D Fit Free Form to Cloud)、3D 拟合直线(3D Best Fit Line)、3D 拟合圆(3D Best Fit Circle)等。

使用 Create 命令可以创建两大类曲线：3D 样条曲线和基本曲线。

3.1.1 3D 样条曲线

3D 样条曲线是指空间的所有线，如 3D B-Spline、Control Point、3D Polyline、Line、Circle 等；而依附在曲面上的曲线称为 2D 曲线，如曲面的曲线、修剪过的曲线等。

1. 3D B-Spline(B 样条曲线)

选择 Create→3D Curve→3D B-Spline，弹出 Interactive 3D B-Spline 对话框，在视图窗口中用鼠标选取数据点，创建 B 样条曲线，如图 3.1 所示。在对话框中可对曲线阶次(Order)进行设置，默认设置为 4，构造如图 3.2 所示的 3D B-Spline 曲线。可打开全局捕捉功能，捕捉相应的数据点。

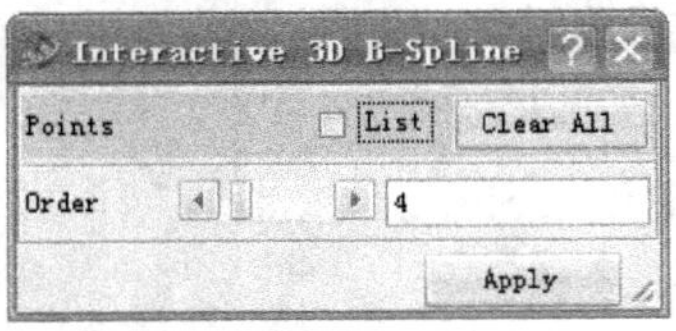

图 3.1

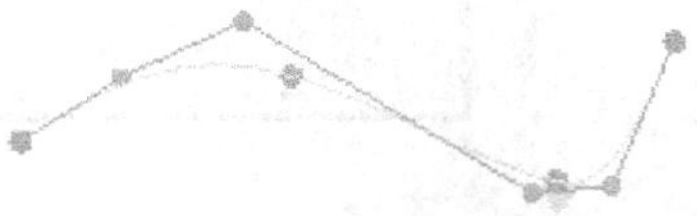

图 3.2

2. Control Points(控制点曲线)

选择 Create→3D Curve→Control Points,弹出 3D Curve From Control Points 对话框,用鼠标创建控制点曲线,如图 3.3 所示。对话框中有两个复选框:Fixed Order 和 Free Order。选择前者则 Order 的数值不变,选择后者 Order 的数值会根据控制点的数量自动调整。用此命令所创建的曲线经过曲线的控制点,如图 3.4 所示。可打开全局捕捉功能,捕捉相应的数据点。

3. 3D Polyline(3D 折线)

选择 Create→3D Curve→3D Polyline,弹出 3D Polyline 对话框,如图 3.5 所示。用此命令所创建的曲线为折线,所建曲线经过所选择的点。同其他创建曲线的命令一样,可通过 Delete 按钮来删除选择错误的点或不必要经过的点。

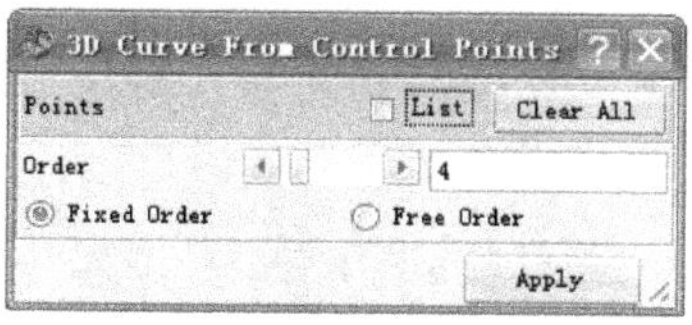

图 3.3

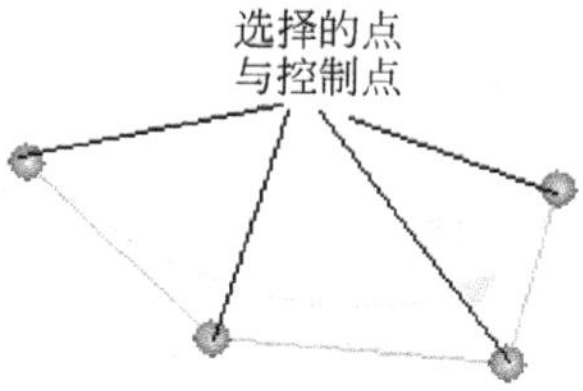

图 3.4

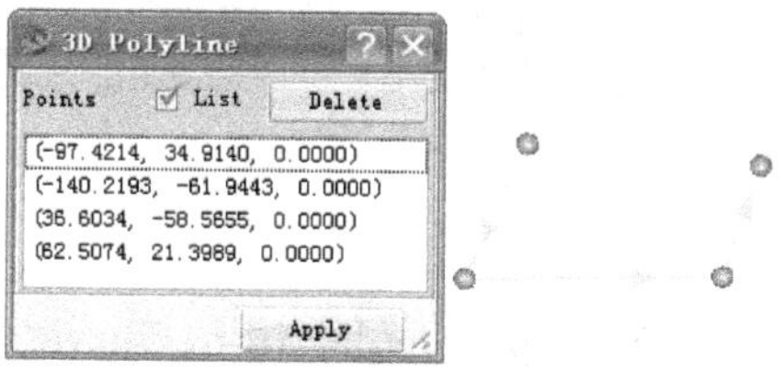

图 3.5

3.1.2 基本曲线

选择 Create→Curve Primitive,弹出基本曲线菜单,如图 3.6 所示。可以看出这些基本曲线构造可以大体分为直线、圆弧、圆和其他曲线。各种曲线具体构造方法如下。

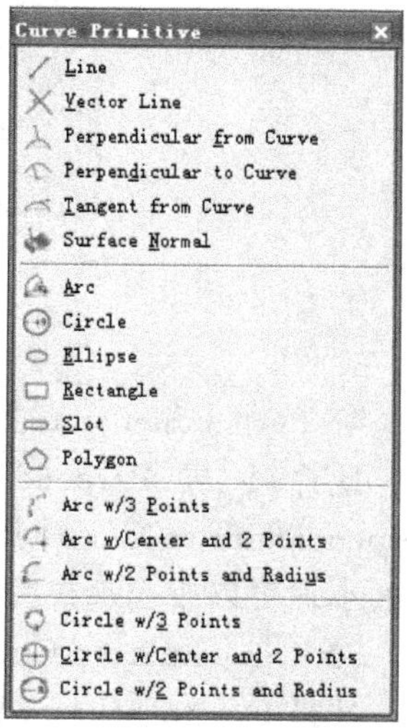

图 3.6

1. 直线

根据创建的方法不同,直线分为以下几种。

1) Line(直线)

选择 Create→Curve Primitive→Line,弹出的对话框如图 3.7 所示。在视图界面中选取两点或通过输入两点坐标构造一个空间曲线。在构造中,可以拖动直线两端的小球改变两个端点的位置。在视图中通过选取点来构造直线时,可打开全局捕捉器准确地选取需要的点。

2) Vector Line(矢量直线)

选择 Create→Curve Primitive→Vector Line,弹出的对话框如图 3.8 所示。此命令通过一个起始点与一个直线方向来构造一条空间直线,常用来构造平行线。在构造中,拖动直线起始端点的小球可以改变起始点的位置;拖动另一端点的正方体可以改变直线长度,直线长度也

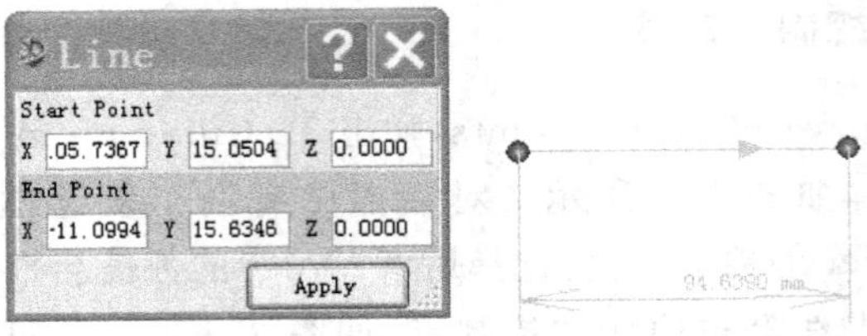

图 3.7

可以通过设置长度值来实现。

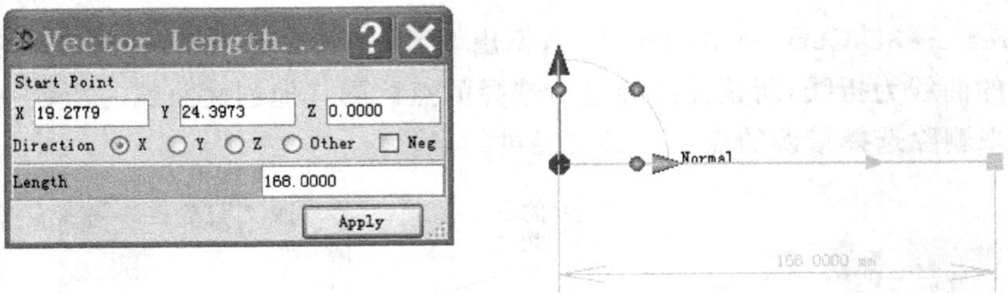

图 3.8

3) Perpendicular from Curve(与曲线垂直的直线)

选择 Create→3D Curve→3D B-Spline,绘制一曲线,选择 Create→Curve Primitive→Perpendicular from Curve,弹出的对话框如图 3.9 所示。此命令以已知曲线上的一点为起始点构造垂直线。拖动起始点处的小球可以改变垂直线的位置,拖动垂直线另一端的长方体可以改变垂直线的长度。

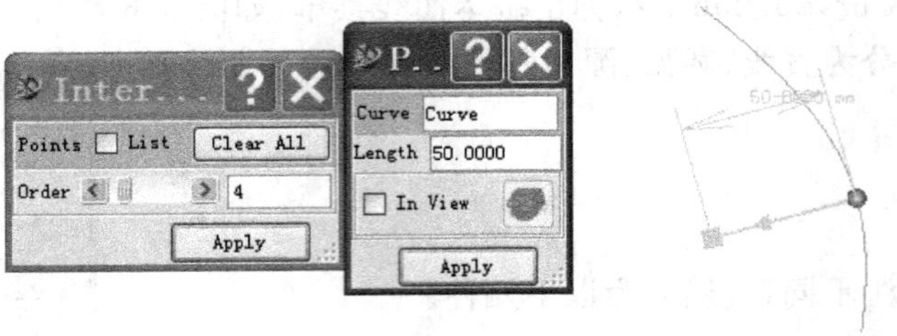

图 3.9

4) Perpendicular to Curve(垂直于曲线的直线)

此命令与 Perpendicular from Curve 类似,选择 Create → Curve Primitive → Perpendicular to Curve,用曲线外一点作为起始点,垂足在曲线上构造垂直线。拖动起始点处的小球可以改变垂直线的长度和位置,如图 3.10 所示。

5) Tangent from Curve(相切于曲线的直线)

选择 Create→Curve Primitive→Tangent from Curve,弹出的对话框如图 3.11 所示。此命令将曲线上一点作为起始点构造一条直线与此曲线相切,此直线在起始点处相切于此曲线。拖动起始点处的小球可以改变垂直线的位置,拖动垂直线另一端的长方体可以改变垂直线的长度。

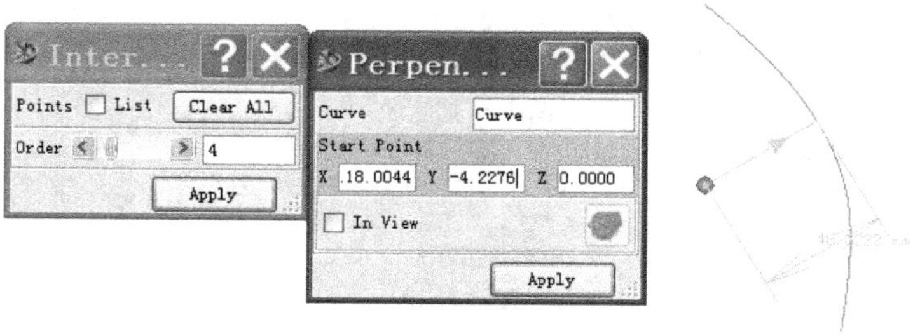

图 3.10

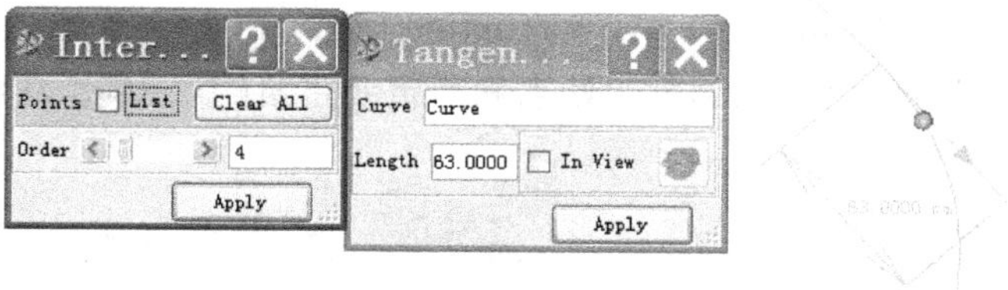

图 3.11

6) Surface Normal(与曲面垂直的直线)

选择 Create→Curve Primitive→Surface Normal,弹出的对话框如图 3.12 所示。此命令将曲面上任意一点作为起始点构造一条直线与此曲面垂直,此直线在起始点处垂直于此曲面。拖动起始点处的小球可以改变垂直线的位置,拖动垂直线另一端的长方体可以改变垂直线的长度。

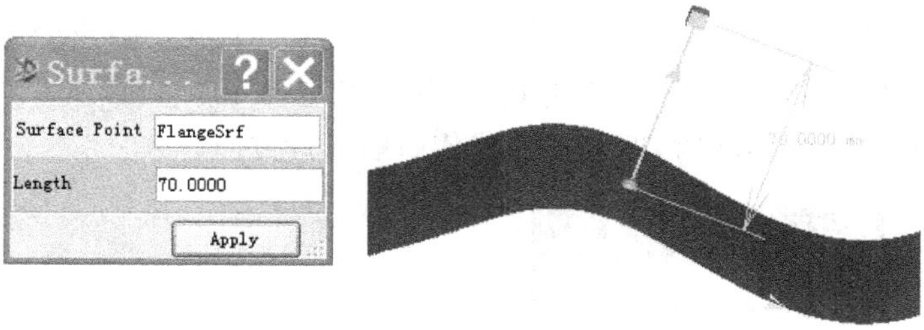

图 3.12

2. 圆弧

1) Arc(圆弧)

选择 Create→Curve Primitive→Arc,弹出的对话框如图 3.13 所示。此命令通过指定圆心位置、圆弧所在平面的法向方向、圆弧的起始角和终止角、圆弧半径来构造圆弧。Imageware 软件默认逆时针为圆弧正角方向。通过拖动圆弧上的小球可以改变圆弧起始点和终止点的位置,拖动圆弧长方体可以改变圆弧半径。

2) Arc w/3 Points(三点构造圆弧)

选择 Create→Curve Primitive→Arc w/3 Points,弹出的对话框如图 3.14 所示。此命令构造的圆弧先后经过指定的三个点,其中第一点和第三点为圆弧两端点。可通过输入坐

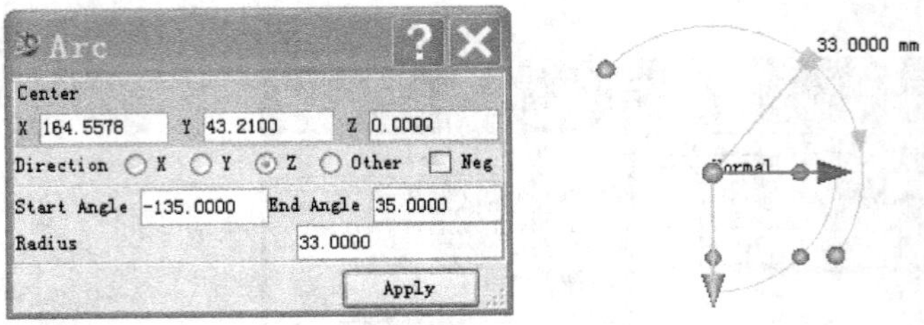

图 3.13

标值和在视图界面中选取点来完成点的选取。拖动圆弧上的小球可改变圆弧半径大小。

3) Arc w/Center and 2 Points(圆弧中心及两点构造圆弧)

选择 Create→Curve Primitive→Arc w/Center and 2 Points,弹出的对话框如图 3.15 所示。此命令通过指定圆弧中心、圆弧起始点和确定终止角的点(圆弧终止点与圆弧中心连线上任一点)来构造圆弧。

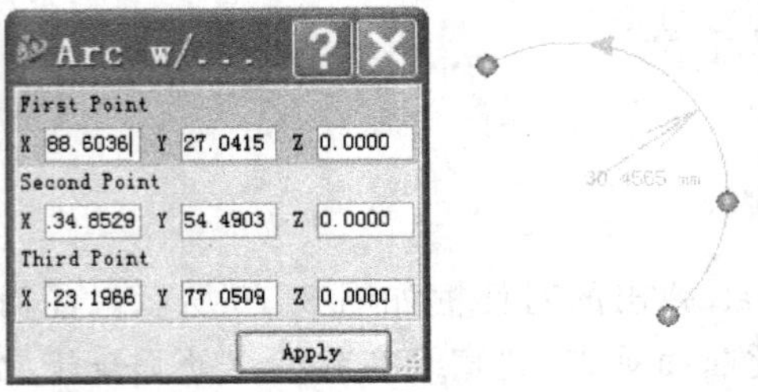

图 3.14

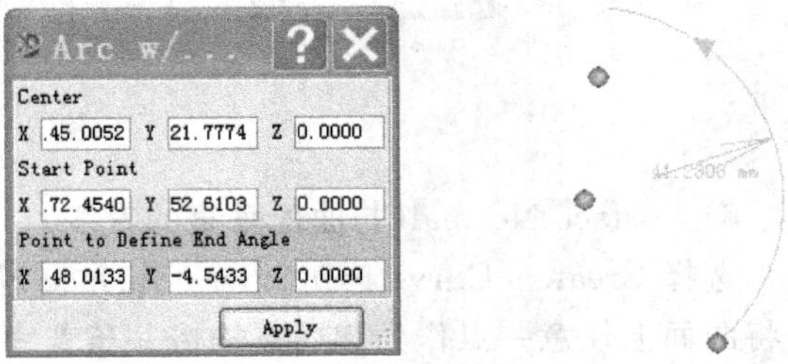

图 3.15

4) Arc w/2 Points and Radius(圆弧半径及圆弧上两点构造圆弧)

选择 Create→Curve Primitive→Arc w/2 Points and Radius,弹出的对话框如图 3.16 所示。此命令通过指定圆弧半径、圆弧起始点、圆弧终止点和确定圆弧平面的点来构造圆弧。选中 Clockwise Direction 时,圆弧的生成依照顺时针方向。

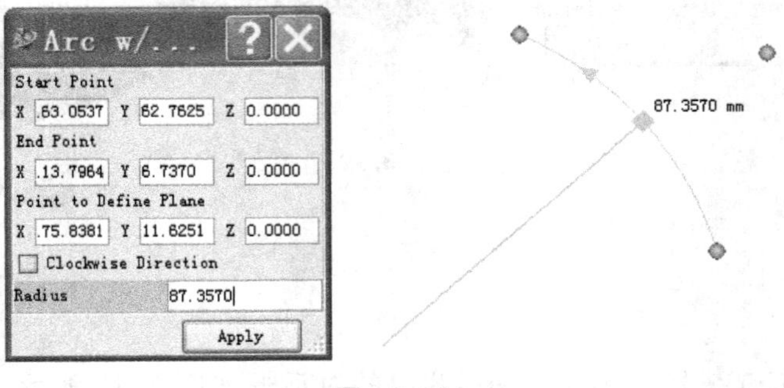

图 3.16

3. 圆

以下 4 种方法均可创建一个圆。

1) Circle(圆)

选择 Create→Curve Primitive→Circle,弹出的对话框如图 3.17 所示。此命令通过指

定圆心位置、圆所在平面的法向方向和圆半径来构造圆。

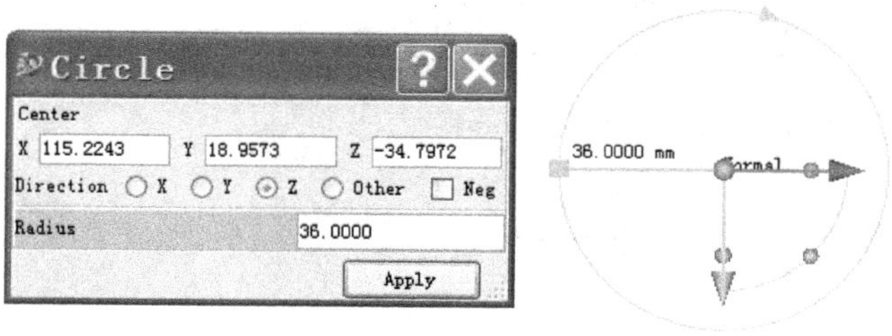

图 3.17

2) Circle w/3 Points(三点构造圆)

选择 Create→Curve Primitive→Circle w/3 Points，弹出的对话框如图 3.18 所示。此命令通过先后指定圆上三个点来完成圆的构造。可通过输入坐标值和在视图界面中选取点来完成点的选取。

3) Circle w/Center and 2 Points(圆弧中心及两点构造圆)

选择 Create→Curve Primitive→Circle w/Center and 2 Points，弹出的对话框如图 3.19 所示。此命令通过先后指定圆上三个点来构造圆，其中第一点为圆心点，第二点为确定半径大小的点，第三点为圆所在平面的点。可通过输入坐标值和在视图界面中选取点来完成点的选取。

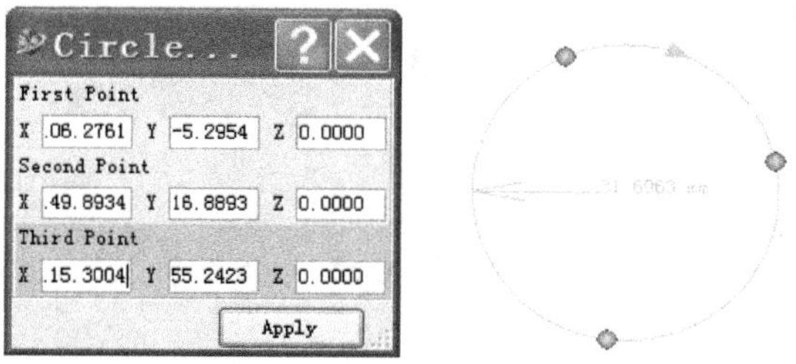

图 3.18

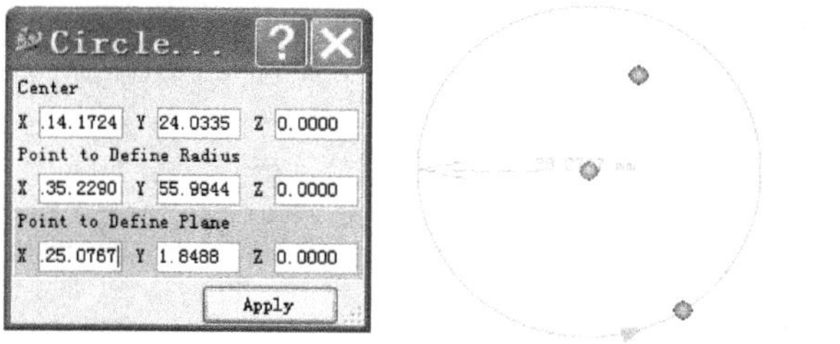

图 3.19

4) Circle w/2 Points and Radius(圆半径及圆上两点构造圆)

选择 Create→Curve Primitive→Circle w/2 Points and Radius，弹出的对话框如图 3.20 所示。此命令通过指定圆半径、圆上两点和圆平面的点来构造圆。圆的生成只依照逆时针方向完成。

4. 其他基本曲线创建

在图 3.6 所示菜单中分别选择 Ellipse、Rectangle、Slot、Polygon，弹出的对话框分别如图 3.21～图 3.24 所示。它们分别是构造椭圆、矩形、槽、多边形的命令。

在四者的构建中，分别需要确定它们的中心(Center)、图形所在平面的法向(Normal)、图形的主方向(图中红色箭头所示方向)和它们的尺寸(椭圆为长半径和短半径、矩形为长度和宽度、槽为槽长和槽宽、多边形为边数和外接圆半径)。

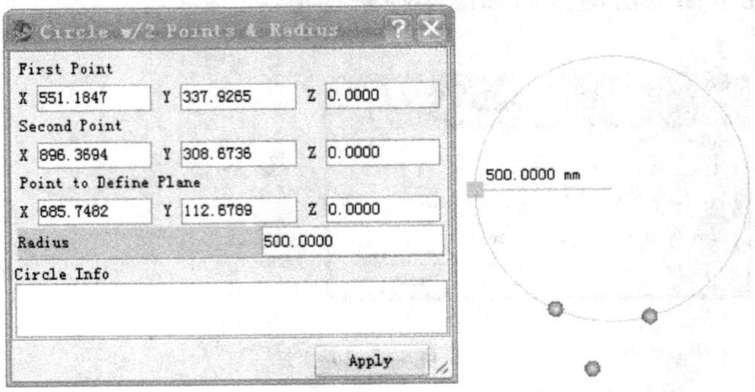

图 3.20

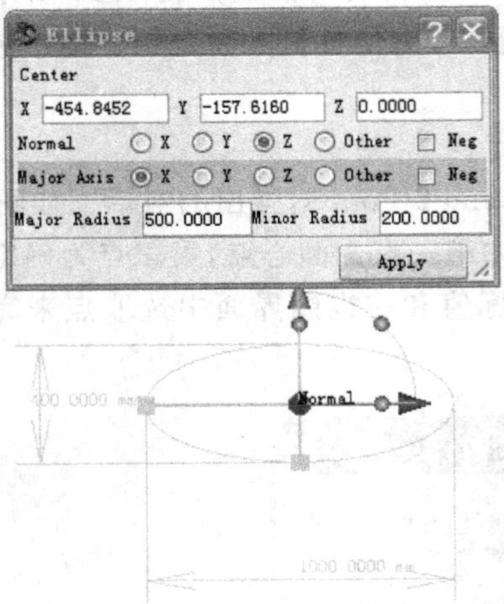

图 3.21

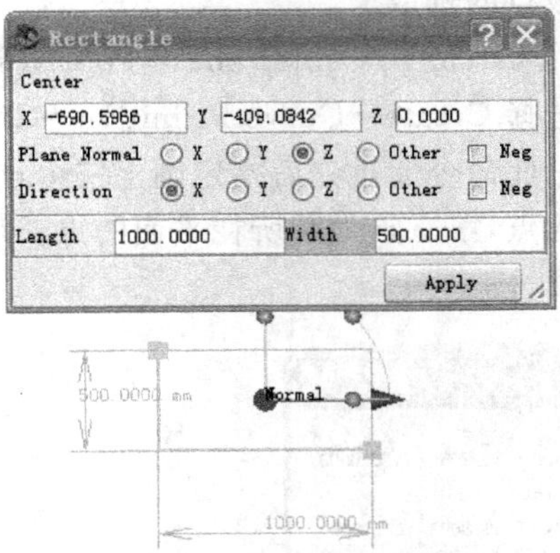

图 3.22

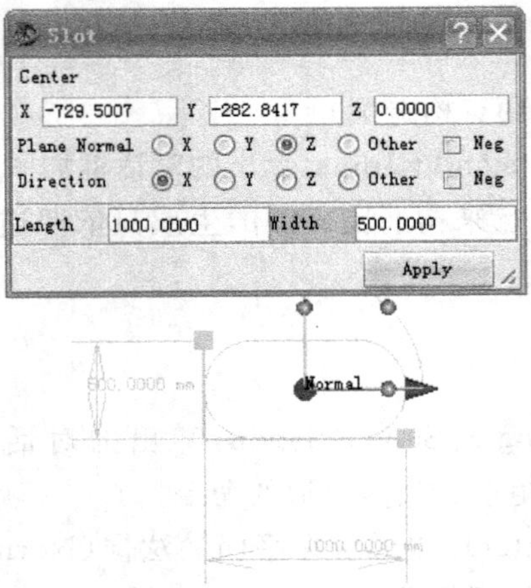

图 3.23

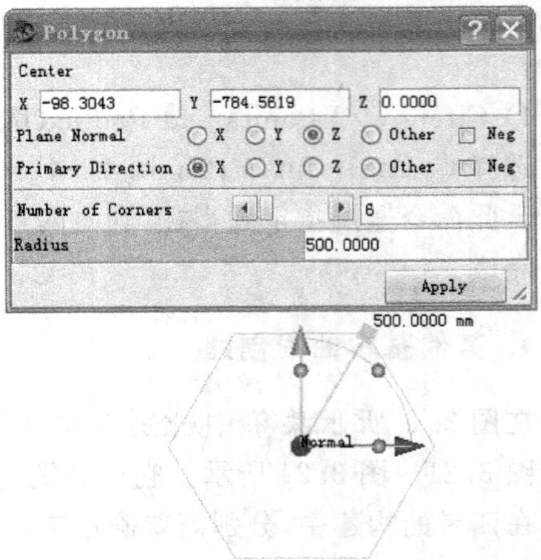

图 3.24

3.2　构造曲线

采用 Construct 命令构造曲线，是指从点云拟合得到曲线、从曲面派生获得曲线，而前面讲解的用 Create 命令创建曲线，是通过直接输入曲线的定义元素获得曲线。

3.2.1　拟合曲线

选择 Construct→Curve from Cloud，弹出拟合曲线菜单，如图 3.25 所示。各种由点云拟合曲线的方法如下。

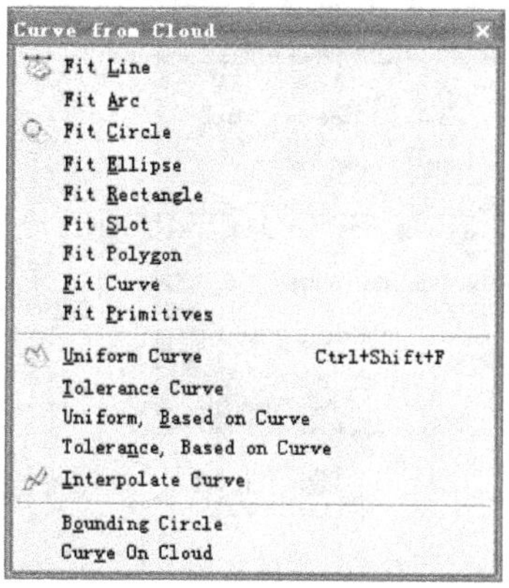

图　3.25

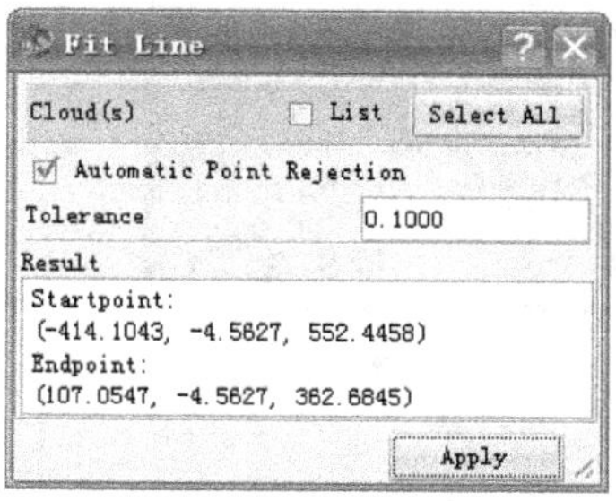

图　3.26

1. Fit Line(拟合直线)

选择 Construct→Curve from Cloud→Fit Line，弹出的对话框如图 3.26 所示。此命令把所选择的点云拟合成与点云误差最小的直线。选中 Automatic Point Rejection 时，系统会自动判断并选择如图 3.26 所示的 Tolerance 中的公差范围内的点来拟合直线，以提高准确性，如图 3.27 所示，分别给出了在添加公差要求前后同样一个点云拟合而成的两条直线。拟合结果会给出拟合直线的起点和终点坐标。

图　3.27

同样道理，可完成圆弧、圆、椭圆、矩形、键槽、多边形的拟合。在图 3.25 所示的菜单中分别选择 Fit Arc、Fit Circle、Fit Ellipse、Fit Rectangle、Fit Slot、Fit Polygon，弹出的对话框分别如图 3.28～图 3.33 所示。

2. Fit Curve(拟合曲线)

选择 Construct→Curve from Cloud→Fit Curve。此命令将所选择点云拟合成直线或圆弧。

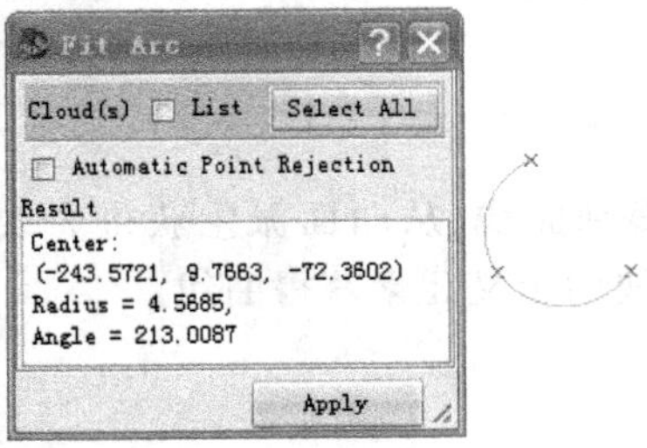

图 3.28

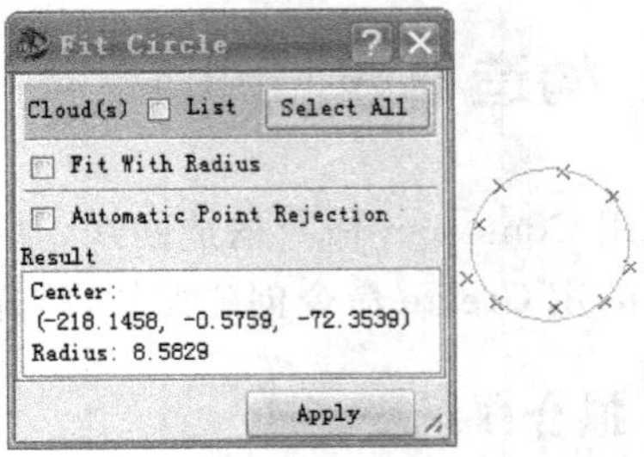

图 3.29

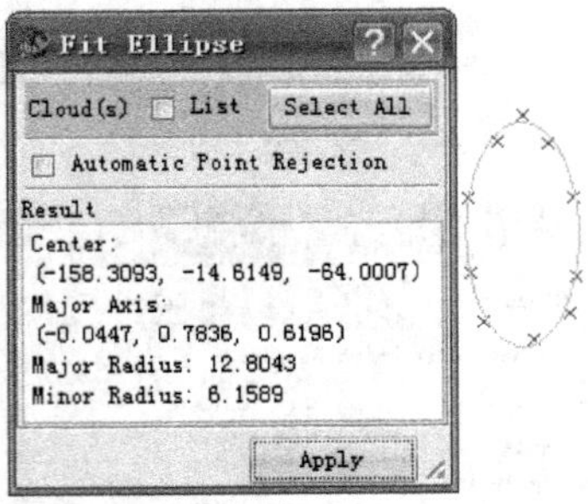

图 3.30

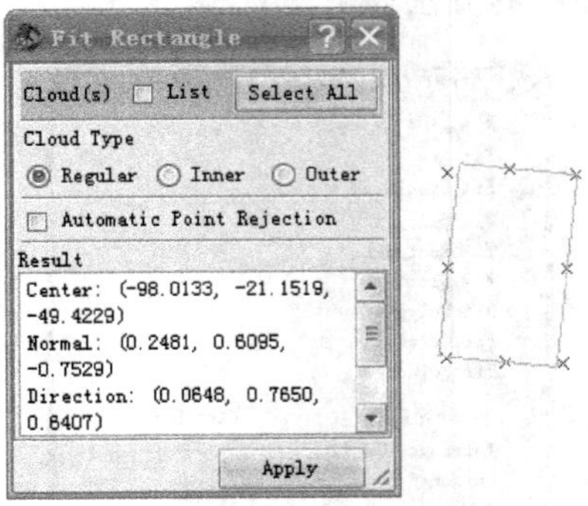

图 3.31

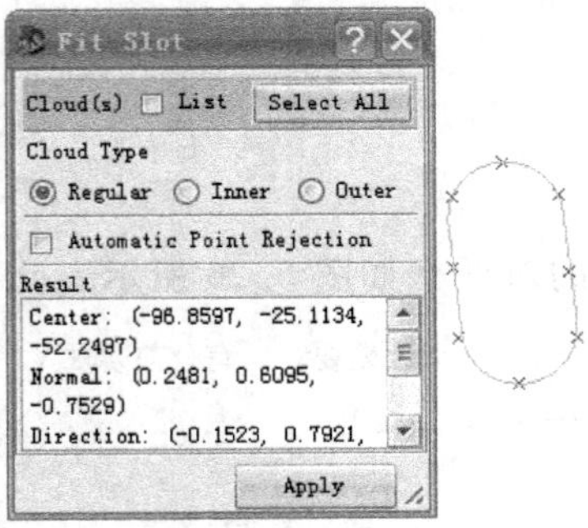

图 3.32

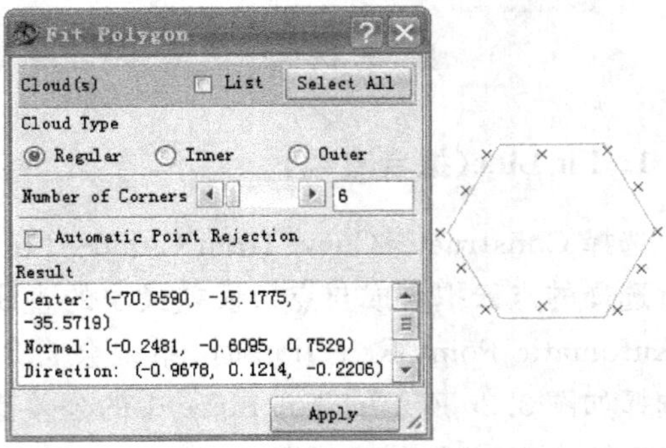

图 3.33

如图 3.34～图 3.38 所示，在 Curve Points 中选择点云上的任意两点，则拟合成一条直线，任意三点则拟合为一个圆弧。

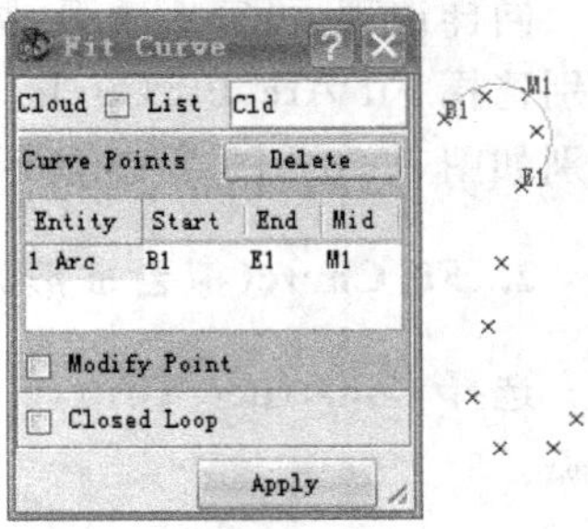

图 3.34

在生成圆弧时，应先选取两端点 B1 和 E1，再选取中点 M1，按下中键，完成圆弧的创建，如图 3.34 所示。创建直线时，只需选择两点 B2 和 E2，按下中键，完成直线的创建，如图 3.35 所示。同样，可选择 B3 和 E3，再选取中点 M3，按下中键，完成第二个圆弧的创建，如图 3.36 所示。此时，在 Curve Points 中会显示各实体的名称及起始点、中点、终点编号。选中 Modify Points，拖动 Arc1 中的 E1，编辑 Arc1 曲线，如图 3.37 所示。当选中 Closed Loop 时，三段曲线将首尾相连，如图 3.38 所示。

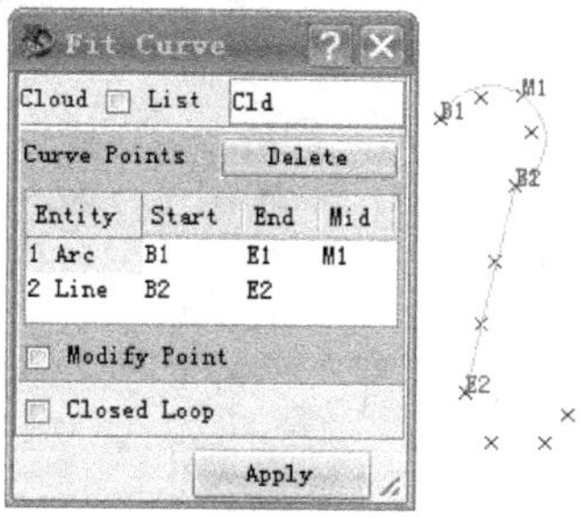

图 3.35

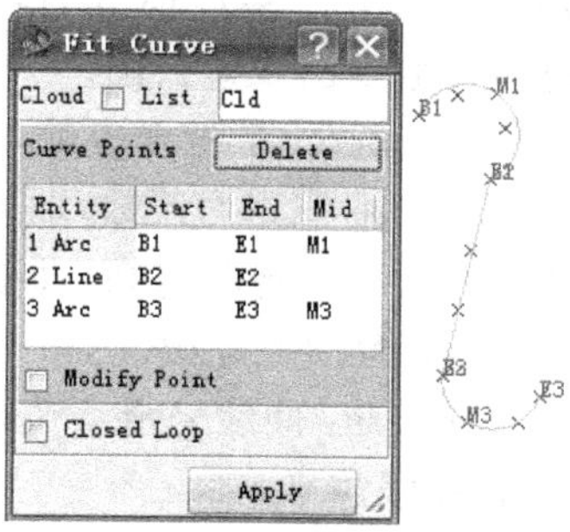

图 3.36

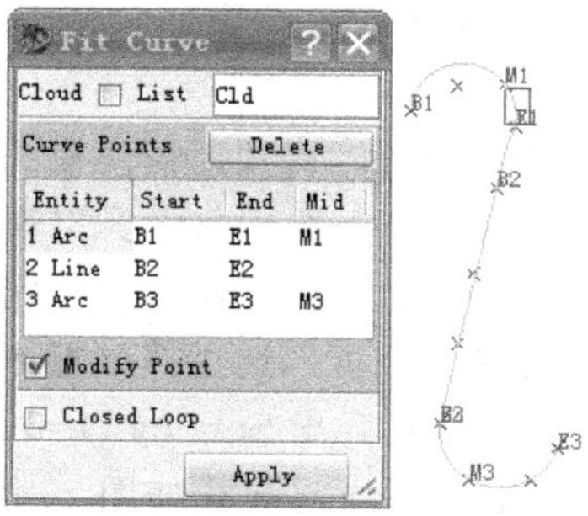

图 3.37

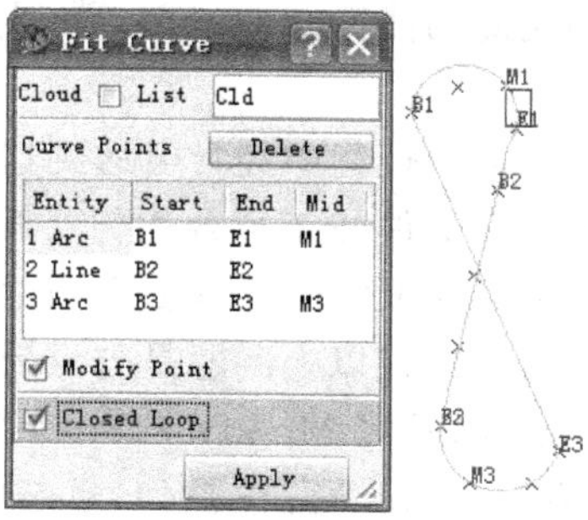

图 3.38

3. Fit Primitives(拟合直线和圆弧)

选择 Construct→Curve from Cloud→Fit Primitives，弹出的对话框如图 3.39 所示。此命令将所选择点云拟合成直线或圆弧。如果在对话框中选中 Select Line Points，那么选择的点用来拟合成一条直线；如果在对话框中选中 Select Arc Points，那么选择的点用来拟合成一个圆弧。

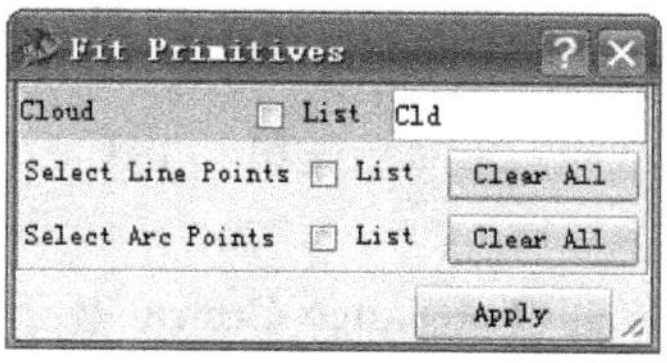

图 3.39

4. Uniform Curve(拟合均匀曲线)

选择 Construct→Curve from Cloud→Uniform Curve，弹出的对话框如图 3.40 所示。此命令将所选择点云用来拟合一条均匀曲线。

Begin：用来指定拟合曲线的起始点边界条件，有以下 3 种。

◆ Free：起始点无约束。

◆ Fixed：起始点被固定于数据点上。

◆ Continuity：起始点被施加了连续约束。此选项提供了 4 种连续约束：Pos 表示位置连续，Tan 表示相切连续，Curv 表示曲率连续，Implied Tan 表示与指定方向相切。

End：用来指定拟合曲线的终止点边界条件，情况与起始点类似。

Closed Curve：使拟合曲线形成一个闭合曲线。

Compute Errors：生成曲线时，对生成的曲线和点云进行误差计算，并显示出误差云图。

Fitting Parameters：拟合参数，有以下 3 个选项。

- ◆ Tension：曲线张力系数，取值在 0～1 之间，表示曲线的绷紧程度。此值越高，曲线越靠近控制点，但此值过高会导致曲线起皱。
- ◆ Smoothness：曲线光滑系数，取值在 0～1 之间。此值越高，曲线越平滑。
- ◆ Std. Deviation：标准偏差值，取值在 0.01～1 之间。将此值设高，会使形成的曲线比原来点云更加平滑。

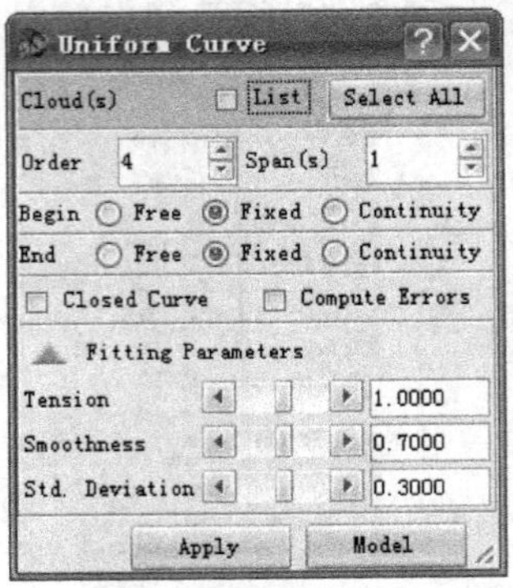

图 3.40

在利用此功能拟合曲线时，常利用对话框的 Model 功能预览所设置的参数是否符合要求。

在实际应用过程中经常会遇到这样的问题，拟合成的曲线较乱，比预期情况更糟糕。

打开光盘文件“3-1 拟合均匀曲线”，如图 3.41 所示，这时，可以看到曲线上出现两个字母 B(Beform)和 E(End)，这是曲线的起始点和终止点，是按照生成点云时各点的先后顺序排列的。曲线出现以上问题是与点云起始点和终止点位置有关。可以通过按最近原则重新排列点云顺序，选择 Modify→Direction→Sort Points by Nearest，弹出 Sort by Nearest 对话框，选择点云，单击 Apply 按钮，重新排列点云顺序。再次生成的均匀曲线如图 3.42 所示，图中点云起始点和终止点位于点云两端。

注意，当创建均匀曲线时，软件自动以以下规则来命名：FitCrv、FitCrv2 等。

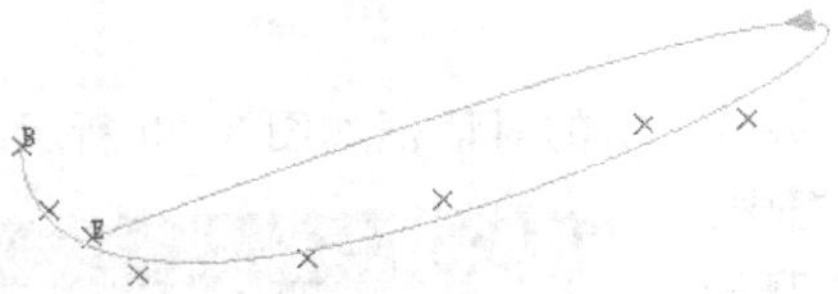

图 3.41

图 3.42

5. Tolerance Curve(基于公差的曲线)

在图 3.25 所示的菜单中选择 Tolerance Curve 命令，弹出的对话框如图 3.43 所示。此命令将所选择的点云用来拟合一条基于公差的曲线。基于公差拟合曲线是用最少控制点或节点将一条曲线与指定公差相匹配。得到的曲线的控制点非均匀分布，即曲率越高，控制点越多，曲率越低，控制点越少。如果利用此命令获得一闭合曲线，那么此曲线将在首尾连接处连续。

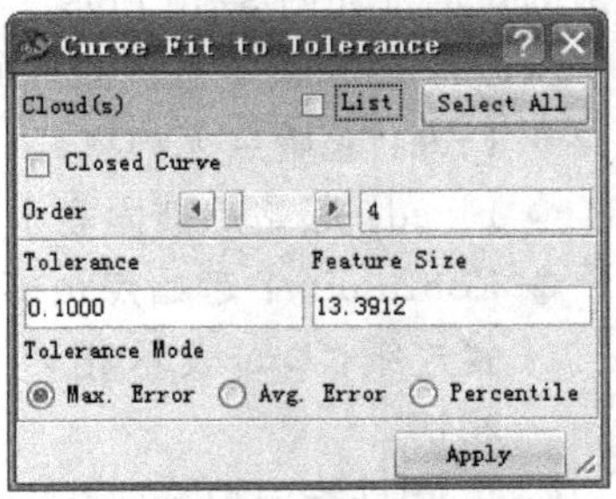

图 3.43

Tolerance：拟合公差。当公差模式选择 Max. Error 时，此公差值是允许拟合曲线偏离点云数据的最大距离，要求此公差值要比点云数据的公差大一些，才能保证曲线光顺；当公差模式选择 Avg. Error 时，此公差值是在曲线与点云间的平均误差值；当选择 Percentile 时，可以输入一个百分比数值，使点云必须在指定的公差内拟合曲线。

Feature Size：这个值为沿着曲线形状的最小特征值。如果点云中有杂点，设置此尺寸小于数据中杂点的范围。

注意，当创建均匀曲线时，软件自动以以下规则来命名：FitToTolCrv、FitToTolCrv2 等。

6. Uniform，Based on Curve(基于曲线的均匀曲线)

选择 Construct→Curve from Cloud→Uniform，Based on Curve，弹出的对话框如图 3.44 所示。此命令将所选择点云拟合成一条均匀曲线。与 Uniform Curve 不同的是，它可以使拟合的曲线与所选择的曲线具有相同的参数。

7. Tolerance，Based on Curve(基于曲线的公差曲线)

选择 Construct→Curve from Cloud→Tolerance，Based on Curve，弹出的对话框如图 3.45 所示。此命令将所选择点云拟合为一条基于曲线的公差曲线。与 Tolerance Curve 不同的是，它可以使拟合的曲线与所选择的曲线具有相同的参数。

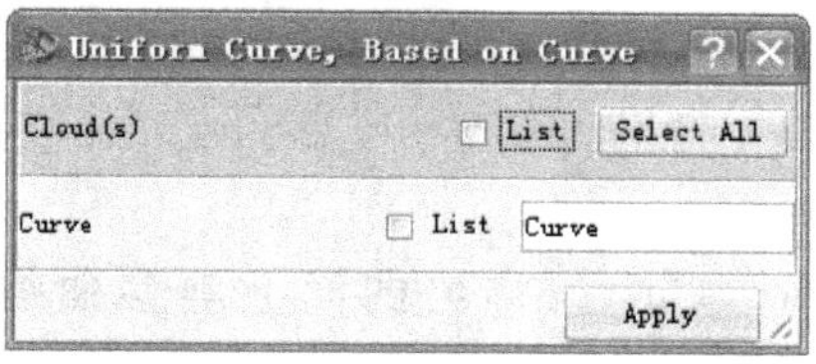

图 3.44

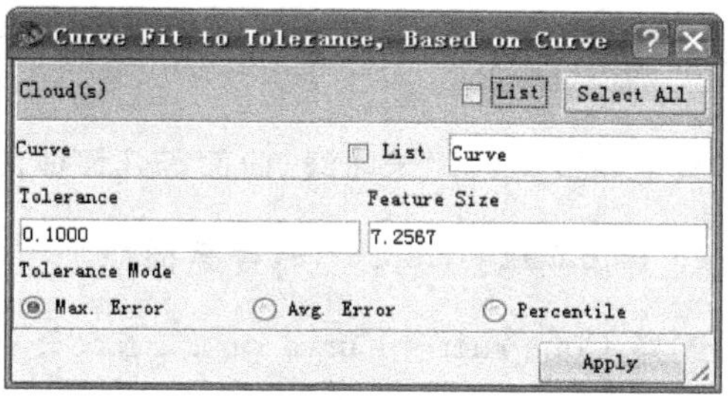

图 3.45

8. Interpolate Curve(插值曲线)

选择 Construct→Curve from Cloud→Interpolate Curve，弹出的对话框如图 3.46 所示。此命令将所选择点云拟合为一条插值样条曲线。插值曲线的特点是经过所选择点云的所有点，所以一般对准确的数据采用此种方法。Order 文本框的值介于 1～21 之间。如选中 Closed Curve 复选框可获得封闭曲线。

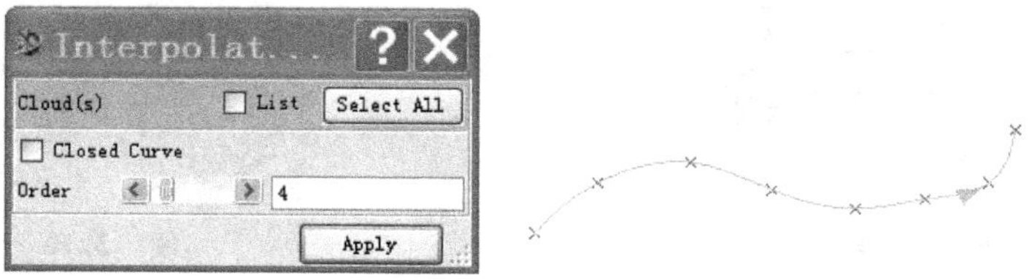

图 3.46

9. Bounding Circle(边界圆)

选择 Construct→Curve from Cloud→Bounding Circle,弹出的对话框如图 3.47 所示。根据点云构造边界圆。

打开光盘文件"3-2 边界圆",生成的点云如图 3.48 所示。如果选中 Outer Circle,那么所选择的点云会用来拟合一个最小的能包括所有点的圆,如图 3.48 中的大圆;如果选中 Inner Circle,那么所选择的点云会用来拟合一个最大的不包括任何点在内的圆,如图 3.48 中的小圆。

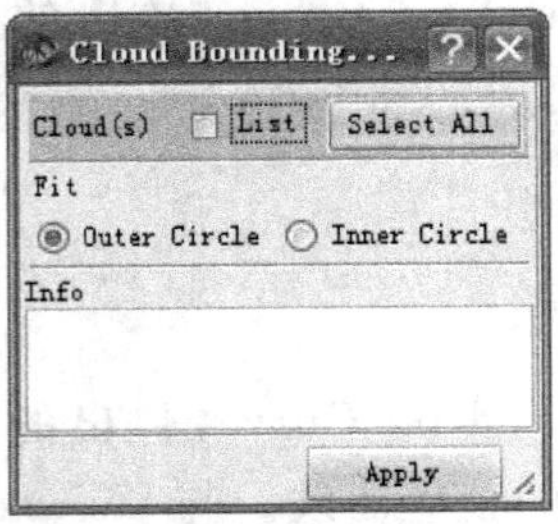

图 3.47

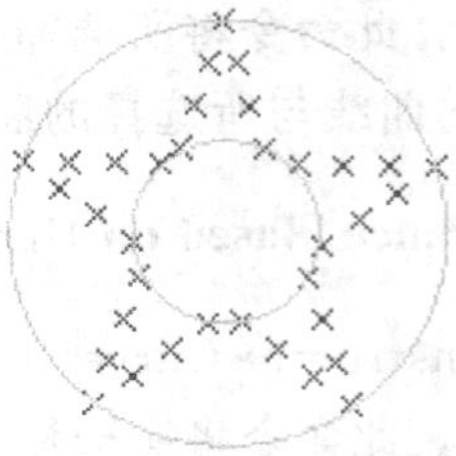

图 3.48

3.2.2 派生曲线

派生曲线指依附于曲线、曲面等几何体的曲线。

1. Isoparametric Curve(等参曲线)

选择 Construct→Curve on Surface→Isoparametric Curve,弹出曲面上等参曲线对话框。

打开光盘文件"3-3 派生曲线",设置 U 向或 V 向,可以获得一条构造曲线,分别如图 3.49 和图 3.50 所示。

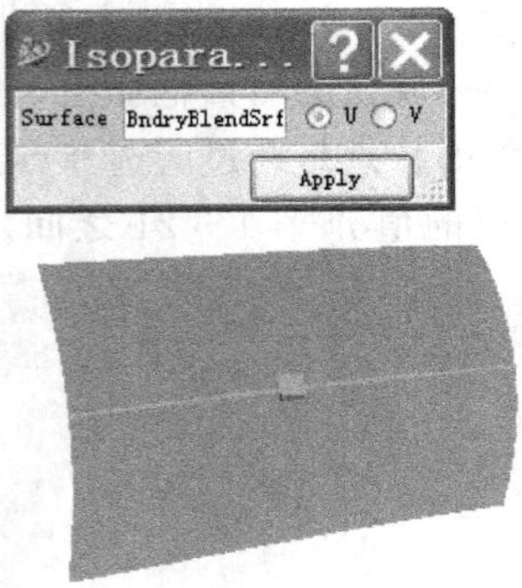

图 3.49

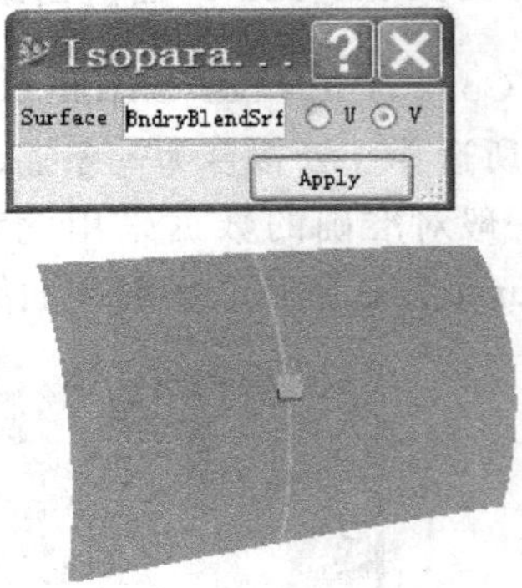

图 3.50

2. Project Curve to Surface(投影曲线到曲面)

选择 Construct→Curve on Surface→Project Curve to Surface,弹出投影曲线到曲面对

话框，将曲线按照给定方向投影到曲面上获得曲线。

打开光盘文件“3-4 投影曲线到曲面”，将曲线沿着曲面的法向方向进行投影，得到曲面上的曲线，如图 3.51 所示。

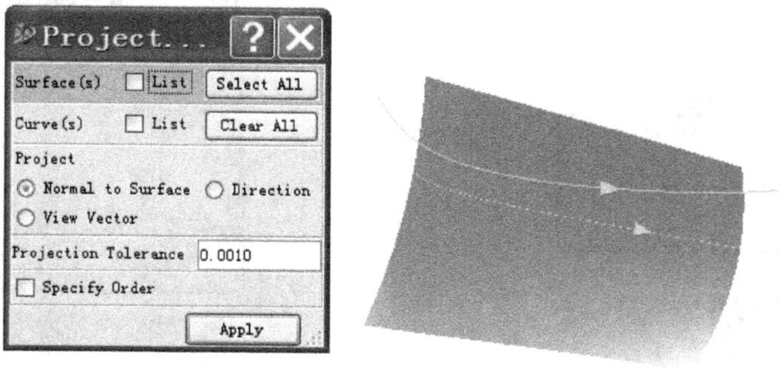

图　3.51

Project：包含了 3 种类型的投影方向，其中 Normal to Surface 为沿着曲面的法向方向进行投影；View Vector 为沿着视图的垂直方向进行投影；而 Direction 则提供了更方便的方向设置方法，可以沿着指定的方向进行投影，比如 X、Y、Z 或其他。

Project Tolerance：投影曲线的生成公差。

Specify Order：指定投影曲线的阶数。

3. Interactive B-Spline（交互曲面曲线）

选择 Construct→Curve on Surface→Interactive B-Spline，弹出交互曲面曲线对话框，如图 3.52 所示。可以用鼠标在所选择的面上选取曲线所要经过的点，并生成依附于曲面的曲线。

同样，选择 Construct→Curve on Surface→Interactive Polyline，弹出交互曲面折线对话框，如图 3.53 所示。可以在所选择的面上选取折线所要经过的点，并生成依附于曲面的折线。

图　3.52

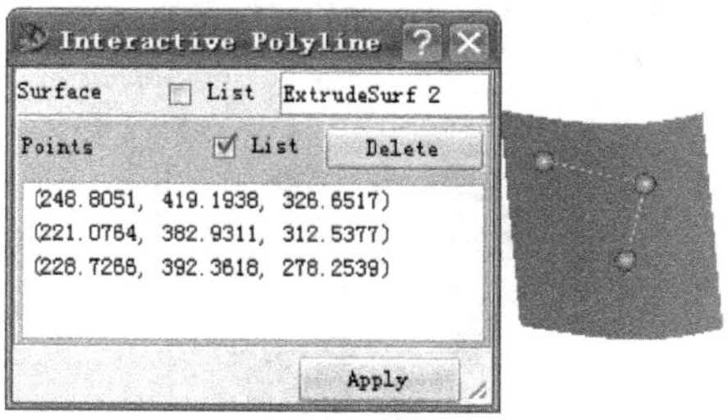

图　3.53

4. 3D Curve from Surface（曲面上构造 3D 线）

打开光盘文件“3-5 曲面上构造 3D 线”，选择 Construct→Curve from Surface→3D Curve from Surface，弹出曲面上构造 3D 线对话框。对话框中提供了两种生成曲线的方式，选中 Isoparametric 时，可以在曲面上生成 U、V 等参数线，如图 3.54 所示；选中 Curve 时，可以在曲面上选取现有的曲线使其生成 3D 曲线,如图 3.55 所示。用此命令生成的曲线均为 3D 线,即独立曲线,与曲面无关联性,方便后面处理。

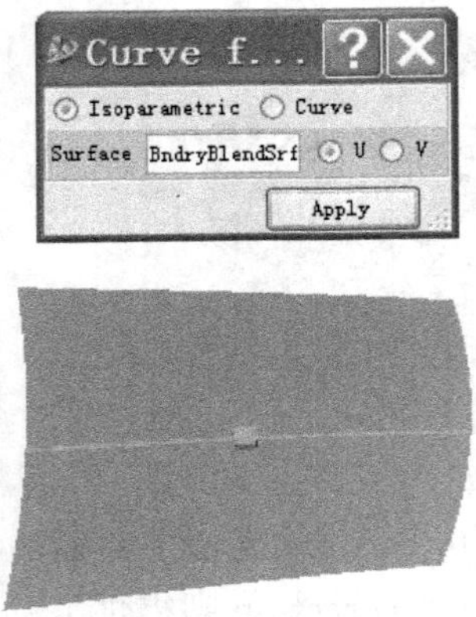

图 3.54

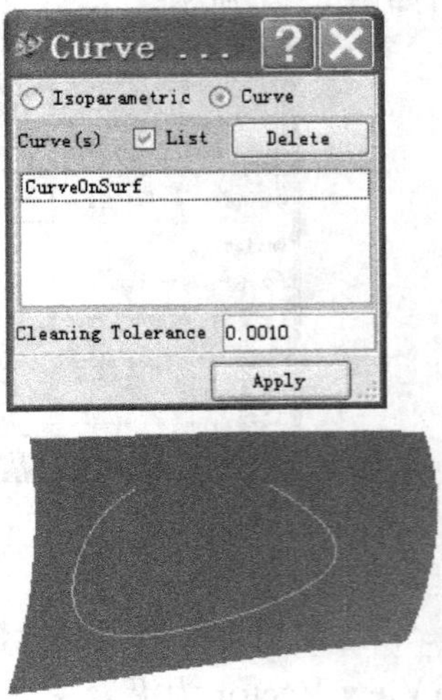

图 3.55

5. Line from Cylinder/Cone Axis(圆柱或锥台曲面上构造 3D 直线)

选择 Construct→Curve from Surface→Line from Cylinder/Cone Axis,弹出圆柱或锥台曲面上构造 3D 直线对话框,如图 3.56 所示。图中所得轴心直线与锥台曲面无关联性。

6. Blend(混成曲线)

选择 Construct→Blend→Curve,弹出混成曲线对话框,混成曲线也称桥接曲线,如图 3.57 所示。混成曲线是将两条不相连的曲线通过创建一条新的曲线而连接起来。混成曲线又称桥接曲线。

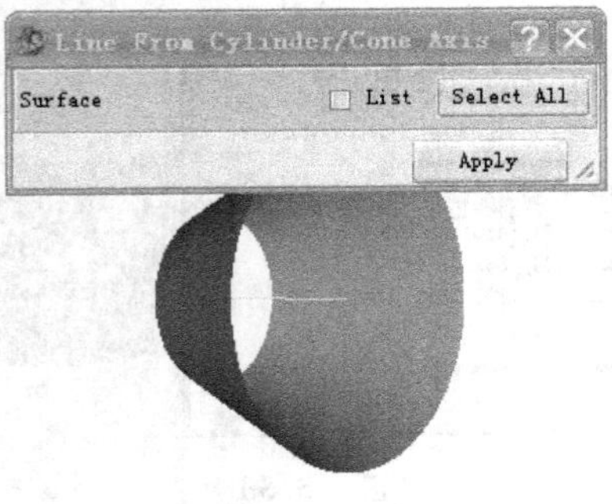

图 3.56

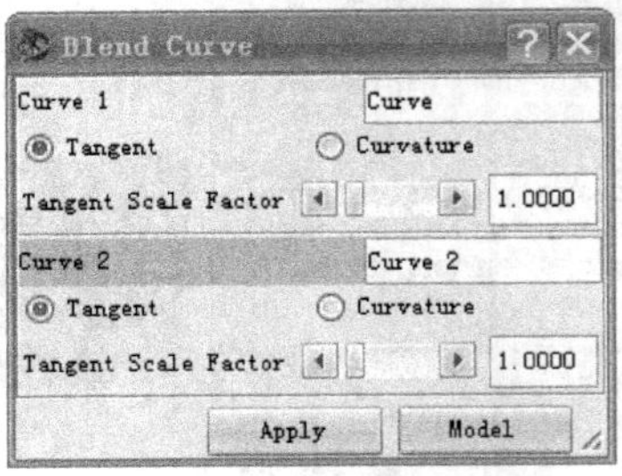

图 3.57

打开光盘文件“3-6 混成曲线”,生成如图 3.58 所示的两条不相连的曲线,图 3.59 为两曲线混成后的曲线。选中相切连续 Tangent 时,将影响曲线前两个控制点,选中曲率连续 Curvature 时,将影响曲线前三个控制点。

若要将两曲线混成为一条曲线,可以选择 Modify→Continuity→Match 2 Curves 两曲线匹配命令。

图　3.58

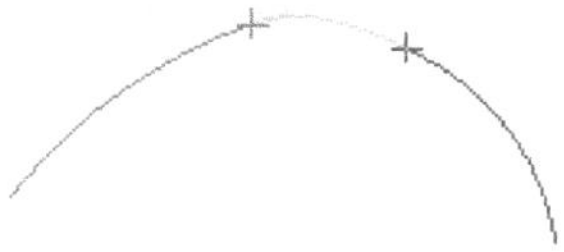

图　3.59

7. Fillet(倒圆角)

选择 Construct→Fillet→Curve,弹出倒圆角对话框,如图 3.60 所示。此命令提供了两种倒圆角方式,图 3.61、图 3.62 分别是给定半径(Given Radius)和给定一曲线以及另一曲线上一点(Given Point on Curve)两种方式下的倒圆角结果。

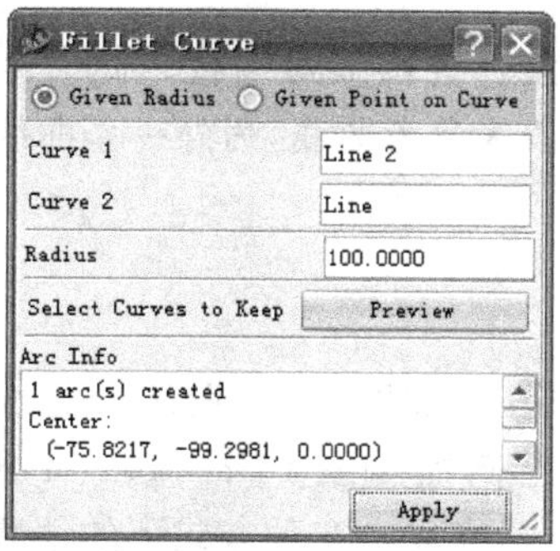

图　3.60

图　3.61

图　3.62

若要作与已知曲线相切的圆弧,选择 Construct→Fillet→Arc w/Tangent to Curve,弹出如图 3.63 所示的对话框。此命令可以通过以下 3 种方式来完成。

(1) Given Point and Curve:指定与圆弧相切的曲线、圆弧经过的点及圆弧半径,如图 3.64 所示。

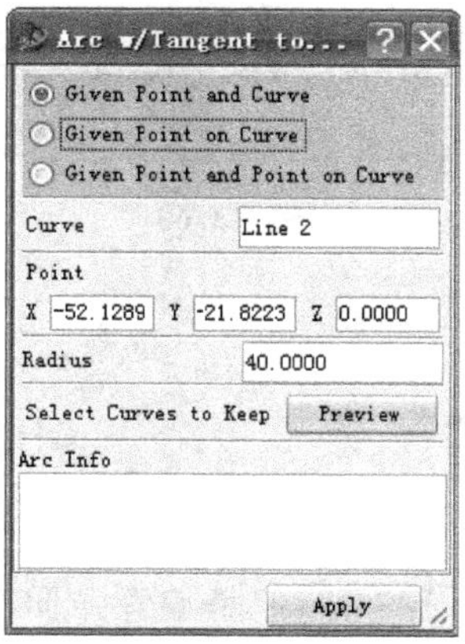

图　3.63

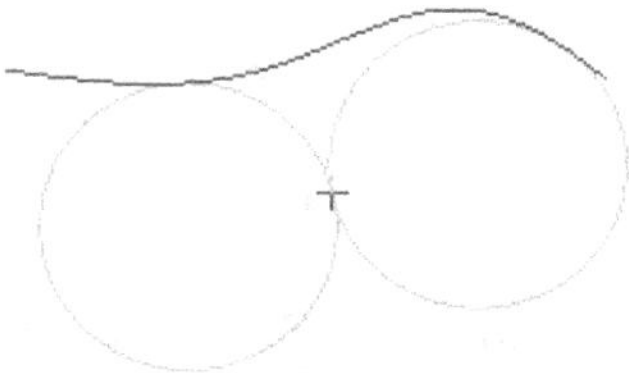

图　3.64

(2) Given Point on Curve：指定相切曲线上的一点和圆弧半径，如图 3.65 所示。

(3) Given Point and Point on Curve：指定相切曲线上的一点和圆弧经过的另一点，如图 3.66 所示。

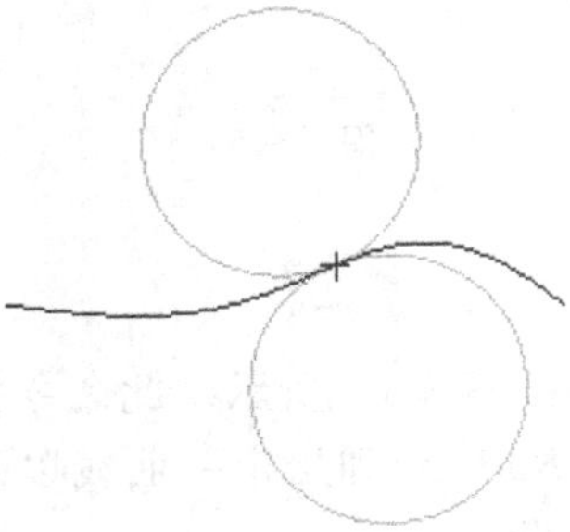

图 3.65

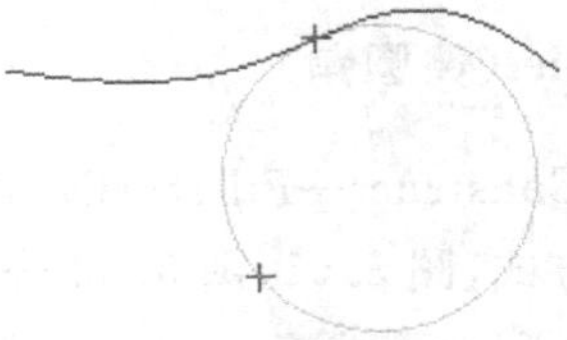

图 3.66

选择 Construct→Fillet→Dynamic Arc Fit，弹出曲线逼近圆弧对话框。此命令可依据一条曲线构建出一个圆弧，如图 3.67 所示，带小球的曲线为参考曲线，另外一条曲线为构建出的圆弧。

8. Offset(偏置曲线)

选择 Construct→Offset→Curve，弹出偏置曲线对话框，如图 3.68 所示。曲线偏置的方式有 3 种：常数(Constant)、线性(Linear)、不等比例的偏置(Variable in Range)。图 3.69、图 3.70、图 3.71 是 3D 曲线选项下(3D Curve(s))在以上 3 种方式下的偏置。选中 Neg 复选框可以改变曲线偏置方向。

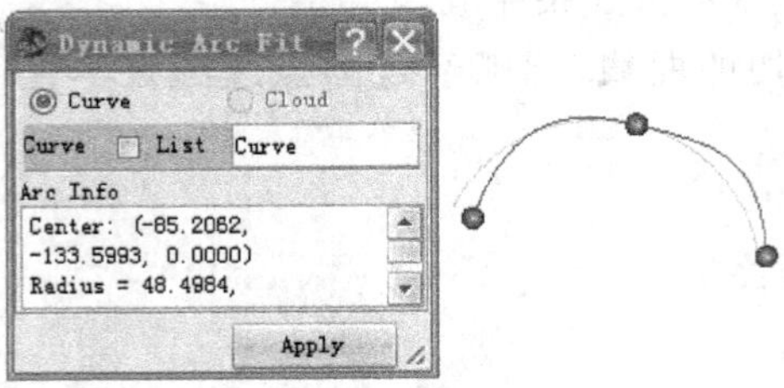

图 3.67

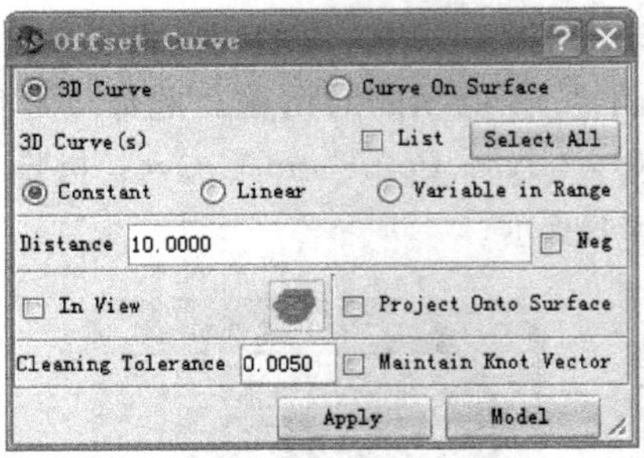

图 3.68

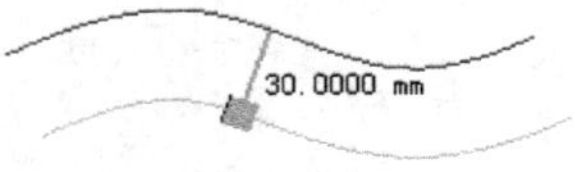

图 3.69

图 3.70

当选择 Curve On Surface 时，曲线偏置方式同样是以上 3 种，但是偏置方向有 3 种，曲面法向(Normal)、曲面上(Surface)、曲面上 3D 线(3D on Surface)，如图 3.72 所示。图 3.73、图 3.74、图 3.75 分别对应常数选项下在以上 3 种偏置方向下的偏置。

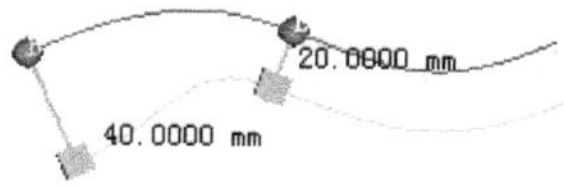

图 3.71

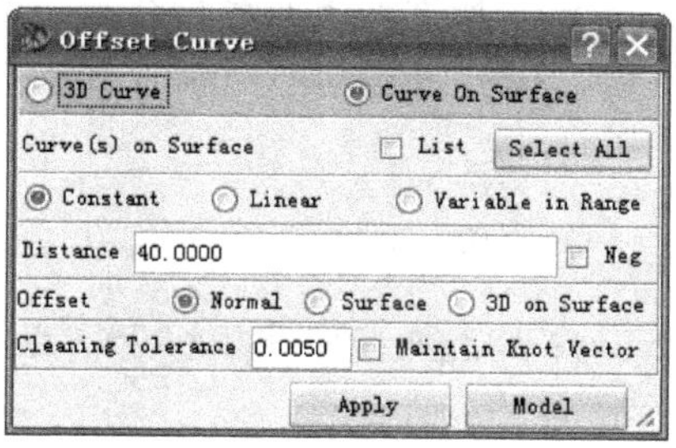

图 3.72

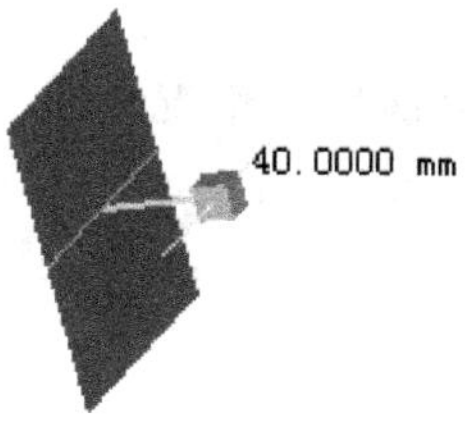

图 3.73

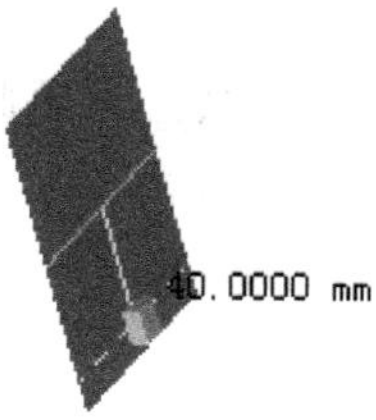

图 3.74

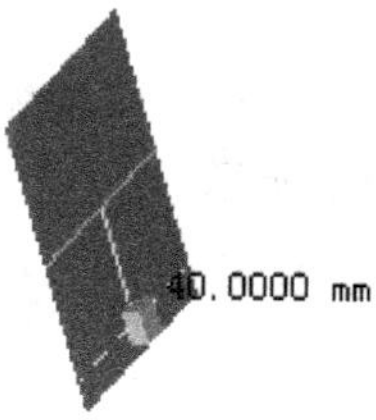

图 3.75

3.3 曲线编辑

选择 Modify 命令，可以对现有的曲线进行修改和编辑。

1. Create Constraint(s)(创建约束)

选择 Modify→Continuity→Create Constraint(s)，弹出创建曲线约束对话框，如图 3.76 所示。利用此命令对所选的两条曲线建立约束关系，在编辑其中一条曲线时，它们之间的约束关系不变。

该命令提供 4 种约束类型。

Hard Point：固定点，所选曲线将固定不变地经过该点。运用固定点约束时，约束前后的情况如图 3.77 和图 3.78 所示。

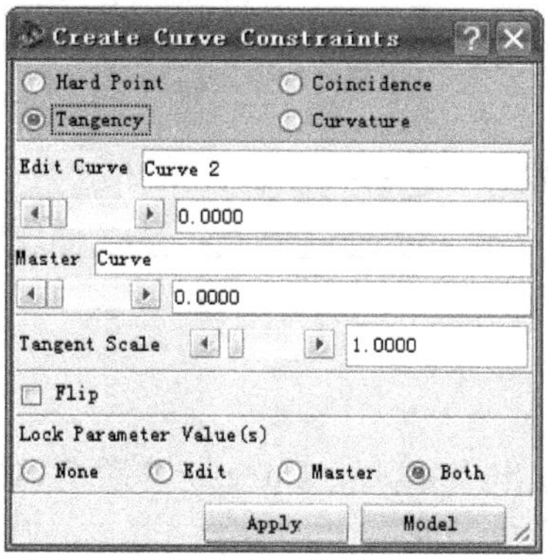

图 3.76

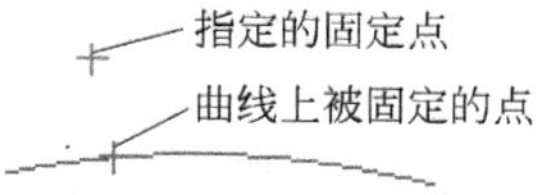

图 3.77

图 3.78

Coincidence：所选两条曲线相交于一点。运用此约束时，约束前后的情况如图 3.79 和图 3.80 所示。

图 3.79

图 3.80

Tangency：所选两条曲线相切于一点。运用此约束时，约束前后的情况如图 3.81 和图 3.82 所示。

图 3.81

图 3.82

Curvature：所选两条曲线在一点曲率连续。运用此约束时，约束前后的情况如图 3.83 和图 3.84 所示。

图 3.83

图 3.84

Edit Curve：约束时被修改的曲线，比如图 3.79、图 3.81、图 3.83 中左侧的曲线。

Master：约束时形状保持不变的曲线，比如图 3.79、图 3.81、图 3.83 中右侧的曲线。

Lock Parameter Value(s)：当选择 None 时，允许约束的两条曲线参数都被修改；当选择 Edit 时，允许 Edit Curve 沿着 Master 曲线移动；当选择 Master 时，允许 Master 曲线沿着 Edit Curve 移动；选择 Both 时，两曲线参数都不改变。

当需要对建立的约束进行编辑、删除时，可以分别选择 Modify→Continuity→Modify Constraint(s) 和 Modify→Continuity→Delete Constraint(s)，对约束进行编辑和删除。

2. Snap Curves to Curves（固定曲线间交点）

选择 Modify→Continuity→Snap Curves to Curves，弹出 Snap Curves to Curves 对话框，如图 3.85 所示。此命令可求出曲线间的交点，当调整曲线时，可保证曲线交点不变。

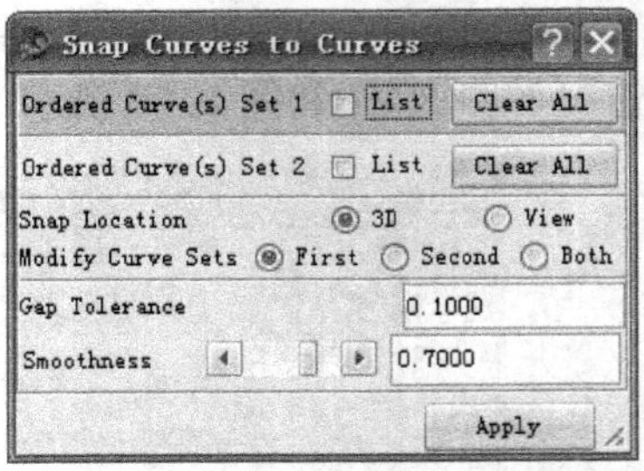

图 3.85

Snap Location 的选项有两个。

- ◆ 3D：两曲线交点位置是两曲线间距离最近的位置。
- ◆ View：两曲线交点位置是两曲线在视图下投影（即垂直于计算机屏幕）有交点的位置。

Modify Curve Sets：设置要被修改的曲线。

3. Match 2 Curves（匹配两条曲线）

选择 Modify→Continuity→Match 2 Curves，弹出 Match 2 Curves 对话框，如图 3.86 所示。该命令可以将两条曲线连接起来，或者结合为一条曲线。

打开光盘文件“3-7 匹配两条曲线”，生成的曲线如图 3.87 所示，此命令提供了两条曲线之间的 4 种匹配方式：位置连续(Position)、相切连续(Tangent)、曲率连续(Curvature)和 G3 连续。

One Object 可使两曲线匹配操作后生成一条曲线。

Both 和 Average 对两条曲线进行修正并取平均值。

Both 和 Point 选择指定的点作为匹配点来匹配两条曲线。

在对两条曲线进行匹配时，单击 Model 按钮后，可以拖动曲线上的小球，动态地调整曲线。

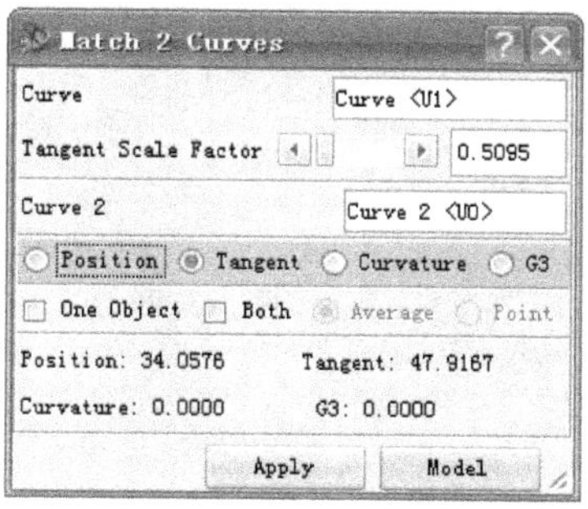

图　3.86

图 3.87 是在对两条曲线进行匹配时单击 Model 按钮时的情形，拖动两小球，改变曲线匹配情况，如图 3.88 所示。单击 Apply 按钮，得到匹配后的曲线如图 3.89 所示。

如果选中 One Object，两曲线匹配操作后将生成一条曲线，如图 3.90 所示。

图　3.87

图　3.88

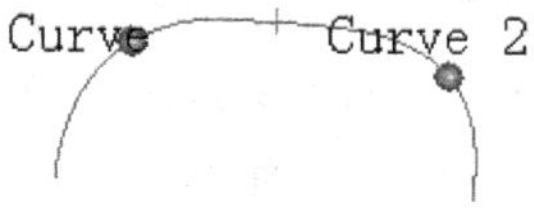

图　3.89

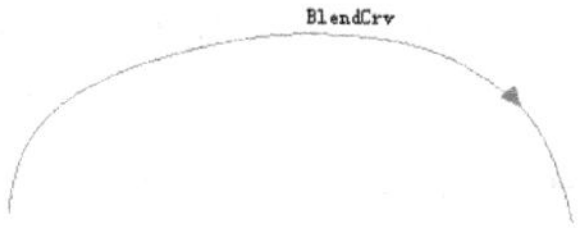

图　3.90

4. Extend(延伸)

选择 Modify→Extend，弹出延伸对话框，如图 3.91 所示。该命令可以将曲线或曲面进行延伸。

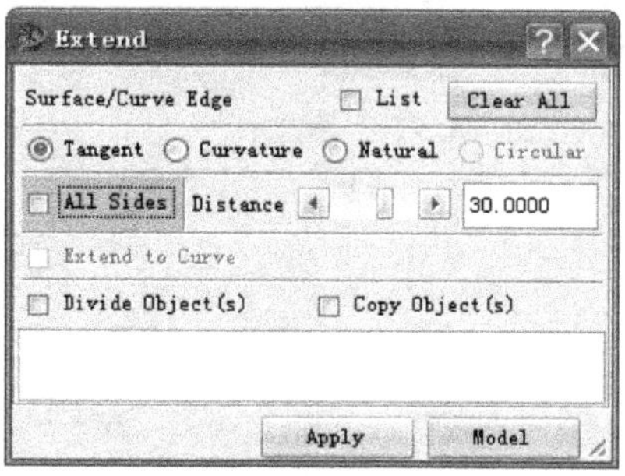

图　3.91

共有 4 种延伸方式：相切(Tangent)、曲率(Curvature)、自然(Natural)、圆形(Circular)。相切及曲率延伸方式依赖曲线在端点处的切率与曲率来延伸；而圆形延伸方式主要针对圆弧来延伸。选中 Extend to Curve 时，曲线延伸至另一曲线；选中 All Sides 时，曲线向两端同时延伸。

如图 3.92 中的曲线，在分别运用相切、曲率、自然延伸后所得曲线如图 3.93、图 3.94、图 3.95 所示。

需要注意的是，当输入的延伸值为负值时，曲线可以缩短。

5. Snip(剪断)

选择 Modify→Snip→Snip Curve(s)，弹出剪断曲线对话框。该命令对曲线进行剪断操

图 3.92

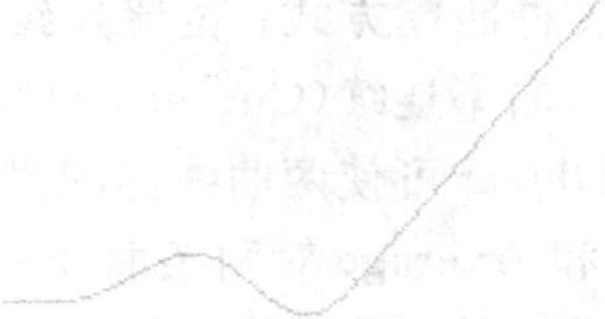

图 3.93

图 3.94

图 3.95

作，可以采用 3 种方式进行剪断：在曲线上某点（At Points）、用另一条曲线（With Curves）、用平面（With Planes）。

打开光盘文件“3-8 剪断曲线”，生成的曲线如图 3.96 所示，下面分别对图 3.96 中超出三直线交点外的线段进行剪断删除操作。

如果选中 At Points 和 Once，首先选中图中一直线，此时在该直线上会出现一小球，选中锁点模式中的交点图标 ✕，拖动小球至两直线交点处，得到的曲线如图 3.97 所示。在 Keep 模式中选中 Selected，单击 Apply 按钮，得到如图 3.98 所示的剪断后的曲线。注意，此时选择直线时，被点到的一端（如图中有一小叉的一端）被保留。

图 3.96

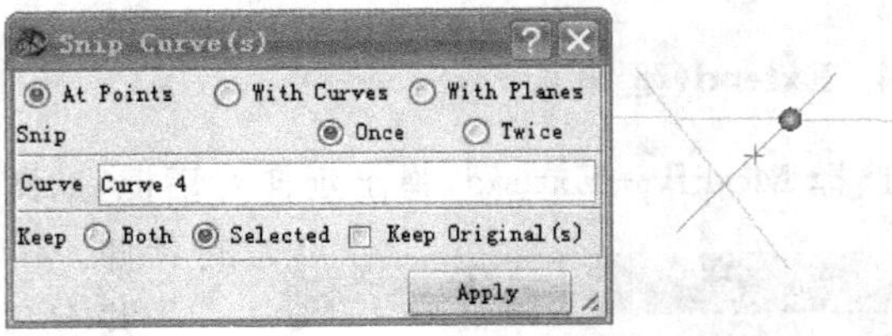

图 3.97

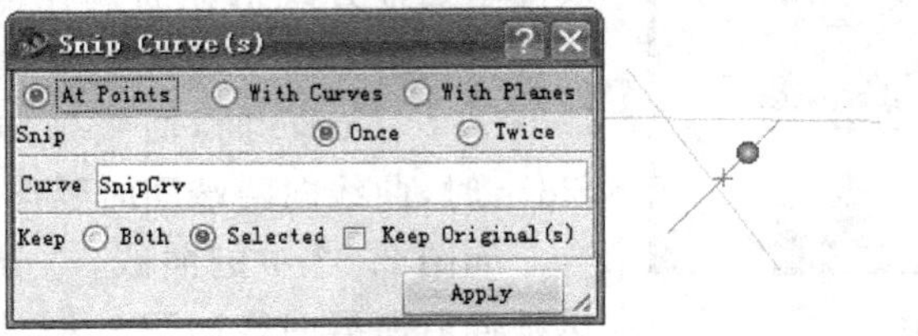

图 3.98

如果选中 Twice，同样先选择一条直线，此时在该直线上会出现两个小球，选中锁点模式中的交点图标，拖动两个小球至三条直线的两个交点处，如图 3.99 所示。在 Keep 模式中选中 Inner，单击 Apply 按钮，得到如图 3.100 所示的剪断后的曲线。注意，此时选择的直线两交点之间的部分被保留。

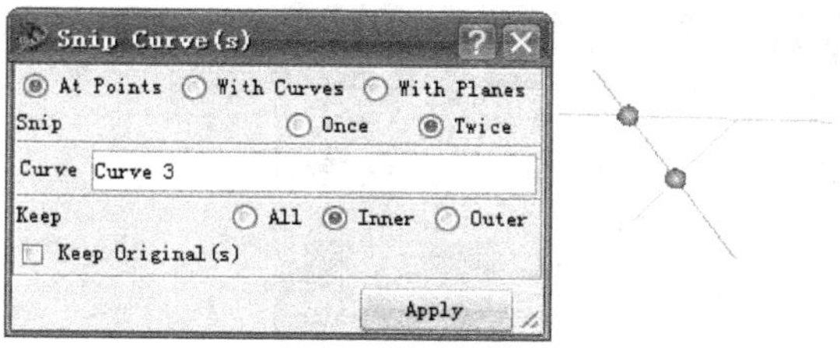

图　3.99

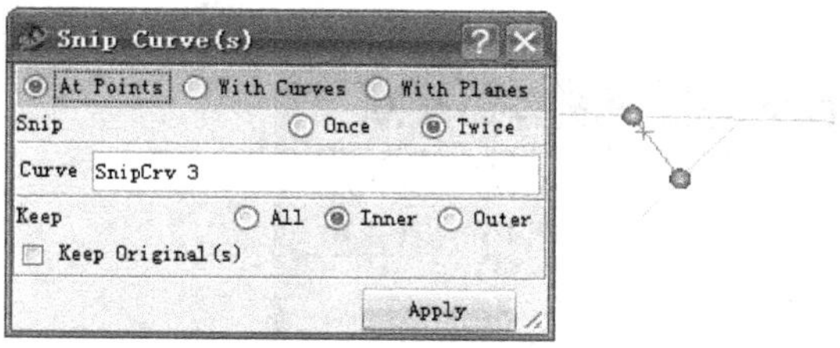

图　3.100

选中 With Curves 和 Once 时，选择 Curve(s)和 Snipping Curve，如图 3.101 所示。交点选择视图方向(View)，保留选择的部分，单击 Apply 按钮，如图 3.102 所示。也可以在选择完 Curve(s)和 Snipping Curve 后，选中 Both 复选框，如图 3.103 所示，单击 Apply 按钮，可同时剪断曲线交点外的线段，如图 3.104 所示。

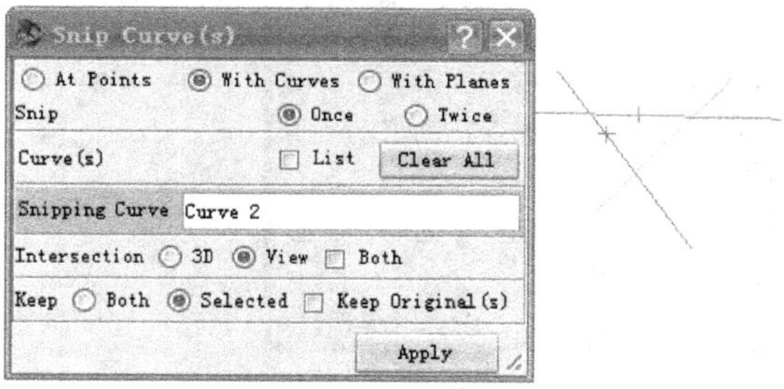

图　3.101

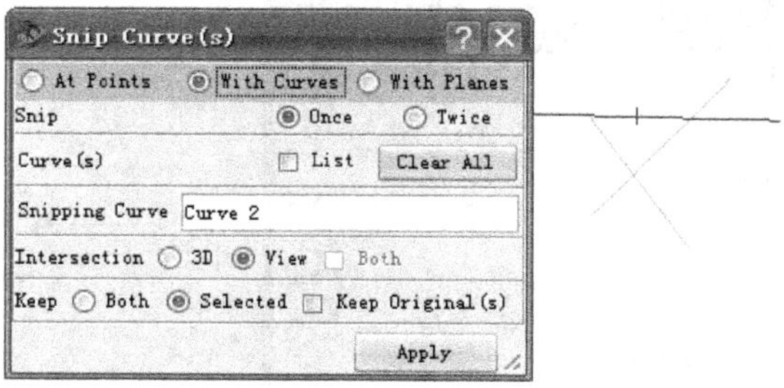

图　3.102

选中 With Planes 和 Twice 时，在两交点处设置两平面，如图 3.105 所示，单击 Apply 按钮，可剪断曲线交点外的线段，如图 3.106 所示。

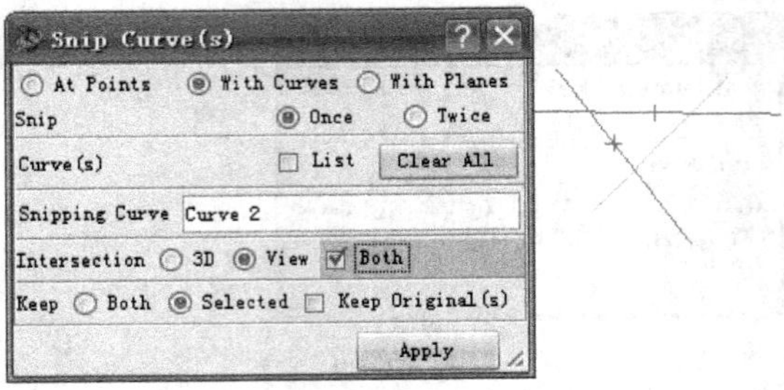

图 3.103

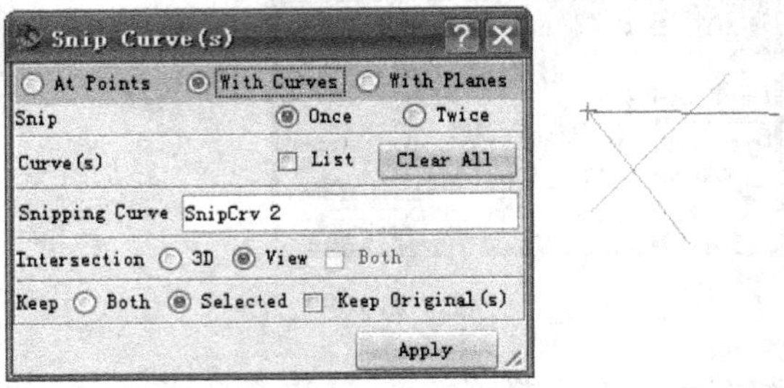

图 3.104

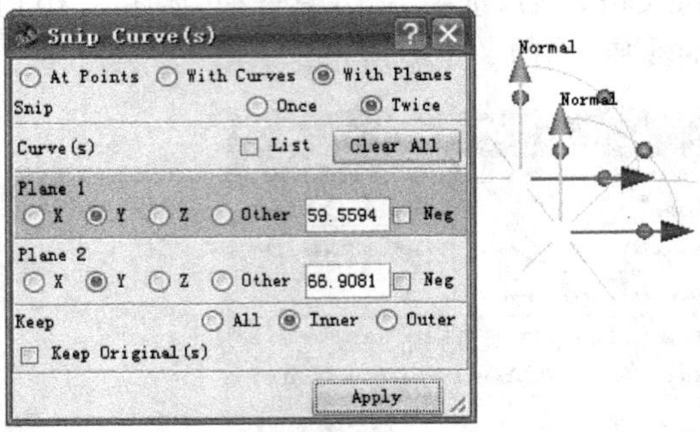

图 3.105

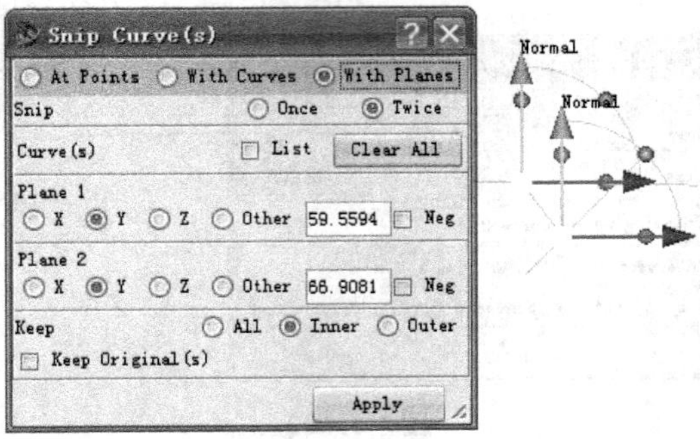

图 3.106

第 4 章

曲 面 操 作

本章介绍 Imageware 曲面操作的一些常用方法，包括创建(Create)曲面，如创建平面、圆柱、球体等基本曲面；构造(Construct)曲面，如由点云构造曲面，扫掠、拉伸曲线等构造曲面；编辑曲面，如曲面修剪、匹配曲面、镜像曲面等。

4.1 曲面创建

创建曲面是根据设置的条件，创建平面、工作面平面、圆柱、圆台、球体等基本曲面。

4.1.1 平面的创建

选择 Create→Plane，弹出平面创建菜单，如图 4.1 所示。可以采用 4 种方法创建一个平面：Center/Normal、3 Points、In View 和 Plane Set。

(1) 选择 Create→Plane→Center/Normal，如图 4.2 所示，采用平面中心和法向创建平面。指定平面中心位置坐标、平面法向和平面 U、V 方向长度，即可得到所需平面。若平面法向不是坐标轴方向，选中 Other，利用动态出现的工具条确定法线方向。也可拖动图中坐标轴之间的圆形小球更改曲面法向，拖动角的小立方体改变平面长宽。选中 Create Work Plane 复选框可获取工作平面。

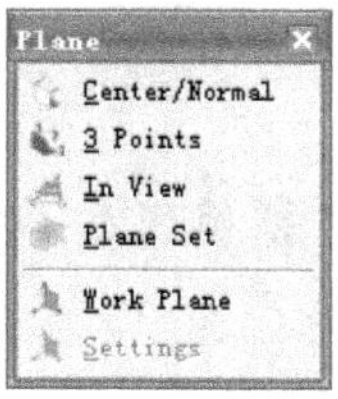

图 4.1

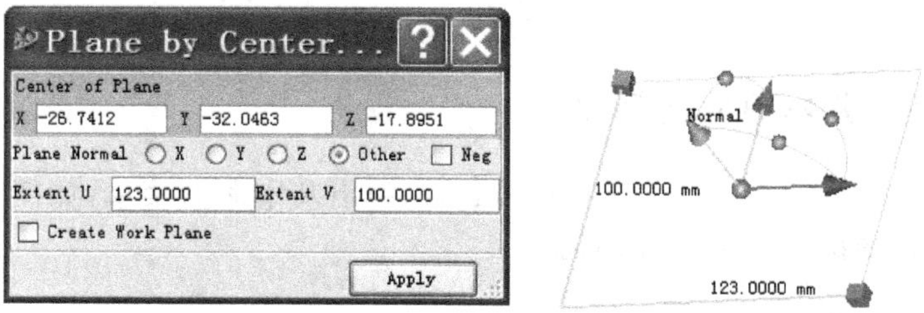

图 4.2

(2) 选择 Create→Plane→3 Points，根据三点确定一个平面，在视图界面中选取三点即可获得所需平面。

(3) 选择 Create→Plane→In View，在视图界面中选取两点，确定平面与水平线的角度，创建一个平面，法向位于视图平面内，垂直于两点所在直线。同样，选中 Create Work Plane 复选框可获取工作平面。

(4) 选择 Create→Plane→Plane Set，如图 4.3 所示，创建一个或一组平面。创建选取平面法向为 X 向，给定起始平面与 Y-Z 平面距离以及创建平面数量，单击 Apply 按钮，得到两平面，如图 4.4 所示。同样，选中 Create Work Plane 复选框可获取工作平面。

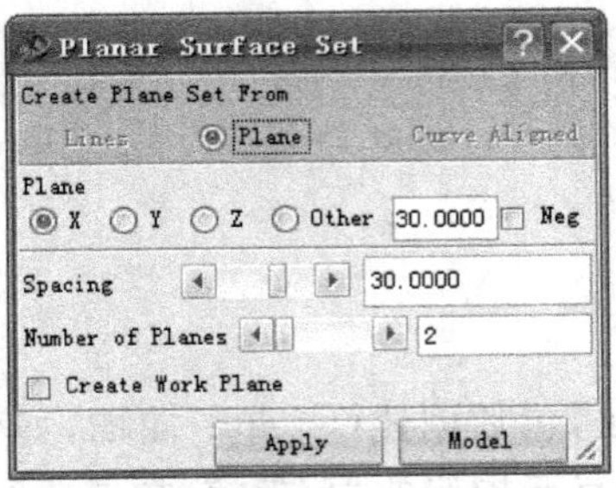

图 4.3

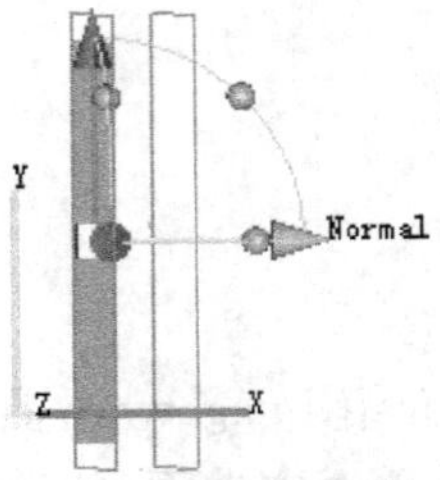

图 4.4

(5) 平面创建方法有一个共同的特征，就是可以创建工作平面(Work Plane)，工作平面仅仅用来辅助建模，它是没有边界的平面，其作用类似于一个草图界面，在创建工作平面后其余操作均会在这个平面上完成。选择 Create→Plane→Work Plane，即可得到创建工作平面对话框，如图 4.5 所示，指定平面的法向即可得到工作平面。

(6) 选择 Create→Plane→Setting，得到 Set Work Plane 对话框。此命令用来选择当前的工作平面，当存在多个工作平面时，可以利用此命令对工作平面进行切换，也可全部设置为无效。

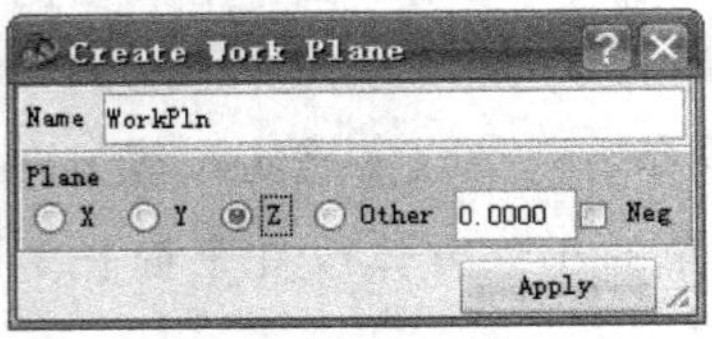

图 4.5

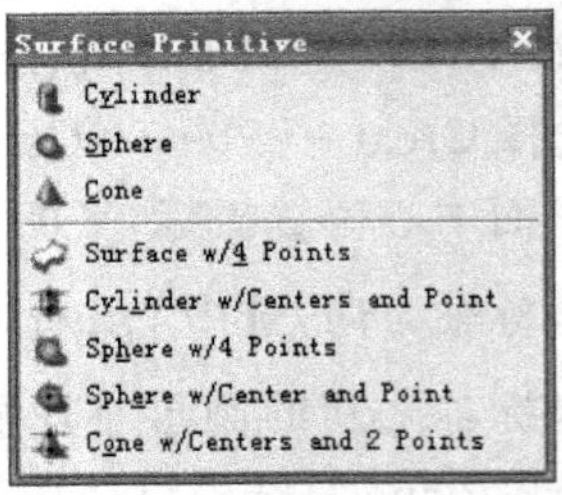

图 4.6

4.1.2 基本曲面的创建

选择 Create→Surface Primitive，弹出基本曲面菜单，如图 4.6 所示。菜单包含了创建圆柱、球体、圆台等曲面的命令。

1. 圆柱

下面两种方法均可创建圆柱。

1) Cylinder(创建圆柱)

选择 Create→Surface Primitive→Cylinder，弹出的对话框如图 4.7 所示。在视图界面中设置柱体端面圆心坐标(Center)，选中柱体拉深方向(Direction)，输入柱体半径(Radius)和高度(Height)，单击 Apply 按钮即可得到柱体曲面。在创建中，拖动小球可以旋转柱体，拖动长方体可以改变柱体半径和高度，如图 4.8 所示。

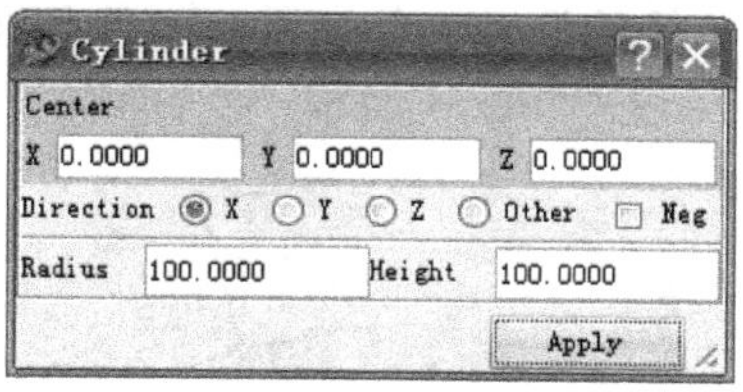

图　4.7

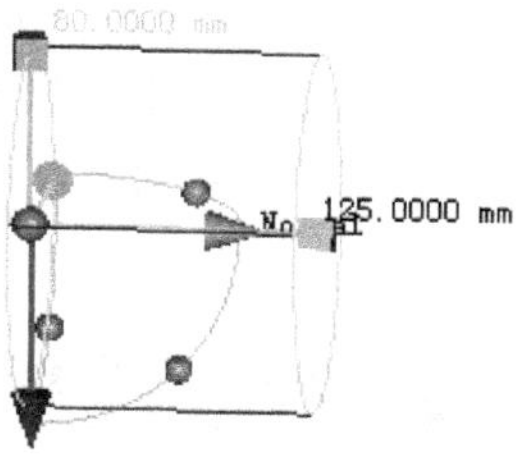

图　4.8

2) Cylinder w/Centers and Point[(轴中心点/半径点)创建圆柱]

选择 Create→Surface Primitive→Cylinder w/Centers and Point，弹出的对话框如图 4.9 所示。在视图界面中设置柱体底圆(Base Center)和顶圆(Top Center)圆心，再设置一点确定柱体半径(Point to Define Radius)，单击 Apply 按钮即可得到柱体曲面。在创建中，拖动小球可以改变柱体位置、半径和高度，如图 4.10 所示。

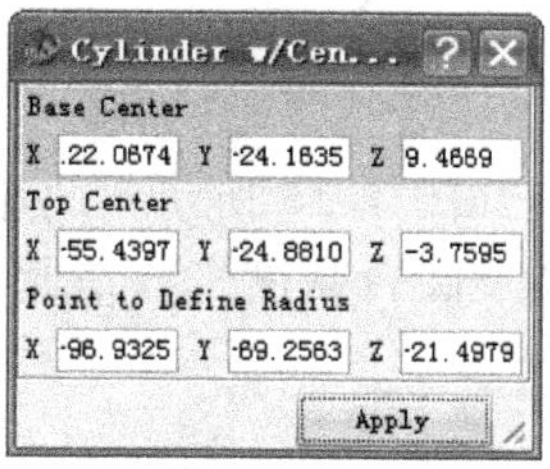

图　4.9

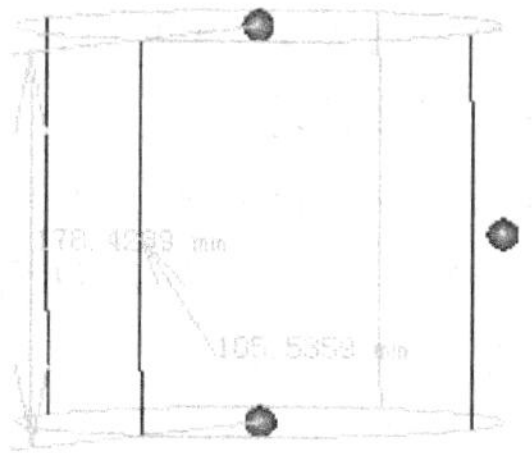

图　4.10

2. 球体

下面 3 种方法均可创建球体。

1) Sphere(创建球体)

选择 Create→Surface Primitive→Sphere，弹出的对话框如图 4.11 所示。在视图界面中设置球体圆心，输入球体半径，单击 Apply 按钮即可得到球体曲面。在创建中，拖动小球可以改变球体位置，拖动长方体可以改变球体半径，如图 4.12 所示。

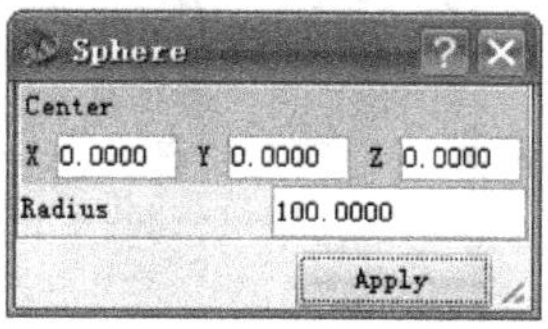

图　4.11

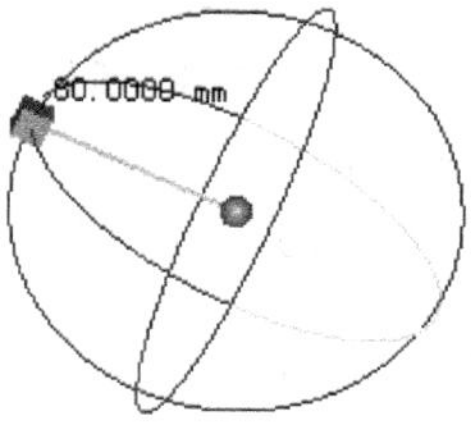

图　4.12

2) Sphere w/4 Points(四点创建一球体)

选择 Create→Surface Primitive→Sphere w/4 Points。选取四点创建一球体曲面时，所选取的四点必须在同一球面上。

3) Sphere w/Center and Point[(中心点/半径点)创建球体]

选择 Create→Surface Primitive→Sphere w/Center and Point,弹出的对话框如图 4.13 所示。在视图界面中设置球体圆心的位置,再设置半径的取值,单击 Apply 按钮即可得到球体曲面,如图 4.14 所示。

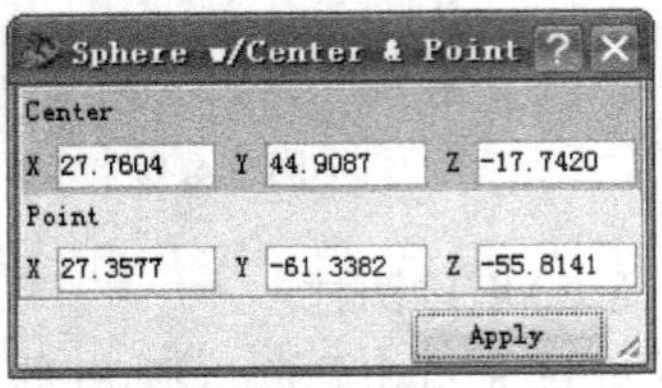

图 4.13

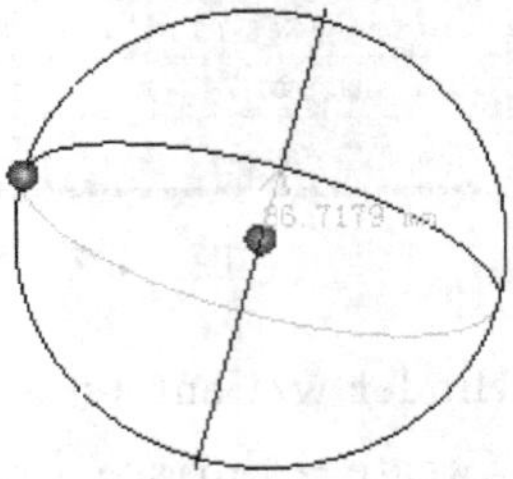

图 4.14

3. 圆台

下面两种方法均可创建圆台。

1) Cone(创建圆台)

选择 Create→Surface Primitive→Cone,弹出的对话框如图 4.15 所示。此命令通过指定底圆圆心位置、圆所在平面的法向方向和顶圆、底圆半径及圆台高度来构造圆台曲面,创建的曲面如图 4.16 所示。

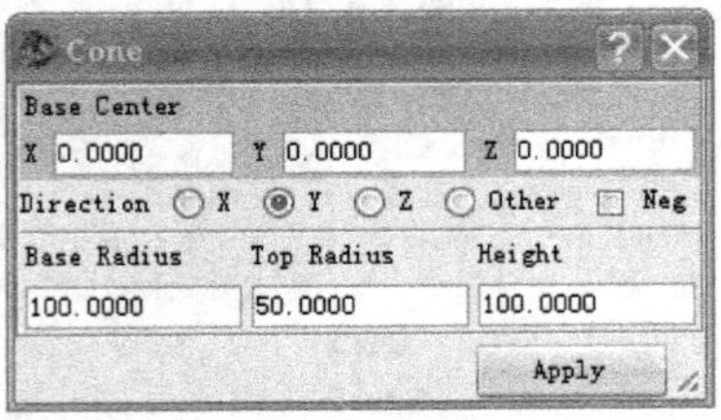

图 4.15

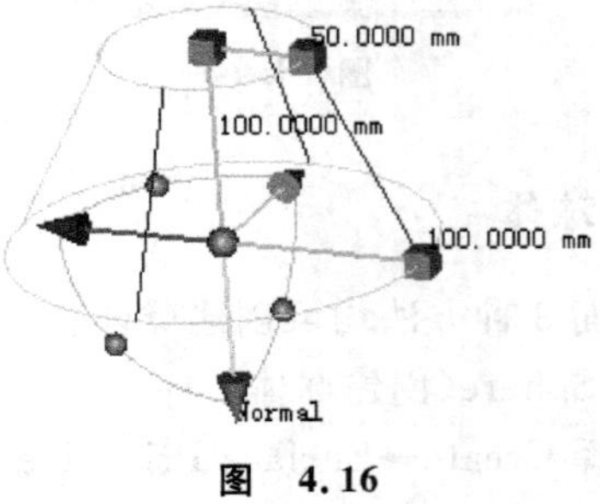

图 4.16

2) Cone w/Centers and 2 Points[(轴中心点/两半径点)创建圆台]

选择 Create→Surface Primitive→Cone w/Centers and 2 Points,弹出的对话框如图 4.17 所示。此命令通过先后指定底圆、顶圆圆心、底圆和顶圆半径的两点来完成圆台的创建,创建的圆台如图 4.18 所示。

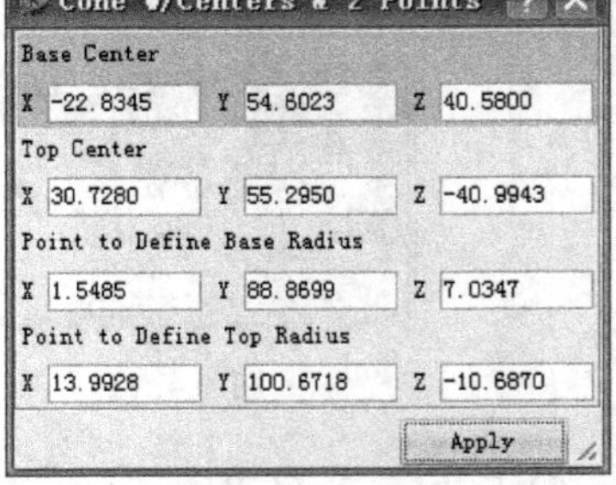

图 4.17

4. 四点创建曲面

选择 Create→Surface Primitive→Surfae w/4 Points,弹出的对话框如图 4.19 所示。此命令通过选取四点来完成曲面的构造,创建的曲面如图 4.20 所示。

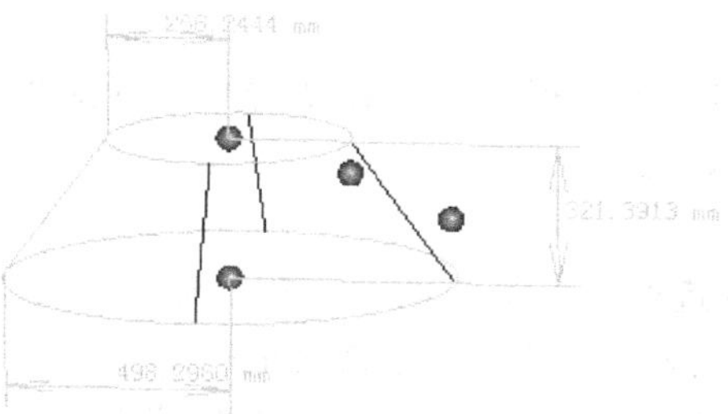

图　4.18

图　4.19

图　4.20

4.2　曲面构造

曲面构造可以通过点云直接构造，也可以通过点云获得曲线后，再构造得到曲面。

4.2.1　点云构造曲面

在逆向建模中，需要用点云得到各种曲面。选择 Construct→Surface from Cloud，弹出点云构造曲面菜单，如图 4.21 所示。

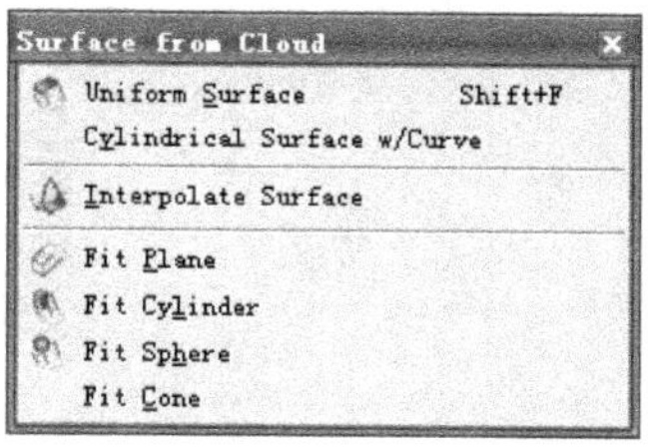

图　4.21

1. Uniform Surface(拟合自由曲面)

打开光盘文件“4-1 曲面构造”，选择 Construct→Surface from Cloud→Uniform Surface，如图 4.22 所示。此命令把所选择的点云直接拟合成曲面。操作时，需输入曲面的阶次(Order)和跨度(Span)的数量，曲面的 Span 数量越多，控制点数越多，曲面的形状就越复杂，曲面与点云之间的误差量就越低，但曲面的光顺性也会受到影响，同时也增加了曲面后续的编辑难度。

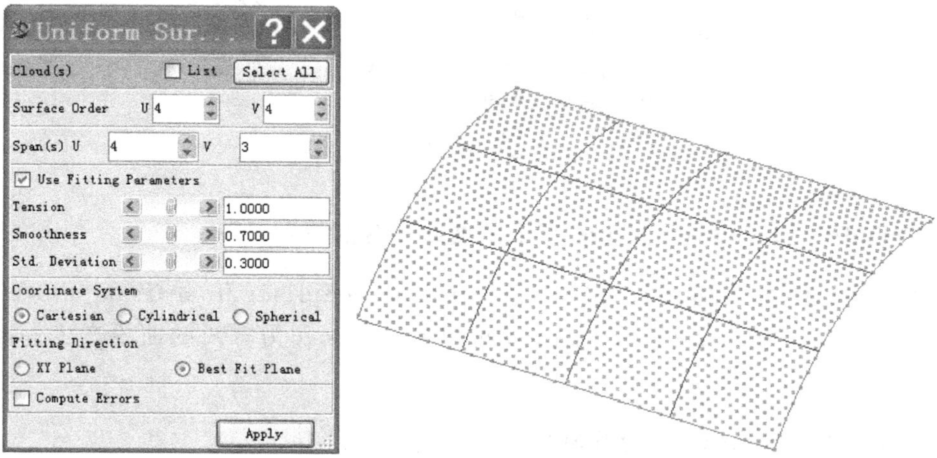

图　4.22

拟合自由曲面时，应注意拟合平面方向 XY Plane 或 Best Fit Plane 的选择，选择不恰当，误差将会很大。

Coordinate System：拟合曲面时的坐标形式，可根据点云形状与所在位置来选择适当的坐标系，可以得到较佳的拟合效果。有以下 3 种坐标形式。

◆ Cartesian：笛卡儿坐标系。
◆ Cylindrical：圆柱坐标系，适合应用于表面形状近似于环状的点云。操作时，将点云用平移或旋转方式摆放至球坐标中心位置，使点云数据成为球形表面的一部分。
◆ Spherical：球形坐标系，适合应用于表面形状近似于球面的点云。操作时，将点云用平移或旋转方式摆放至圆柱坐标中心位置，使点云数据的中心线大约与圆柱坐标的 *Z* 轴轴线相近。

Fitting Direction：此选项在 Coordinate System 选项中设置为 Cartesian 时出现，用于指定拟合平面的方向。选中 XY Plane 时，点云将摆放在大约平行于 X-Y 平面的位置上；选中 Best Fit Plane 时，软件会根据点云形状，自动产生一个较佳的曲面。

Closed Surface in U：此选项在 Coordinate System 选项中设置为 Cylindrical 或 Spherical 时出现，用于指定 *U* 方向是否闭合。选中时，则在 *U* 方向生成的曲面闭合。

Compute Errors：此选项用于指定在生成曲面时是否进行误差计算。选中时，对生成的曲面进行误差计算，如图 4.23 所示。

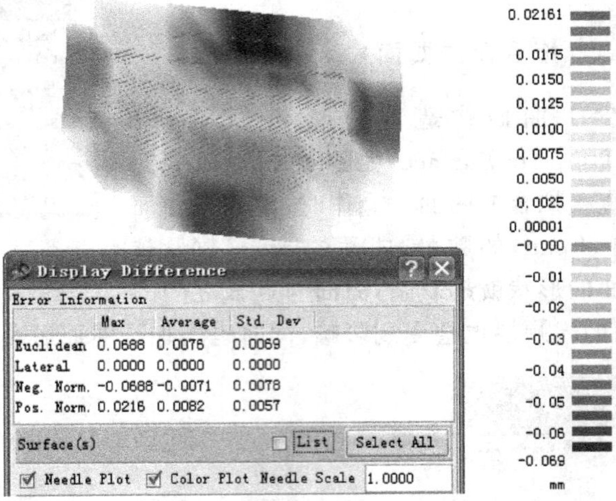

图 4.23

2. Cylindrical Surface w/Curve（点云加曲线拟合圆柱）

打开光盘文件“4-1 曲面构造”，选择 Construct→Surface from Cloud→Cylindrical Surface w/Curve，如图 4.24 所示。此命令可以使点云与作为脊线的曲线产生一圆柱形曲面。

3. Interpolate Surface（拟合 B-Spline 曲面）

选择 Construct→Surface from Cloud→Interpolate Surface，如图 4.25 所示，给出曲面

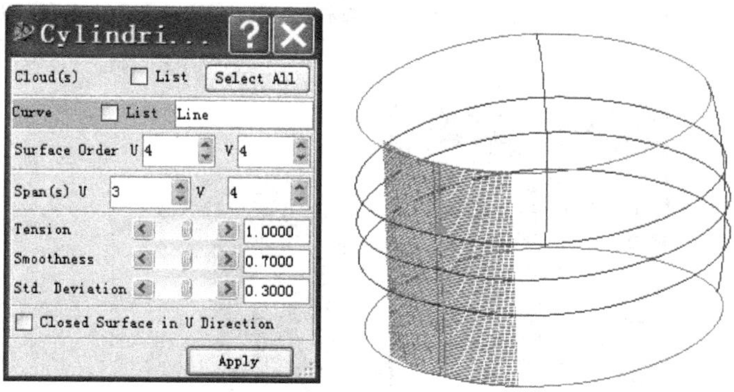

图 4.24

U、*V* 方向点数目，插值得到 B-Spline 曲面。

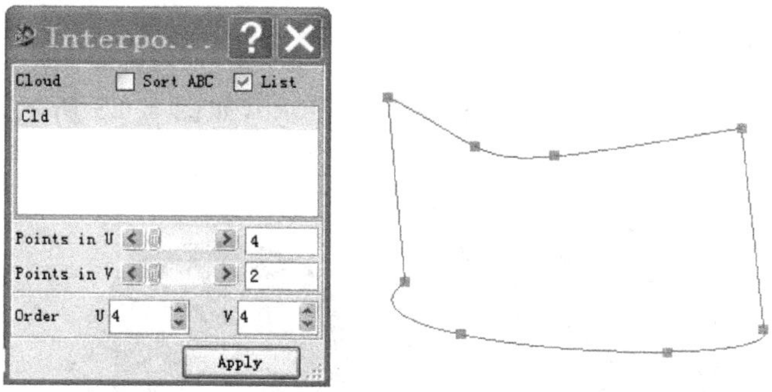

图 4.25

4. Fit Plane(拟合平面)

打开光盘文件“4-1 曲面构造”，选择 Construct→Surface from Cloud→Fit Plane，如图 4.26 所示。此命令将点云拟合成一平面。

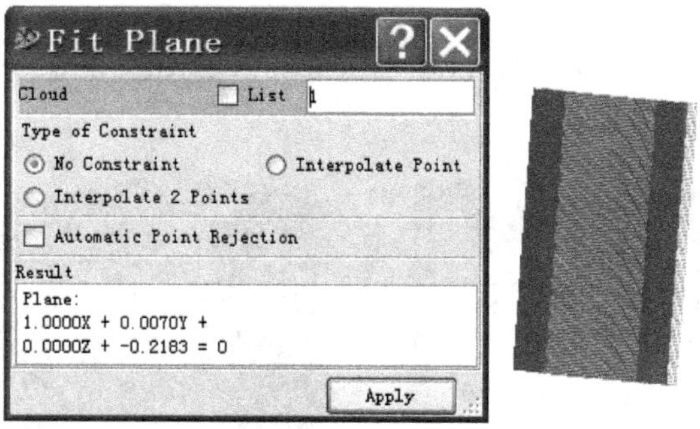

图 4.26

5. Fit Cylinder(拟合圆柱)

打开光盘文件“4-1 曲面构造”，选择 Construct→Surface from Cloud→Fit Cylinder，如

图 4.27 所示。此命令将所选择点云拟合成一圆柱。Fit With Radius 可以通过指定半径进行拟合。

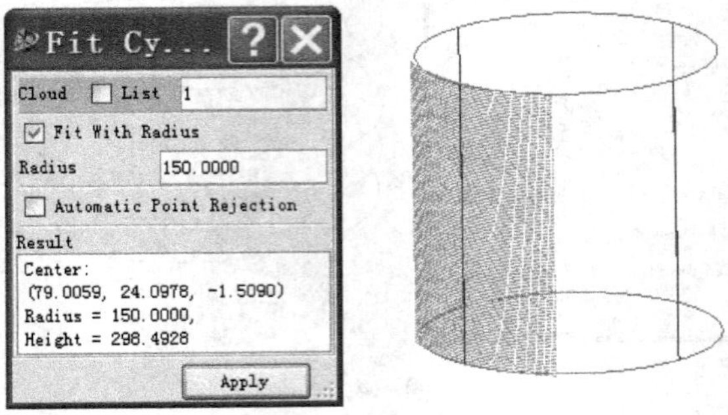

图 4.27

6. Fit Sphere(拟合球体)

选择 Construct→Surface from Cloud→Fit Sphere,如图 4.28 所示。此命令将所选择点云拟合成一球体。

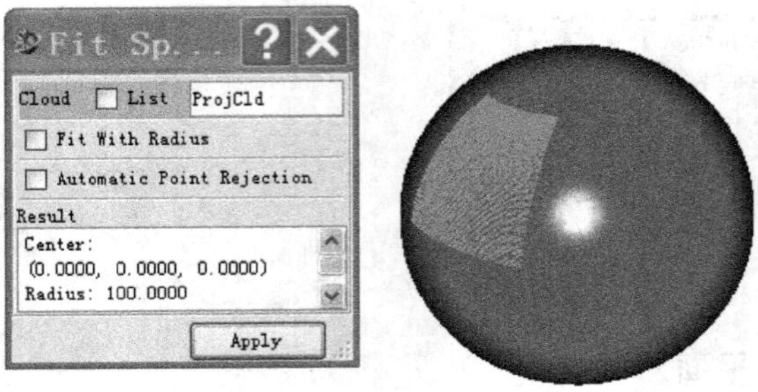

图 4.28

7. Fit Cone(拟合圆台)

选择 Construct→Surface from Cloud→Fit Cone,如图 4.29 所示,此命令将所选择点云拟合成一圆台。

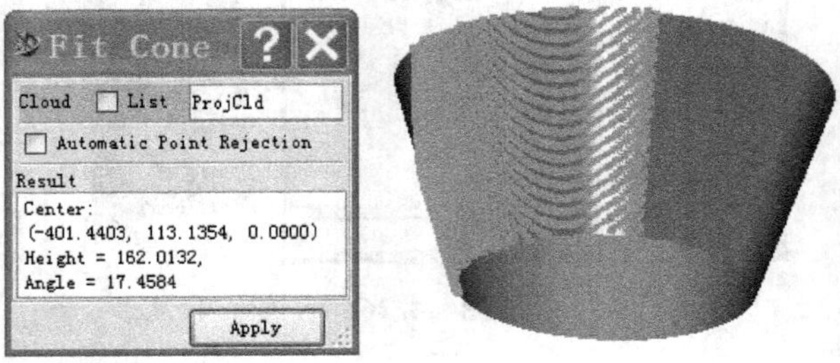

图 4.29

4.2.2　通过曲线构造曲面

在逆向建模中，经常需要通过曲线构造曲面。选择 Construct→Surface，弹出曲面构造菜单，如图 4.30 所示，软件提供了 7 种曲线构造曲面方法。

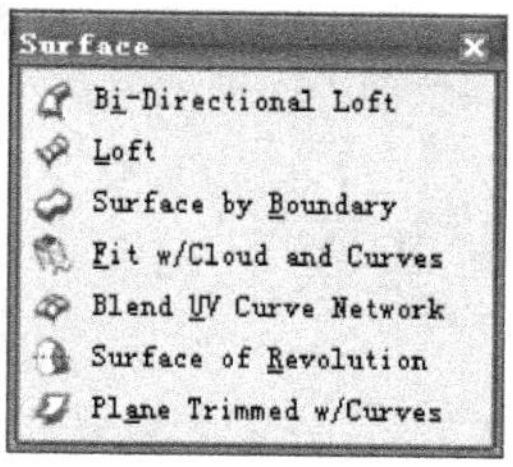

图　4.30

1. Bi-Directional Loft（双向放样曲面）

选择 Construct → Surface → Bi-Directional Loft，弹出 Bi-Directional Loft 对话框，如图 4.31 所示。此命令经由一条或两条路径(Paths)与母线(Generators)曲线以放样方式产生一个曲面。操作时，路径数可选择“1”或“2”，图中指定路径数为 2，母线选择三条曲线。当母线曲线之间或路径曲线之间参数不一致时，可选中 Rebuild 来重新定义曲线性质，这样才能构造生成曲面。图 4.32 中曲线对应图 4.31 中两条路径线和三条母线，放样得出图 4.33 所示的曲面。

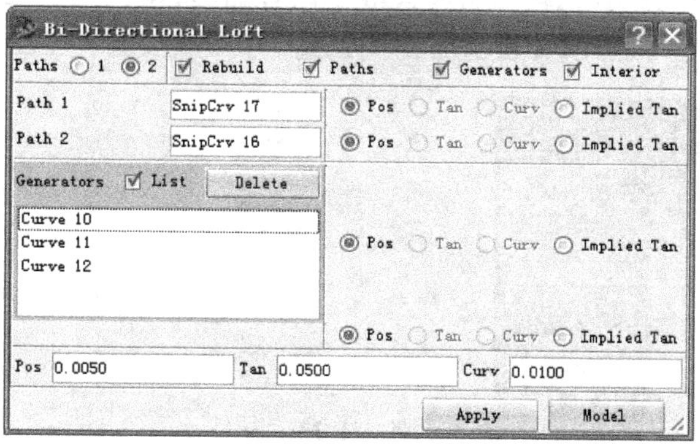

图　4.31

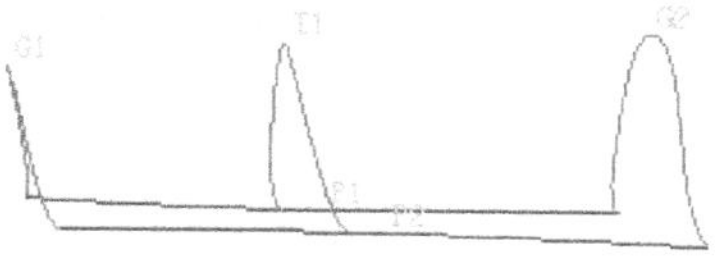

图　4.32

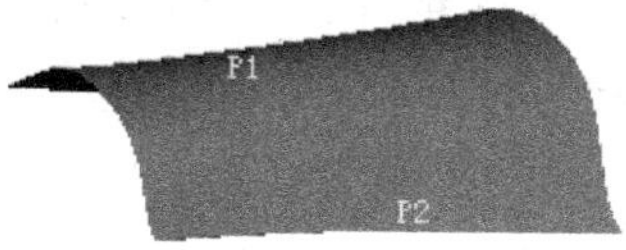

图　4.33

2. Loft（放样面）

选择 Construct→Surface→Loft，弹出的对话框如图 4.34 所示。此命令通过选取 3D 线或曲面边界线产生曲面，创建前所有放样曲线一般应重新参数化为相同数量的节点，并且曲线的方向要一致；如果是封闭曲线需要对齐起始点；选取放样曲线时要按一定次序进行选择。如果放样曲面与其他曲面之间有连续性关系，可通过 Start Continuity 和 End Continuity 来设定，同时也可设定连续性的公差范围。

在 Number of Features 中可以调整特征线的数量，从而调整曲面控制点的数量。对于所构建曲面，可以通过 Specify Spans 预先设定跨度(Span)数量。

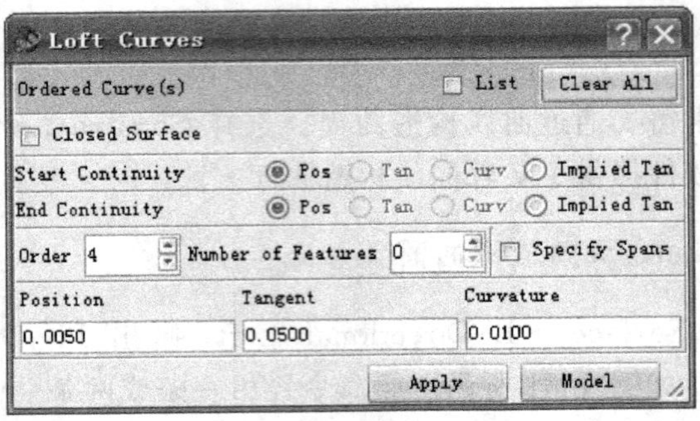

图 4.34

打开光盘文件“4-2 放样”，如图 4.35 所示，以此为例，介绍起始点改变、曲线重新参数化、曲线方向调整以及完成放样曲面。

选择 Construct→Curve From Cloud→Tolerance Curve，如图 4.35 所示，选择 Select All，选中 Closed Curve 复选框，由点云生成 5 条闭合曲线，由该图可知，所生成的 5 条闭合曲线的方向和节点数不尽相同，需要进行对齐调整。

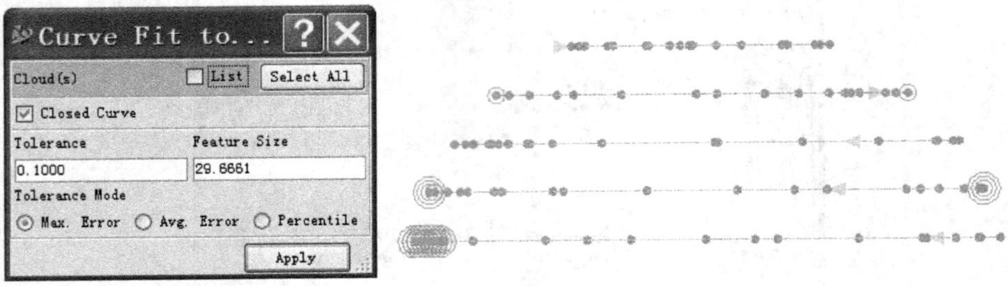

图 4.35

曲线起始点的对齐调整，可以先创建一条辅助直线，如图 4.36 所示，因为是封闭曲线，需要将曲线节点起始点对齐，按功能键 F3，用左视图显示，选择 Create→Curve Primitive→Line，创建一条辅助直线。

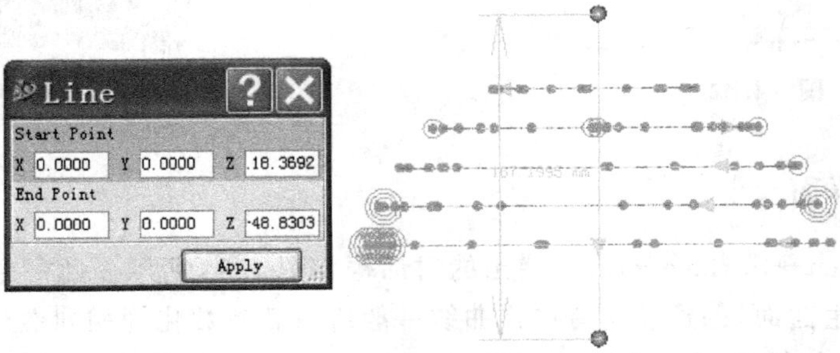

图 4.36

选择 Modify→Direction→Change Curve Start Point，如图 4.37 所示，以所作直线为脊线(Spine Curve)，调整其他曲线起始点以对齐该直线，这样放样曲面不会扭曲。

曲线放样前，对曲线重新参数化是很有必要的，它可使曲线之间相容，使它们变为均匀

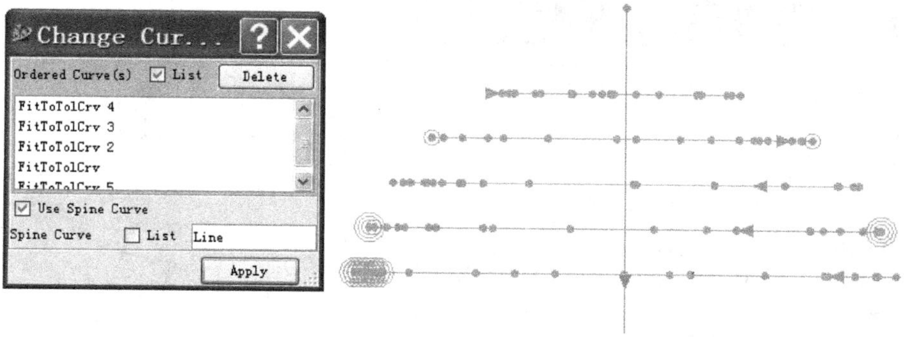

图 4.37

曲线，具有相同的节点。选择 Modify→Parameterization→Reparameterize，如图 4.38 所示，选中 Specify 选项，指定一个跨度数，再参数化曲线。

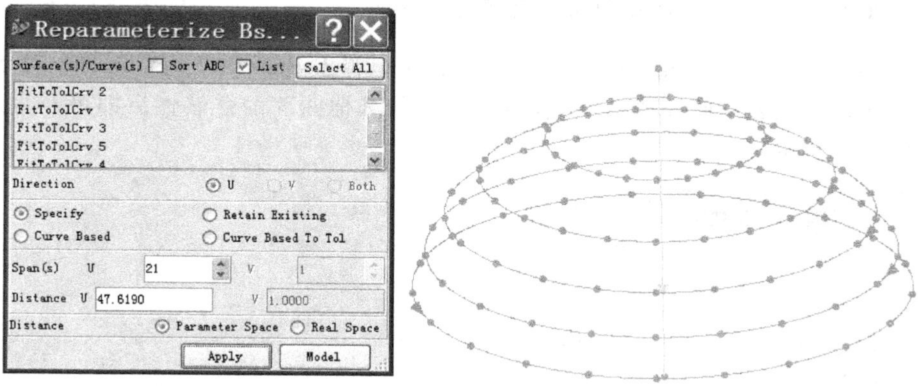

图 4.38

方向的调整有两种方法，一是选择 Modify→Direction→Reverse Curve Direction，来选择需要反向的曲线以调整曲线，使曲线组有相同的方向；二是选择 Modify→Direction→Harmonize Curve Direction，使所有选中的曲线的方向一致，如图 4.39 所示。

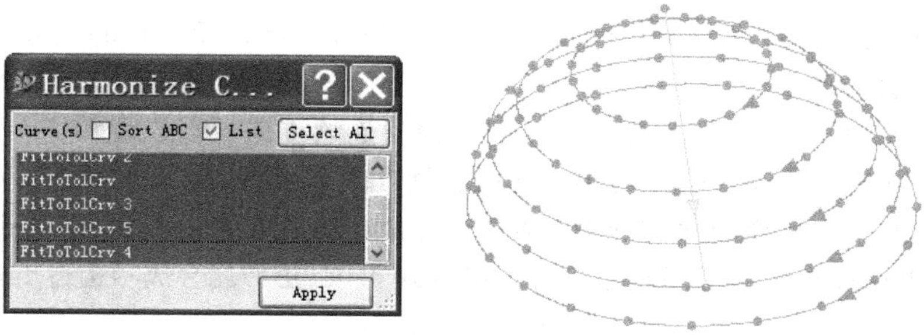

图 4.39

选择 Construct→Surface→Loft，依次选中各曲线，得到放样曲面，如图 4.40 所示。

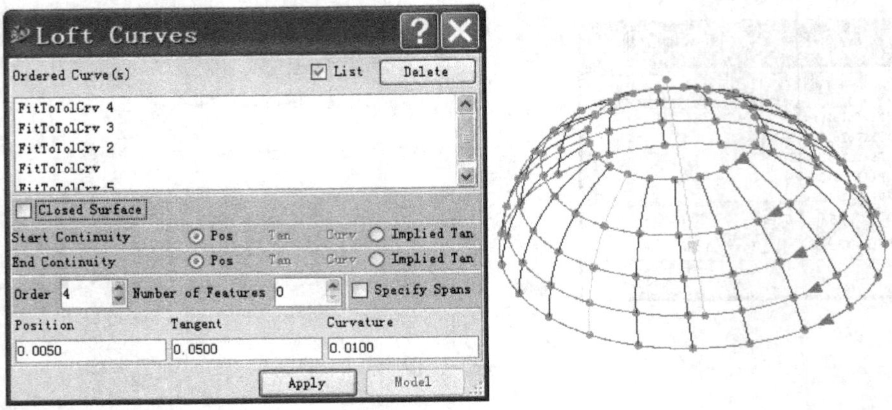

图 4.40

3. Surface by Boundary（由四条边界产生曲面）

选择 Construct→Surface→Surface by Boundary，弹出 Surface by Boundary 对话框，如图 4.41 所示。选取四条曲线或曲面边界线，设定与其他曲面的连续性后即可产生所需曲面。如图 4.42 所示。

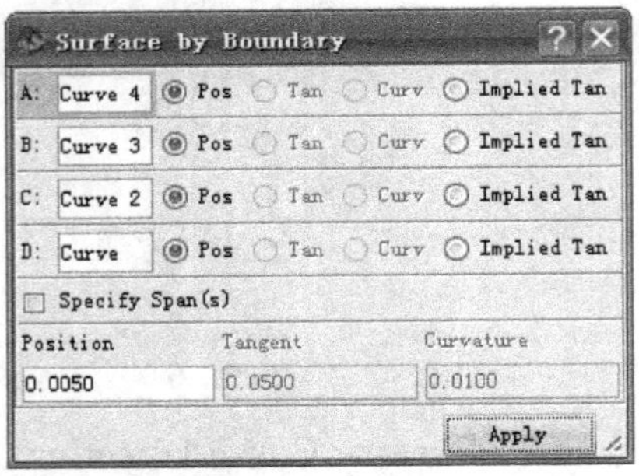

图 4.41

图 4.42

对于所构建曲面，可以通过 Specify Span(s)预先设定跨度(Span)数量，选中该项后，可以选择 Span 的排列方式，如 Uniform Spacing 为平均排列，Best Locating 为最佳化排列，点选曲线时需依次选取。

A、*B*、*C*、*D* 4 条边界构造的曲面与其他曲面的连续方式可以设置为 Pos、Tan、Curv、Implied Tan，边界曲线选择不同，可供选择的连续方式也会不同。设置 Position、Tangent、Curvature 的值，可以改变曲面的连续性标准。比如，如果设置位置连续 Position 的值为 0.0050 时构造曲面失败，将位置连续的标准减低到 0.05，也许就会成功构造出曲面。

4. Fit w/Cloud and Curves（边界线加点云产生曲面）

选择 Construct→Surface→Fit w/Cloud and Curves，如图 4.43 所示。此命令的设置与 Surface by Boundary 基本相同，不同的是由于加了点云的缘故使得生成的曲面更加接近点云，精度更高，但这样的曲面控制点数目会较多，曲面光顺变差，所以该命令提供了曲面光顺

(Smoothing Factor)的选项。注意四条边界线应该相互连接。

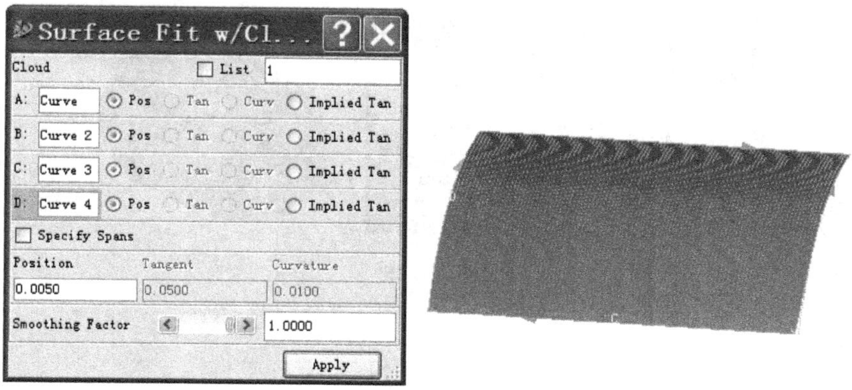

图　4.43

5. Blend UV Curve Network(由 UV 网格线产生曲面)

选择 Construct→Surface→Blend UV Curve Network，如图 4.44 所示。此命令以事先构建出的 *U*、*V* 曲线来生成曲面，如果 *U*、*V* 方向的曲线在空间中有交点，则可得到较好的曲面质量，若没有交点，可通过选择 Blend Through 中的三个选项来确定曲面通过的位置。同样，对于所构建曲面可以通过 Specify Spans 预先设定跨度(Span)的数量和排列方式，并选中 Feature Matching 复选框促使曲面逼近特征位置。

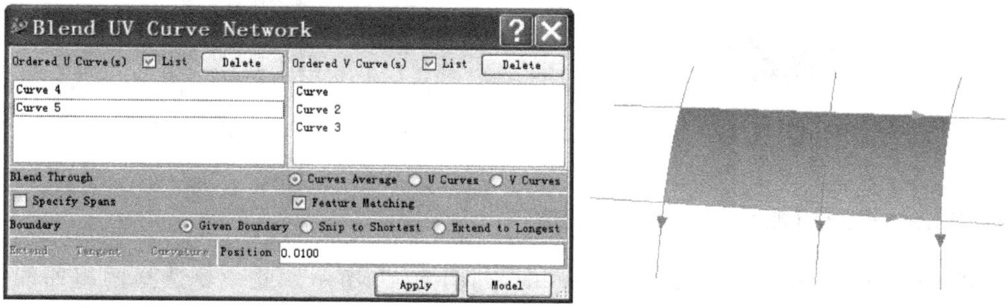

图　4.44

6. Surface of Revolution(旋转曲面)

选择 Construct→Surface→Surface of Revolution，如图 4.45 所示。此命令将 3D 曲线围绕指定的轴旋转生成曲面，轴的指定可通过选取旋转轴的位置(Axis Location)和旋转轴的方向(Axis Direction)来完成。可以通过输入起始角(Start Angle)、终止角(End Angle)来控制曲面大小。

7. Plane Trimmed w/Curves(修剪曲线构造曲面)

选择 Construct→Surface→Plane Trimmed w/Curves，如图 4.46 所示。此命令利用曲线所形成的封闭区域来构造一平面，由图可知当选择的曲线为空间曲线时，生成的平面不会

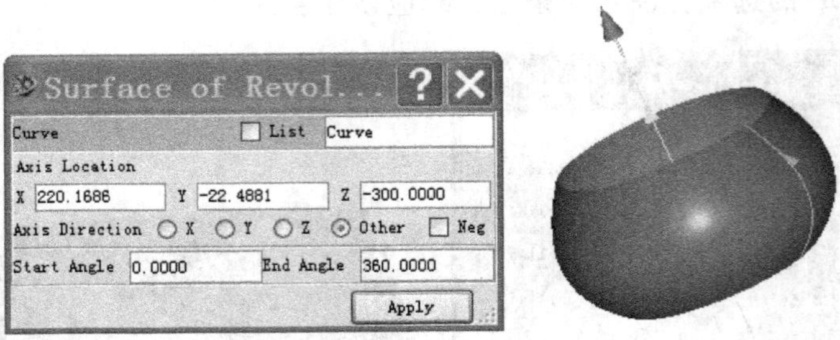

图 4.45

通过空间曲线。

4.2.3 通过曲线扫掠曲面

当曲面在某个方向上形状一致，而在另外一个方向上形状不一致时，可利用曲面扫掠功能生成曲面。这种方法得到的曲面往往光顺度较高，控制点比较均匀，但精度较差。选择 Construct→Swept Surface，弹出曲面构造菜单，如图 4.47 所示。由图可知，软件提供了规则扫掠、扫掠、拉伸曲面和圆柱状曲面的方法。

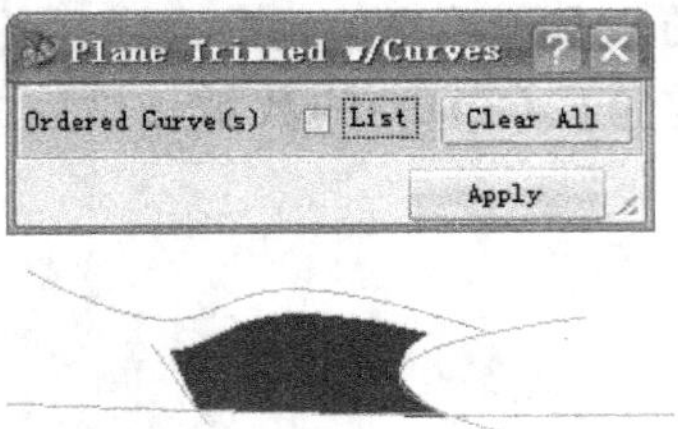

图 4.46

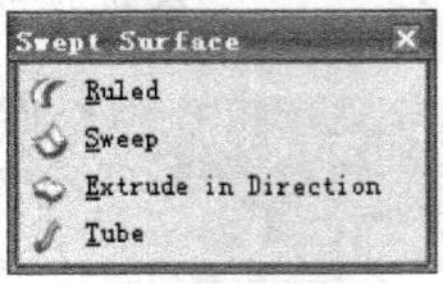

图 4.47

1. Ruled（规则扫掠）

选择 Construct→Swept Surface→Ruled，如图 4.48 所示。此命令选择两组曲线为边界，并以直线相连作为生成曲面的截面线，操作时选取曲线和扫掠路径曲线，设定曲线的 U、V 排列方向即可生成平面。

2. Sweep（扫掠曲面）

选择 Construct→Swept Surface→Sweep，如图 4.49 所示。此命令利用选择的母线沿指定的扫掠路径曲线进行扫掠生成曲面。打开光盘文件“4-3 扫掠曲面”，选择 Curve 为 Path 1、Curve 2 为 Generator 1，扫掠后曲面如图 4.50 所示。

3. Extrude in Direction（拉伸曲面）

选择 Construct→Swept Surface→Extrude in Direction，如图 4.51 所示。此命令将选择的曲线按指定的方向移动构造曲面，并且可以设置生成的曲面与指定方向之间的角度。

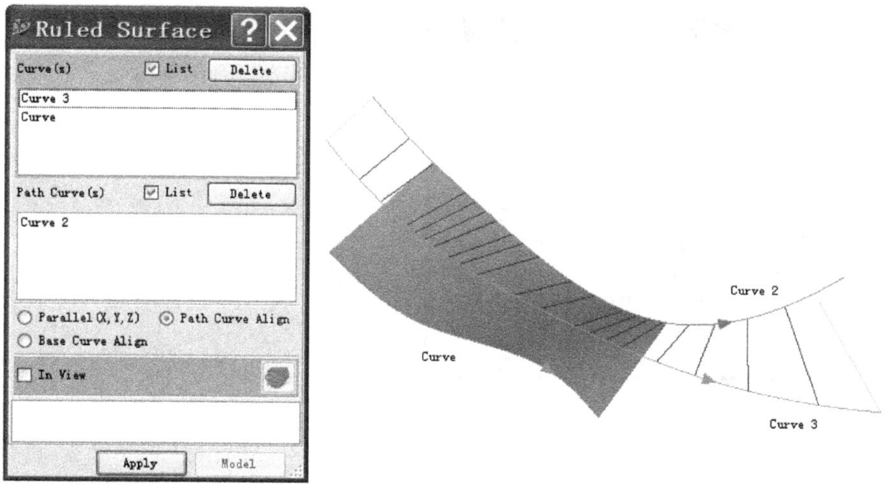

图 4.48

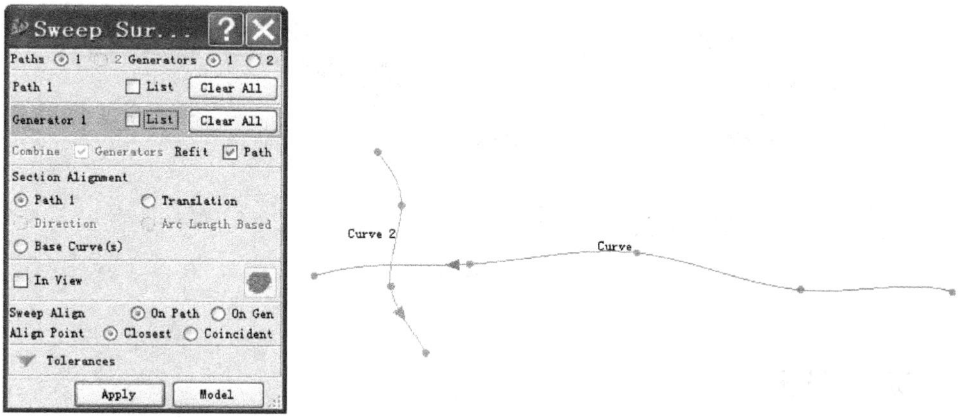

图 4.49

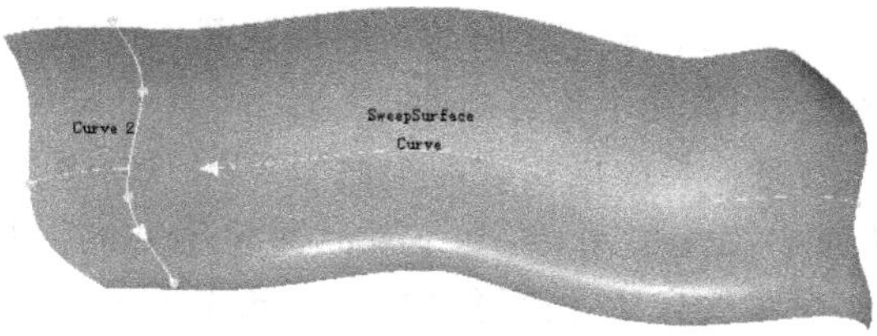

图 4.50

4. Tube(圆柱状曲面)

选择 Construct→Swept Surface→Tube,如图 4.52 所示。该命令给定一个半径并沿给定曲线快速生成一圆柱状曲面。

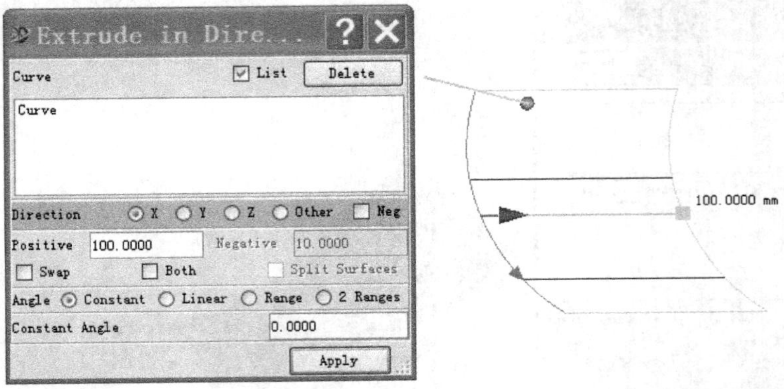

图 4.51

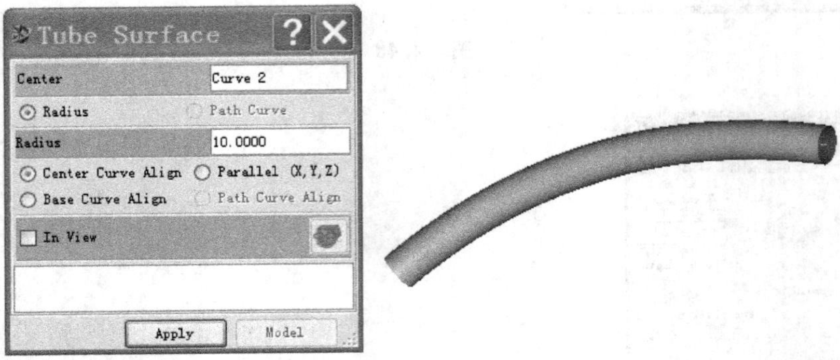

图 4.52

4.3 曲面编辑

1. Snip Surface(剪断曲面)

选择 Modify→Snip→Snip Surface,弹出的对话框如图 4.53 所示。由图可知,软件提供了 3 种曲面剪断方式:依曲面 U、V 位置剪断曲面(At Isoparameter)、以任意参考曲线将曲面剪断(With Curves)、以一平面将曲面切成两个曲面 With Plane。其中以参考曲线剪断曲面时,是以曲线投影至曲面的位置剪断,需要设置曲面投影方向。打开光盘中“4-4 剪断曲面”文件,参考线将已知曲面在垂直计算机屏幕方向剪断成为两个曲面,如图 4.54 所示。

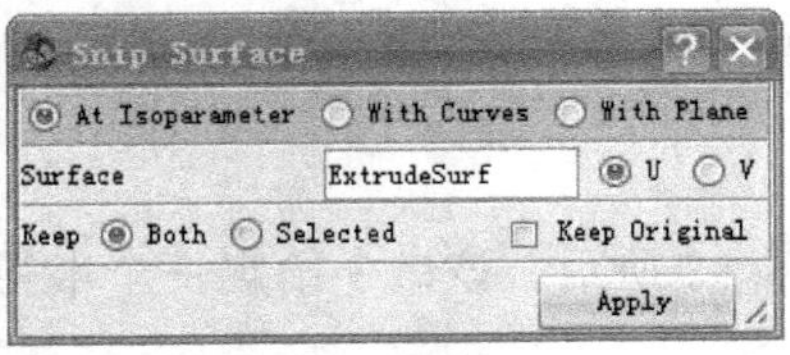

图 4.53

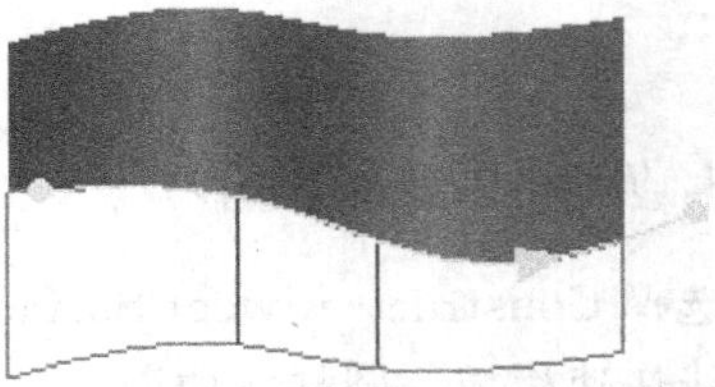

图 4.54

2. Split Surface（曲面分割）

选择 Modify→Snip→Split Surface，弹出 Split Surface 对话框，如图 4.55 所示。此命令将依据所设定的每一个曲面的 U、V 的 Span(s)数量来分割原有曲面，打开光盘中“4-5 曲面分割”文件，曲面被分割为 4 块，如图 4.56 所示。

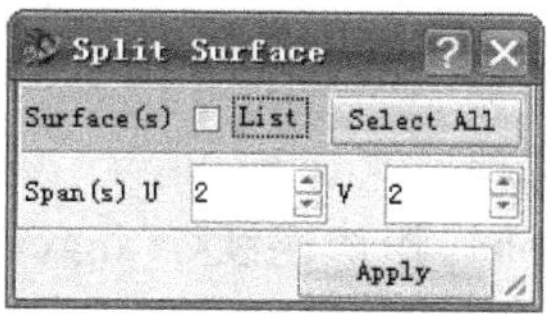

图　4.55

图　4.56

3. Trim（修剪曲面）

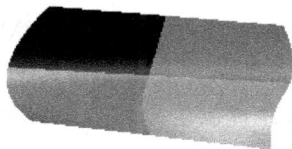

选择 Modify→Trim→Trim Surface，弹出的对话框如图 4.57 所示。由图可知，软件提供了两种曲面修剪方式：圈选修剪区域来修剪(By Region)、以一平面将曲面修剪成两个曲面(With Plane)。其中圈选区域修剪时，需先确认圈选区域是否封闭。如图 4.58 所示，光盘中“4-6 修剪曲面”文件对应的，曲面上有一圆形封闭区域，修剪方式选择保留(Keep)，先单击对话框中的 Region Points，然后用鼠标在图形上单击欲保留之区域中的任意一点，得到修剪后的曲面如图 4.59 所示。

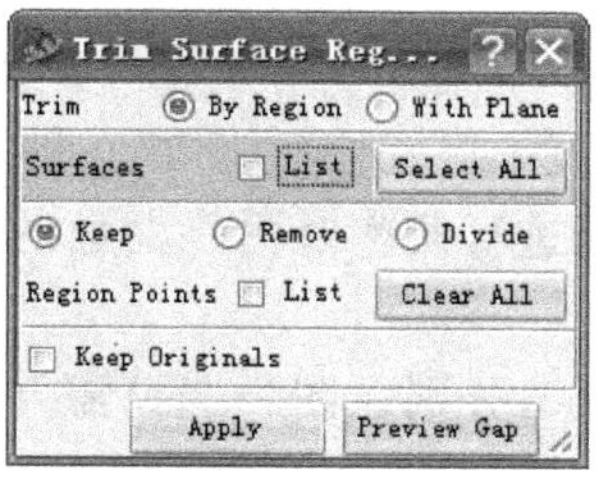

图　4.57

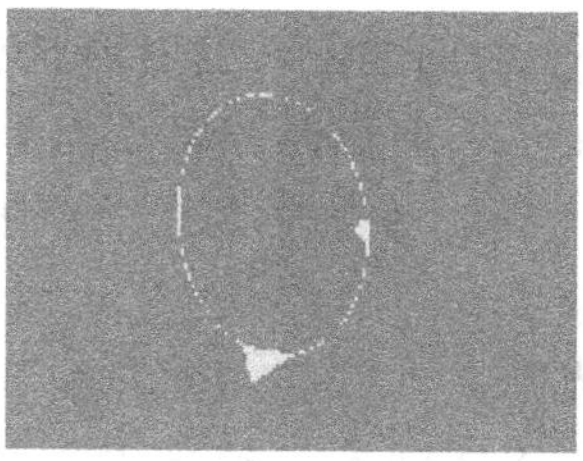

图　4.58

选择 Modify→Trim→Trim w/Curves，弹出的对话框如图 4.60 所示。此命令同样是用封闭曲线来修剪曲面，若选择的曲线并不是封闭的，系统会自动将距离小的连接在一起，若距离过大，系统会因曲线未封闭而停止操作。

图　4.59

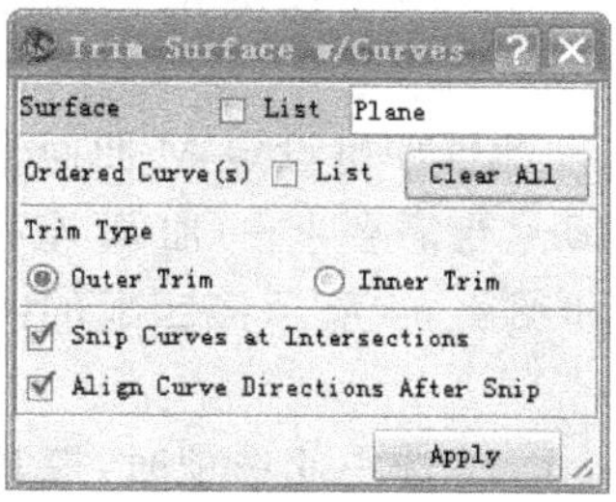

图　4.60

此外，如果误修剪，可以选择 Modify→Trim→Untrim，弹出 Untrim Surface 对话框，如图 4.61 所示。撤销修剪，返回修剪前的曲面，All Trims 表示所有修剪过的动作；Selected Trim 可以选择欲修复的修剪动作，选择时选取封闭的曲线即可。

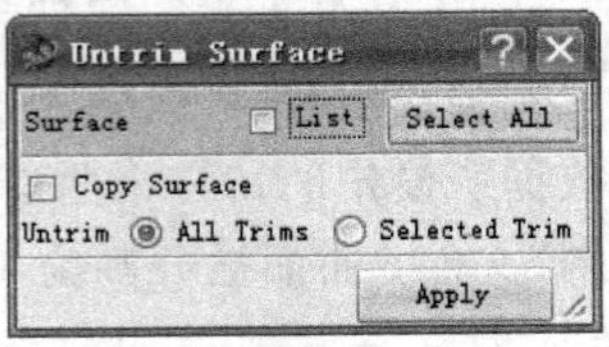

图 4.61

4. Match Surface（匹配两曲面）

选择 Modify→Continuity→Match Surface，弹出的对话框如图 4.62 所示。此命令将两曲面按照给定的匹配方式连接起来。系统提供了 4 种曲面匹配方式：位置连续（Position）、相切连续（Tangent）、曲率连续（Curvature）和 G3 连续。

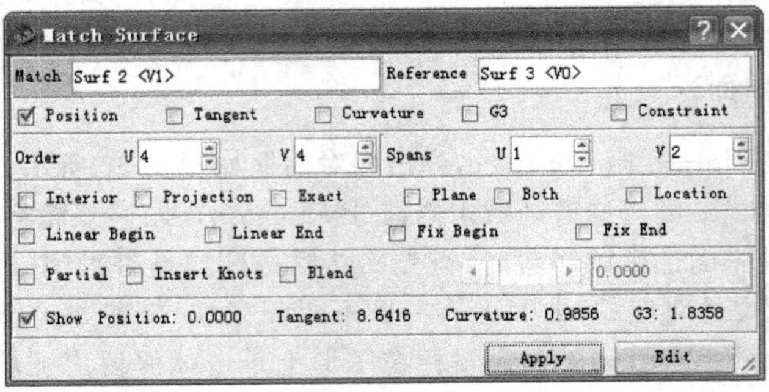

图 4.62

Match：曲面匹配时曲面形状会改变的曲面。

Reference：曲面匹配时曲面形状不会改变的曲面。

Constraint：系统对两曲面产生约束关系，即对一曲面进行调整时另一曲面的约束关系将随之调整。

打开光盘文件“4-7 曲面匹配”，单击 Match 和 Referenc，分别在图中选择需要匹配的两曲面，注意，不能随意地单击曲面任意点，而是要选择曲面边缘，否则会使得不恰当的 *U*、*V* 被连接。当选中曲面时，曲面上分别以“M”（表示 Match 曲面）和“R”（表示 Referenc 曲面）来区分两曲面，如图 4.63 所示。

图 4.63

Order：此选项可设定 M 曲面连接完成后的 *U*、*V* 阶数。

Spans：此选项可设定 M 曲面连接完成后的 *U*、*V* 跨度数。

Interior：当需要将一曲面连接在另一曲面内部而不是两边界连接时，可以选中此命令。如图 4.64 所示需匹配的两曲面，图 4.65 为匹配后 M 曲面连接在 R 曲面内部的结果。

Projection：选中此选项时，控制点将平均分布于曲面边界上。

Exact：选中此选项时，控制点将依切线斜率重新排列。

Plane：选中此选项时，可指定在进行曲面匹配时控制点的移动方向。

图　4.64

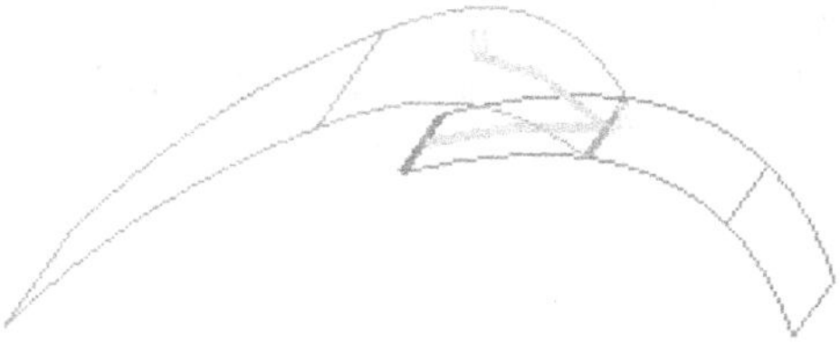

图　4.65

Both：当选中此选项时，两曲面将同时发生变化。曲面变化后的边界位置可在 Seam 中选择：平均位置(Average)和自定义的 3D 曲线(3D Curve Seam Curve)。图 4.66 为不用此选项时匹配的结果，图 4.67 为运用此选项匹配时的结果。

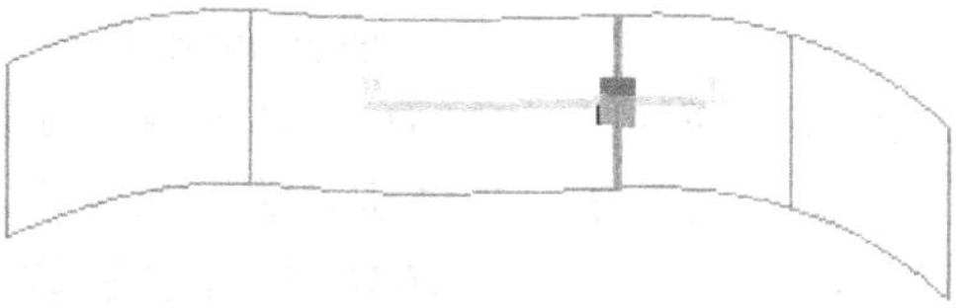

图　4.66

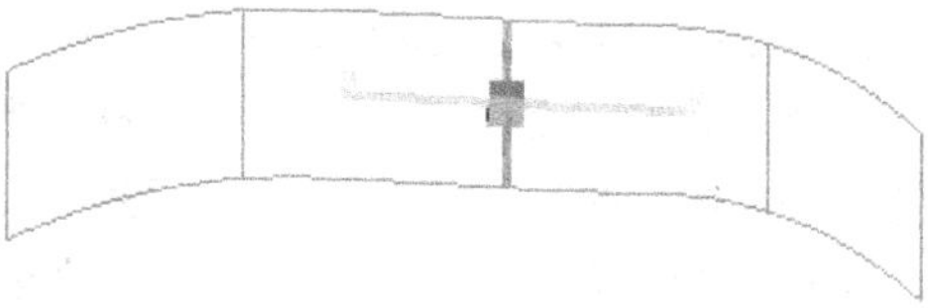

图　4.67

Location：选中此选项时，可以调整匹配曲面的边界位置。拖动正方体便可调整到所需匹配的边界位置。如图 4.68 所示的两曲面，拖动 M 面和 R 面上的正方体至图示位置，图 4.69 为匹配后的结果。

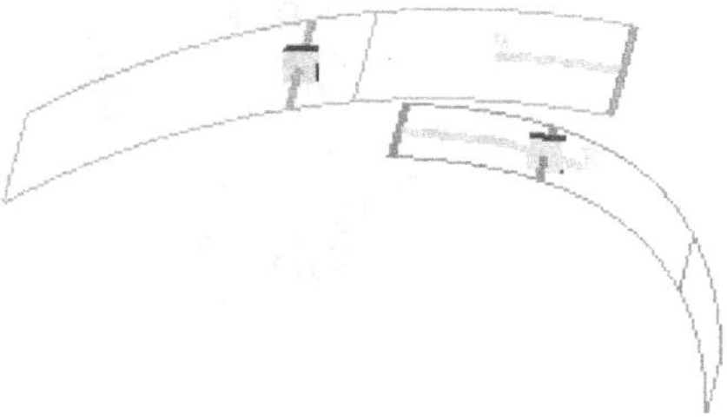

图　4.68

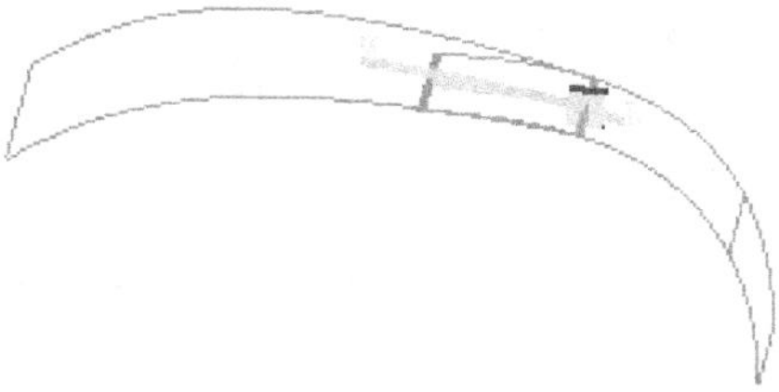

图　4.69

Linear Begin、Linear End：使两曲面相连的起点或终点，其控制切线上连续的控制点的 Plot Segment 将会在同一条线上。

Fix Begin、Fix End：约束两曲面起点和终点在匹配过程中固定不动。

Partial：当两曲面不等长时，如图 4.70 所示的两曲面，一般的匹配结果如图 4.71 所示，这种匹配的结果往往会使 M 面发生扭曲变形，并不是用户希望得到的效果。选中 Partial 后，再次进行匹配，结果如图 4.72 所示，系统会自行找出两边相接的起点和终点。注意不等长曲面匹配想要达到图示结果，R 面必须是短边曲面。

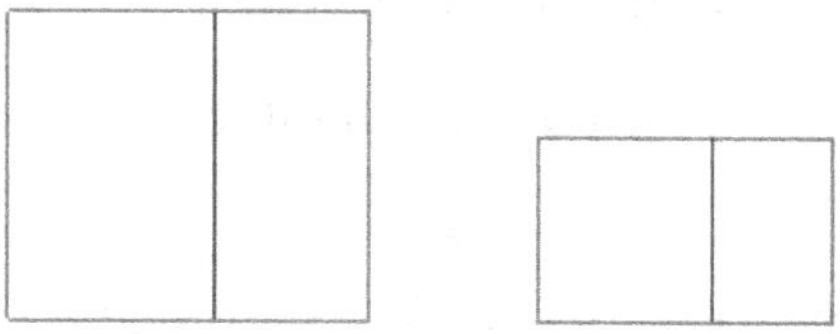

图　4.70

Insert Knots：为使两曲面有更好的连续性，可利用此选项在 M 曲面插入节点。

Blend：选中此选项可以微调控制点，维持曲面光顺。所调控制点为 M 面前几排影响连续性的控制点。

Show：显示匹配后，实际连续误差值。

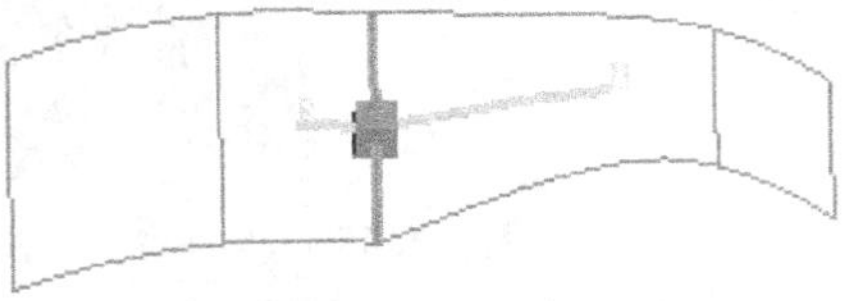

图 4.71

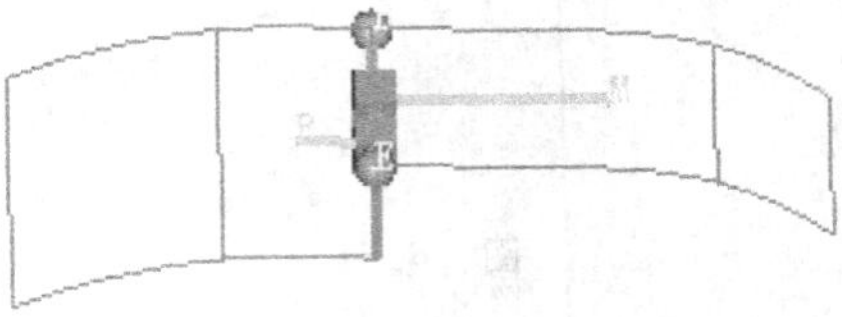

图 4.72

5. Surface Isoparm Planarize(将曲面控制点移动至某一平面)

选择 Modify→Shape Control→Surface Isoparm Planarize，弹出的对话框如图 4.73 所示。此命令可将曲面 U、V 方向任一排控制点移动至指定平面或最佳平面上，从而改变曲面形状，获得较佳曲面。此命令通常运用在镜像操作前，使曲面整条边移动至对称平面位置。

打开光盘文件“4-8 曲面控制点移动至某一平面”，右击空白处，选择■，镜像显示该曲面如图 4.74 所示，可见该曲面镜像后有缝隙。再次选择■，取消镜像。

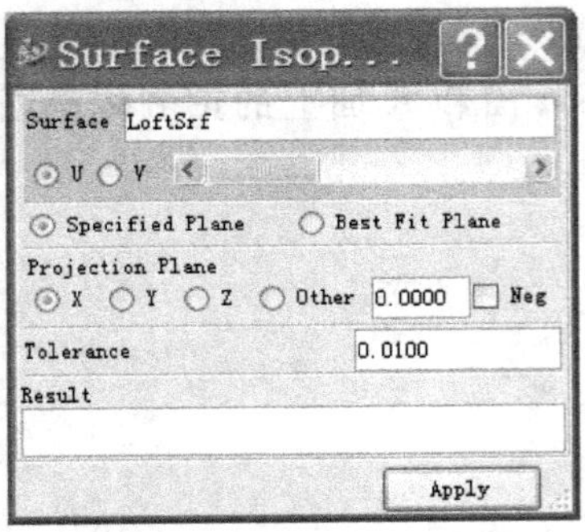

图 4.73

图 4.74

选择 Modify→Shape Control→Surface Isoparm Planarize，选择需要移动的曲面的 U 或 V 边，将平面移动至该边上，本图形已经将 U 边调节到接近 $X=0$ 的位置，如图 4.75 所示，将投影平面的坐标改为 0，单击 Apply 按钮，移动边上的所有控制点至 X 平面，曲面被拉长，并对齐到 X 平面，如图 4.76 所示。对另一边重复这一操作，右击空白处，再次选择■，可见缝隙已消除，但是曲面不光滑，痕迹明显，如图 4.77 所示。

6. Make Edge Curvature Symmetric(两曲面边界曲率一致)

选择 Modify→Continuity→Make Edge Curvature Symmetric，弹出的对话框如图 4.78 所示。此命令结合镜像命令 Modify→Orient→Mirror，可以使得镜像后两曲面对齐到镜像面上，并且两曲面边界曲率一致。此命令通常运用在镜像操作之前，改善镜像曲面的质量。

打开光盘文件“4-9 两曲面边界曲率一致”，右击空白处，选择■，镜像显示该曲面，如图 4.79 所示，可见该曲面镜像后有缝隙。再次选择■，取消镜像。

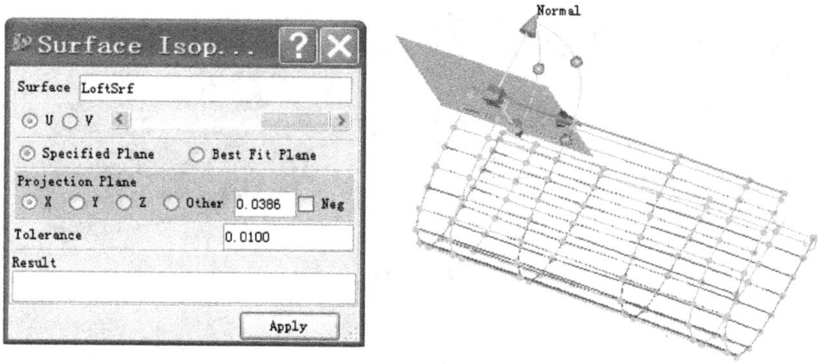

图　4.75

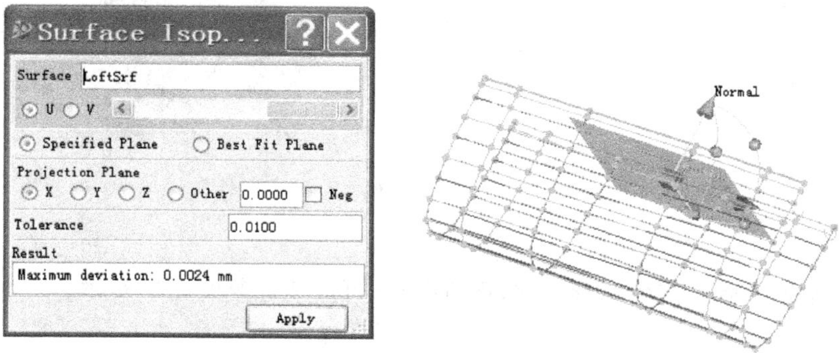

图　4.76

图　4.77

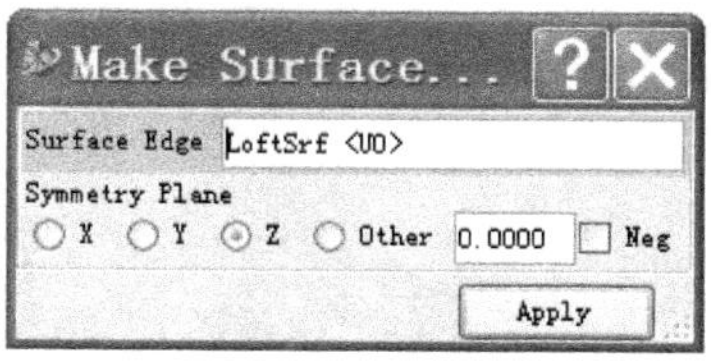

图　4.78

选择 Modify → Continuity → Make Edge Curvature Symmetric，选择对称面，这里对称平面的法向为 X 轴方向，选择曲面的边，将对称平面移动到该边上，如图 4.80 所示，将对称平面的坐标改为 0，单击 Apply 按钮，如图 4.81 所示。对另一边重复这一操作。

图　4.79

选择镜像命令 Modify→Orient→Mirror，设置如图 4.82 所示，选中 Copy Object(s) 复选框，复制得到镜像曲面，如图 4.83 所示，可见，曲面镜像后，接头光滑，没有缝隙与痕迹，

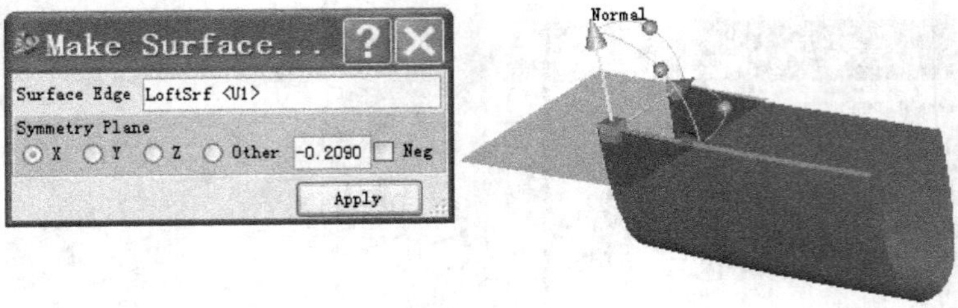

图 4.80

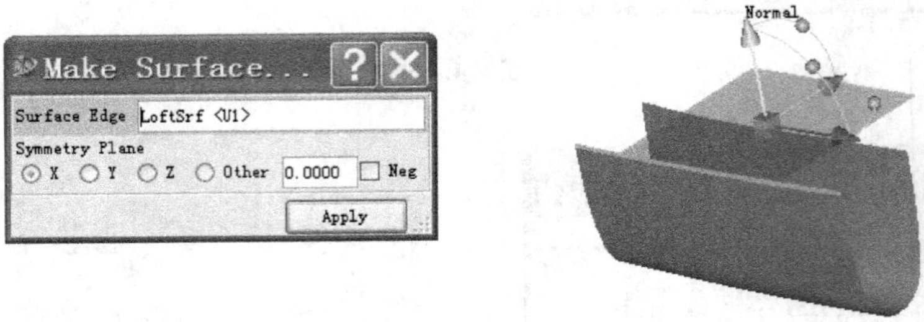

图 4.81

这是因为两曲面边界曲率一致。

注意，镜像命令不产生图形实体，而 Mirror 可以镜像复制图形实体。

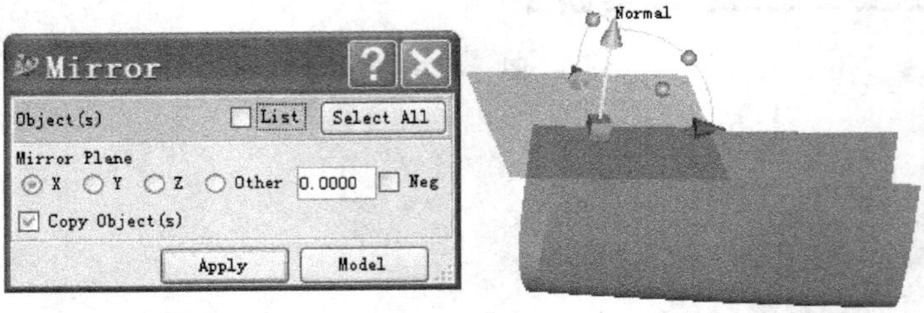

图 4.82

图 4.83

第 5 章

评估与误差检测

在逆向造型的过程中和完成后，均需要对重构质量进行评估与误差检测，本章重点介绍反求曲面的光顺性评估、曲线及曲面连续性判断、反求结果误差测量，以及点云、曲线与曲面的方向与排序。

5.1 图形显示控制

Evaluate 评估菜单包含了控制点、切向/法向、曲率等图形显示控制命令，有助于对点云、曲线、曲面的形状和质量进行评估，如图 5.1 所示。

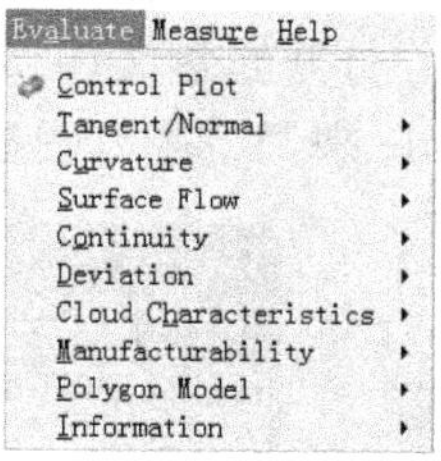

图 5.1

5.1.1 控制点分布图

选择 Evaluate→Control Plot，弹出对话框如图 5.2 所示。此命令用来显示曲线或曲面上的控制点分布，右击曲线，或者右击曲面可切换控制点显示状态。控制点是否均匀排列将影响曲面的光顺性。

图 5.2

5.1.2 切向/法向显示图

选择 Evaluate→Tangent/Normal，弹出切向/法向菜单，如图 5.3 所示，显示点云、曲线、曲面的切向或法向。

1. Cloud Normals(点云法向图)

选择 Evaluate→Tangent/Normal→Cloud Normals，弹出的对话框如图 5.4 所示。此命令用来显示点云法向。

打开光盘文件“5-1 点云法向图”，如图 5.5 所示。它提供了 4 种法向图计算方式：3D、2D Scan、Polygon Based（已存在的三角网格法向量）和 Existing Normals（已存在的法向量）。法向量图的密度可通过 Sample Rate 来设定；选中 Reverse normals 可使点云法向反向；选中 Store Normals(Overwrite Existing)可使法向量存储起来并覆盖已存在的法向量。

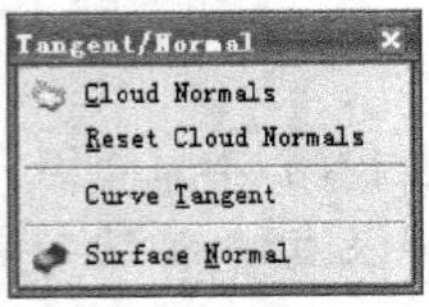

图 5.3

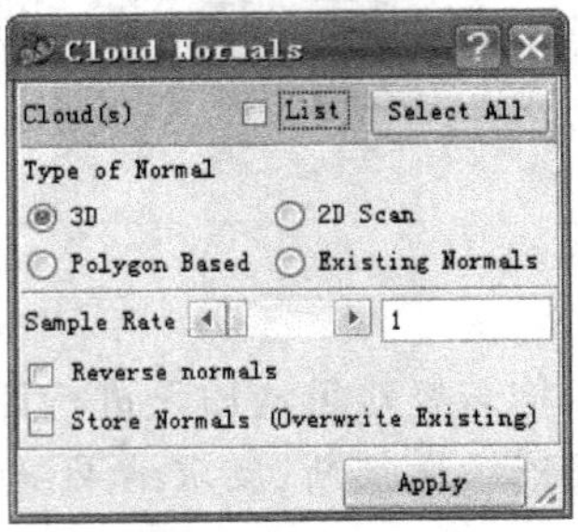

图 5.4

图 5.5

2. Curve Tangent（曲线切线斜率图）

选择 Evaluate→Tangent/Normal→Curve Tangent，弹出的对话框如图 5.6 所示。使用此命令可以得到曲线各个位置的切线斜率图。

打开光盘文件“5-2 曲线斜率图”，如图 5.7 所示。可以通过设定 Evaluations 和 Needle Scale 来调节斜率图显示的密度和比例。

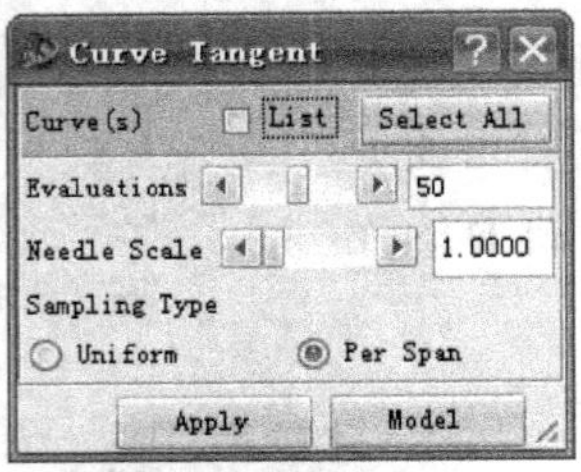

图 5.6

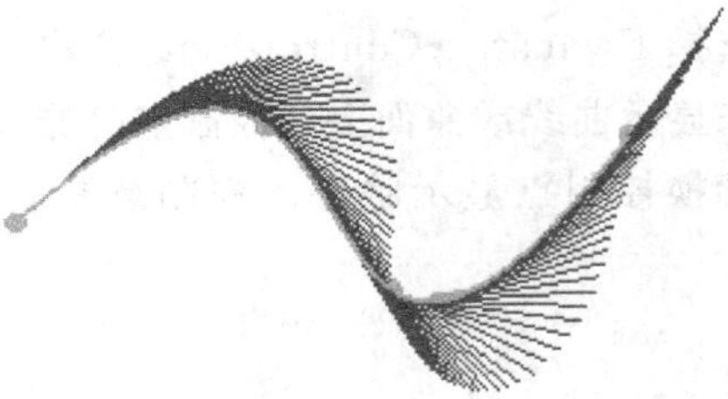

图 5.7

3. Surface Normal（曲面法向图）

选择 Evaluate→Tangent/Normal→Surface Normal，弹出的对话框如图 5.8 所示，此命令可以显示曲面各个位置的法向图。打开光盘文件“5-3 曲面法向图”，如图 5.9 所示。

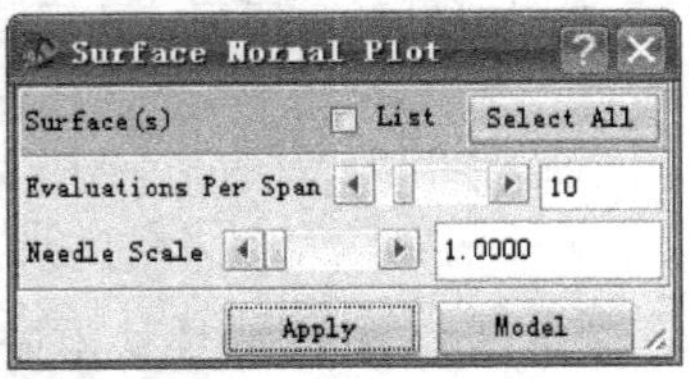

图 5.8

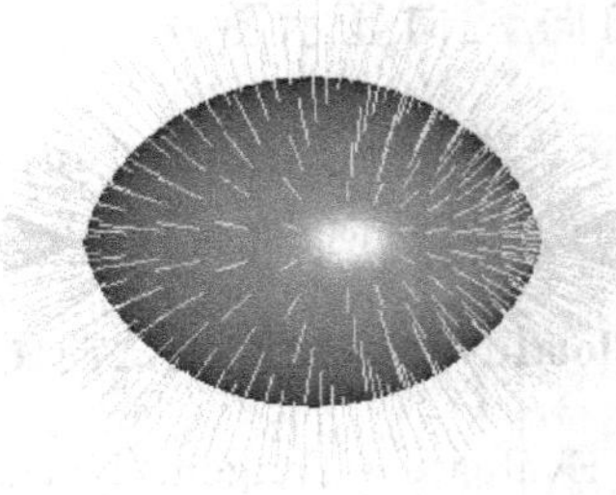

图 5.9

5.1.3 曲率

选择 Evaluate→Curvature，弹出曲率菜单，如图 5.10 所示。曲率可较直观地反映出点云、曲线和曲面的光顺程度。

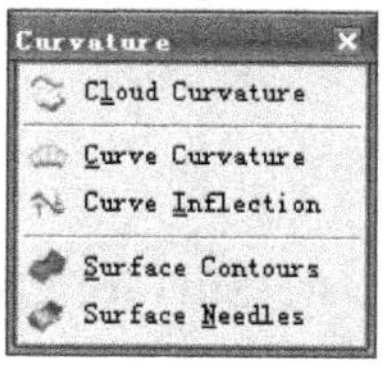

图 5.10

1. Cloud Curvature（点云曲率）

选择 Evaluate→Curvature→Cloud Curvature，弹出的对话框如图 5.11 所示。此命令用不同颜色显示点云的不同曲率，可帮助判断点云形状的变化状态。

打开光盘文件“5-4 点云曲率”，如图 5.12 所示，红色部分为曲率较小部分，绿色为曲率较大部分。对于一些曲率对比大的零件，显示出曲率后，结合 Modify→Extract→Curvature Based 命令，可提取出不同曲率的点云。

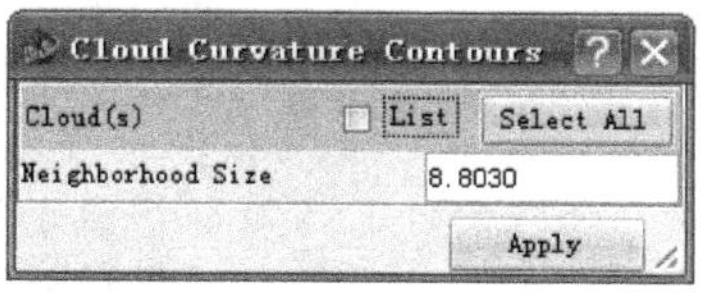

图 5.11

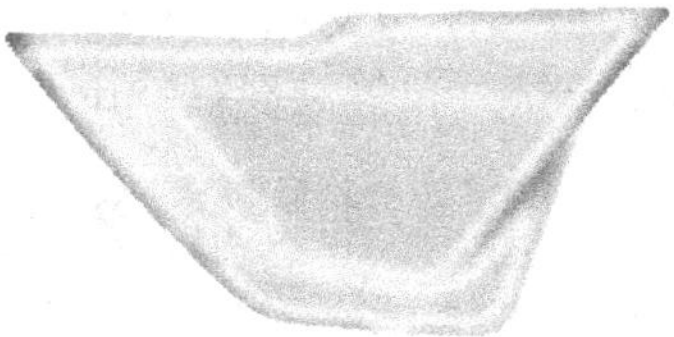

图 5.12

2. Curve Curvature（曲线曲率）

选择 Evaluate→Curvature→Curve Curvature，弹出的对话框如图 5.13 所示。此命令用曲率梳来显示曲线的不同曲率。

打开光盘文件“5-5 曲线曲率”，如图 5.14 所示。用户可以通过选择曲率（Curvature）或曲率半径（Radius of Curvature）来计算曲线的曲率；可以通过改变 Samples 和 Needle Scale 的数值来调整针状图形的密度和比例大小。

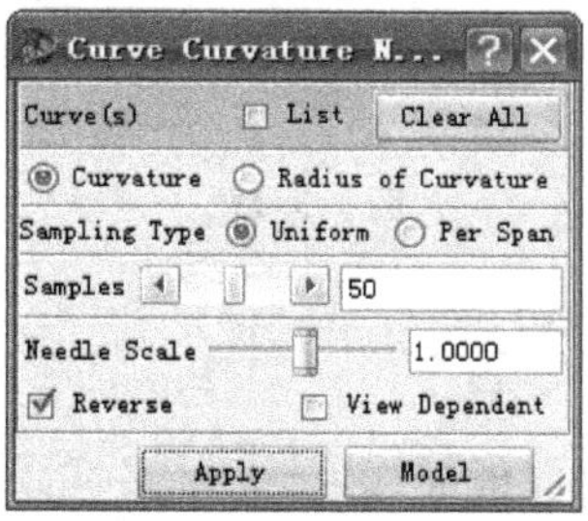

图 5.13

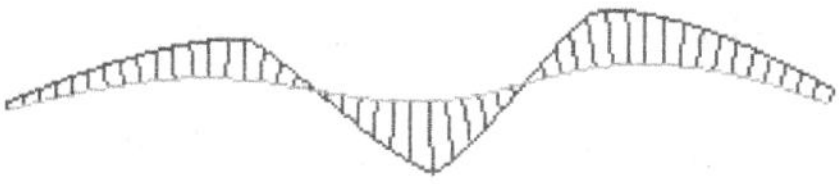

图 5.14

3. Curve Inflection（曲线拐点）

选择 Evaluate→Curvature→Curve Inflection，此命令可以计算出曲率变化的位置，即曲线拐点处，如图 5.15 所示。

图 5.15

4. Surface Contours(曲面曲率等高线分布图)

选择 Evaluate→Curvature→Surface Contours,弹出的对话框如图 5.16 所示。此命令以等高线的形式来表达曲面曲率。

此命令提供了 4 种曲率计算模式,其中高斯函数(Gaussian)和平均值(Mean)适合曲率较小的区域检测。

打开光盘文件“5-6 曲面曲率等高线分布”,如图 5.17 所示。等高线的表现方式有彩色图形(Color Map)和等高线(Contours)两种,二者可以单独使用或同时使用。

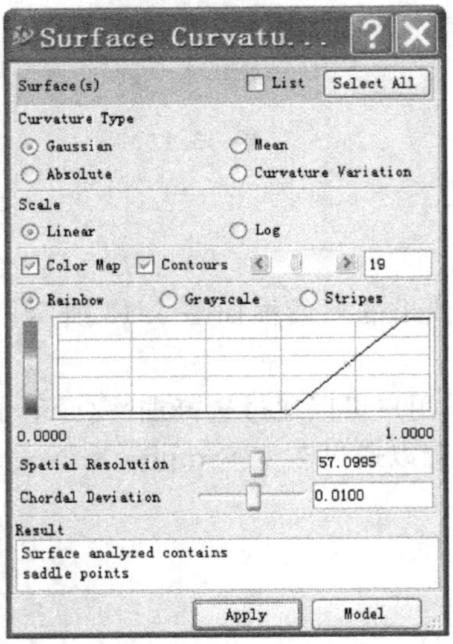

图 5.16

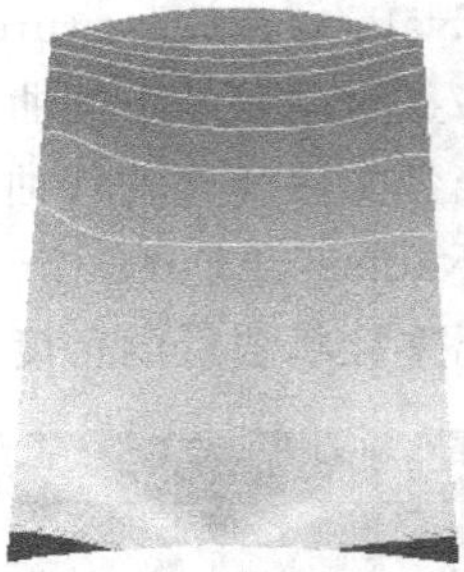

图 5.17

5. Surface Needles(曲面曲率针状分布图)

选择 Evaluate→Curvature→Surface Needles,弹出的对话框如图 5.18 所示。此命令可以显示曲面任意截面位置的曲率。

打开光盘文件“5-7 曲面曲率”,如图 5.19 所示。操作时需先设定截面位置,可以通过设定起始位置(Start Location)、截面数量(Sections)和截面间距(Spacing)来完成。

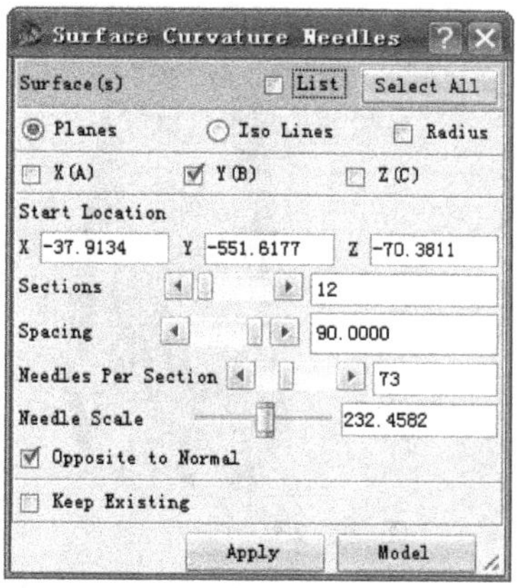

图 5.18

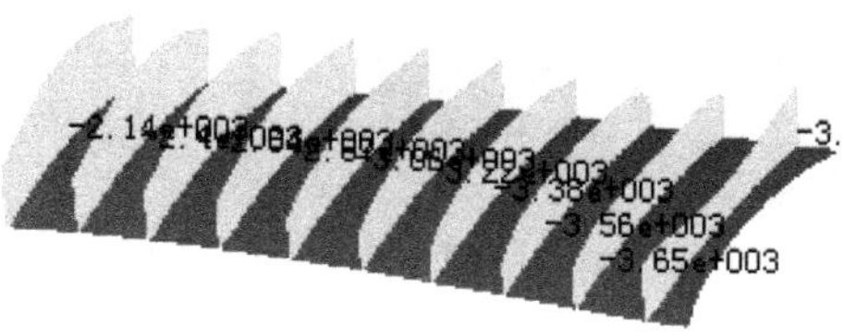

图 5.19

5.2 曲面光顺性检查

选择 Evaluate→Surface Flow，弹出曲面流线图菜单，如图 5.20 所示。利用菜单中提供的流线图命令可以检查曲面光顺性，修改曲面时流线图会随之更新，方便用户依据流线图来修改曲面，以期获得最佳效果。

1. Cloud Reflectance(点云反射灯光图)

选择 Evaluate→Surface Flow→Cloud Reflectance，弹出的对话框如图 5.21 所示。打开光盘文件“5-8 点云反射”。

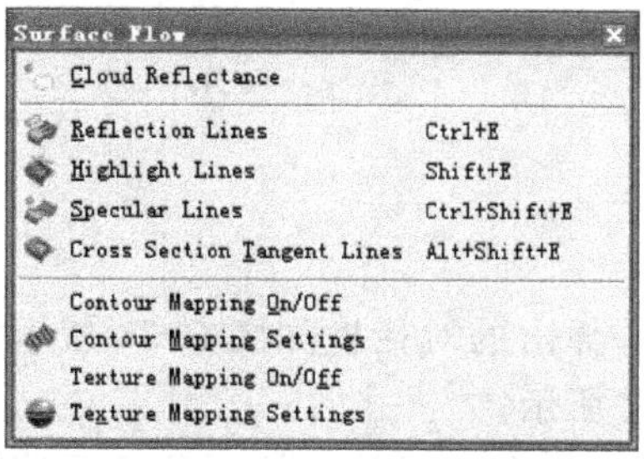

图 5.20

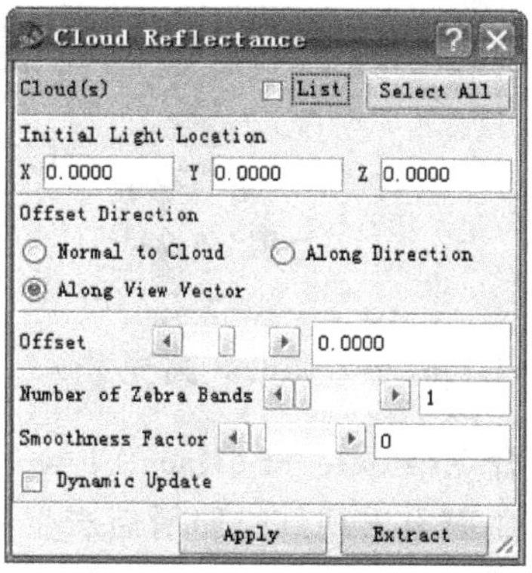

图 5.21

在运用此命令前，需先计算点云法向量(Cloud Normals)，否则命令将无法使用。Initial Light Location 用来设定等光源位置，Offset Direction 提供了 3 种方向偏移方法，改变 Offset 和 Number of Zebra Bands 的数值，可以得到所需的颜色分布和明确的颜色变化趋势，如图 5.22 所示。选中 Dynamic Update 复选框可以即时更新颜色在点云上的变化。

单击 Extract 按钮，弹出 Color Based 对话框，可根据颜色分割提取点云。图 5.23 为分割出的部分点云。

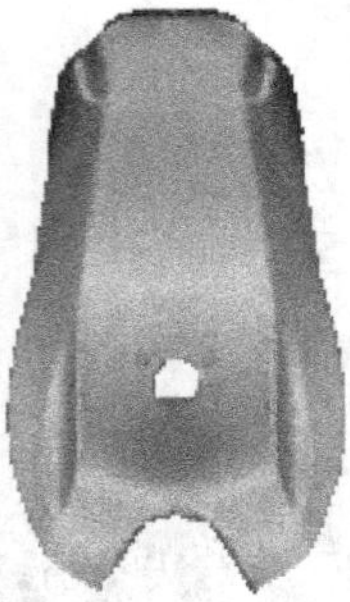

图 5.22

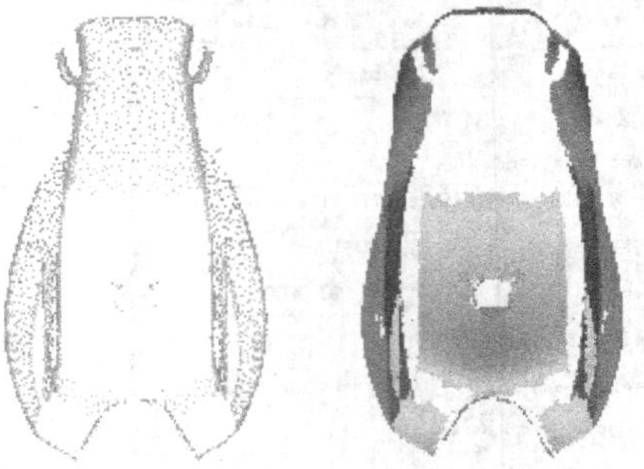

图 5.23

2. Reflection Lines(反射线)

选择 Evaluate→Surface Flow→Reflection Lines，弹出的对话框如图 5.24 所示。此命令将在曲面上产生等高线图或(和)彩图。

打开光盘文件“5-9 反射线”，如图 5.25 所示。移动或旋转视图位置可改变等高线图，根据等高线分布得均匀与否，判断曲面是否光顺。

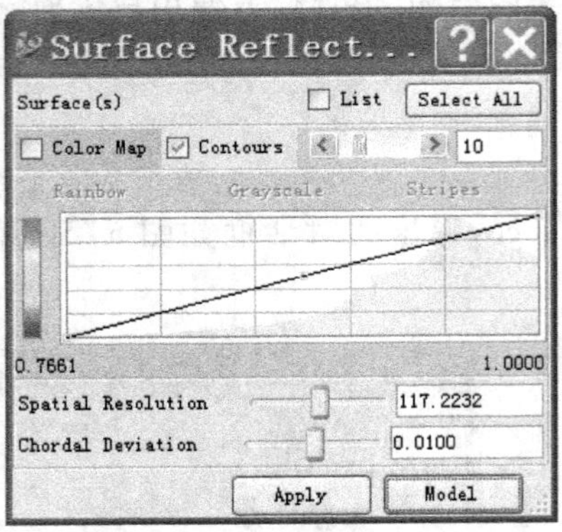

图 5.24

图 5.25

3. Highlight Lines(高光线)

选择 Evaluate→Surface Flow→Highlight Lines，弹出的对话框如图 5.26 所示。此命令将在曲面上出现灯光照射后产生的流线，如图 5.27 所示。

打开光盘文件“5-10 高光线”，图中运用了 19 个灯源，移动或旋转视图位置可改变等高线图。

4. Specular Lines(强光照射反射线)

选择 Evaluate→Surface Flow→Specular Lines，弹出的对话框如图 5.28 所示。此命令利用强光照射后曲面上等高的流线来检测曲面与曲面之间的连续性。

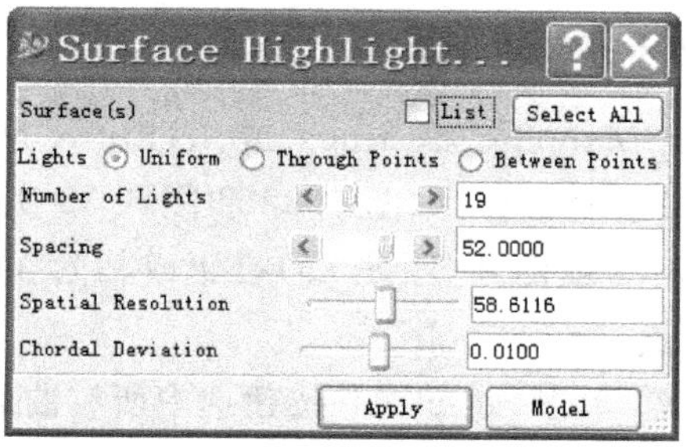

图 5.26

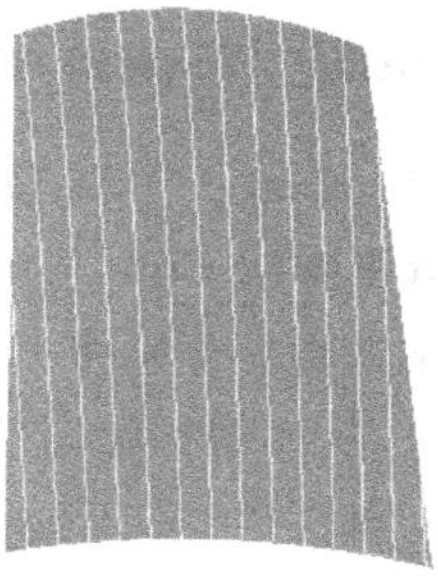

图 5.27

打开光盘文件“5-11 强光照射反射线”，如图 5.29 所示为单个曲面的流线图、图 5.30 为两个曲面流线图。移动或旋转视图位置可改变等高线图。

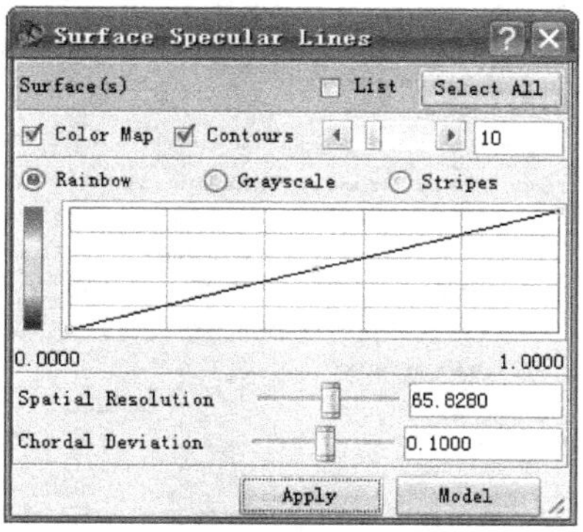

图 5.28

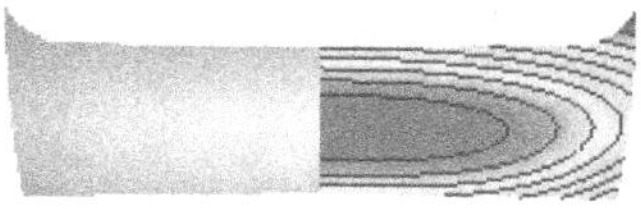

图 5.29

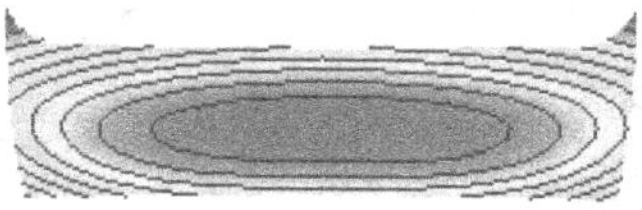

图 5.30

5. Cross Section Tangent Lines(截面相切图)

选择 Evaluate→Surface Flow→Cross Section Tangent Lines，弹出的对话框如图 5.31 所示。此命令可依据曲面上所点选的位置，产生一切线的截面图形。

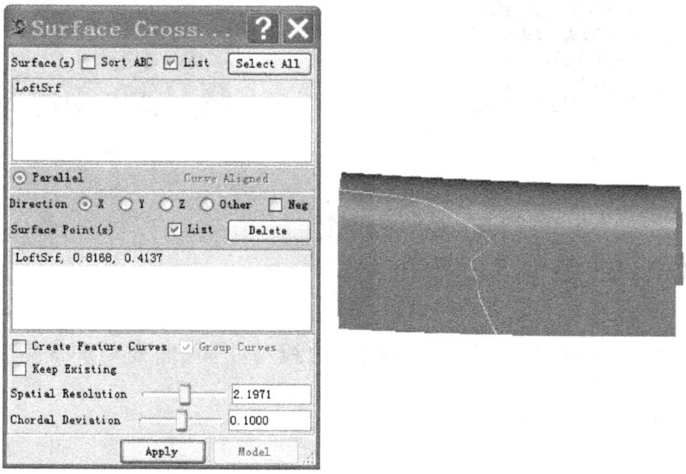

图 5.31

6. Contour /Texture Mapping（斑马条纹/环境材质贴图）

选择 Evaluate→Surface Flow→Contour Mapping Settings 或 Texture Mapping Settings，分别弹出 Contour Map、Texture Mapping 对话框，如图 5.32 和图 5.33 所示。二者是利用贴图功能分别将斑马条纹（图 5.34）和材质或图片（图 5.35）投影或粘附在一个或多个曲面上，从而根据贴图的好坏来判断曲面质量。

打开光盘文件“5-12 斑马条纹环境材质贴图”，单击 Select All 按钮选中所有曲面，打开文件中的图片，完成贴图。选择 None，可以取消贴图。

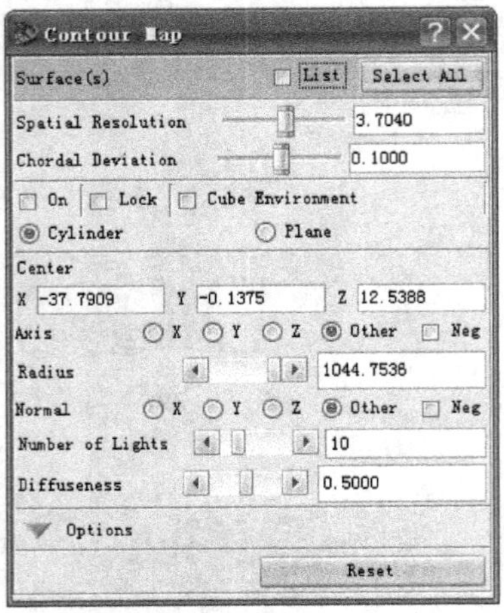

图 5.32

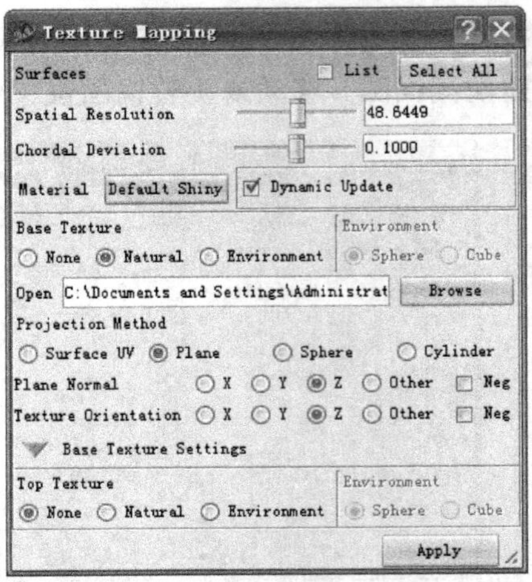

图 5.33

图 5.34

图 5.35

5.3 曲线及曲面连续性判断

根据设定的连续误差值，判断曲线与曲线、曲线与曲面、曲面与曲面等之间是否连续。

1. Curve to Curve（曲线与曲线）

选择 Evaluate→Continuity→Curve to Curve，图 5.36 所示。此命令用来检测两曲线之

间的连续性，可以选择检测的连续等级：Position、Tangent、Curvature、G3，并根据所选等级设定误差界定值。

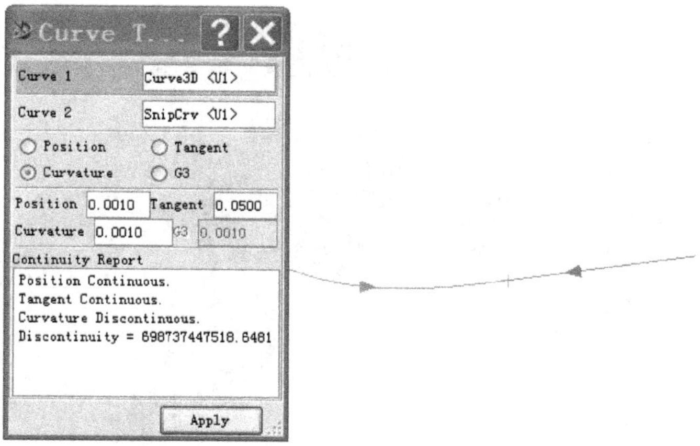

图　5.36

注意，各种连续等级的误差界定值有默认值，也可以自己修改。例如，两条直线之间的 Position 误差实际为 0.005，如果 Position 的误差界定设定为 0.0010，则检查出两曲线为不连续；若将误差界定设置为 0.01，则检查出两曲线为连续。

2. Curve to Surface（曲线与曲面）

选择 Evaluate→Continuity→Curve to Surface，如图 5.37 所示。此命令用来检测曲线与曲面之间的连续性，可以选择检测的连续等级：Position、Tangent、Curvature，也需预先设定误差界定值。

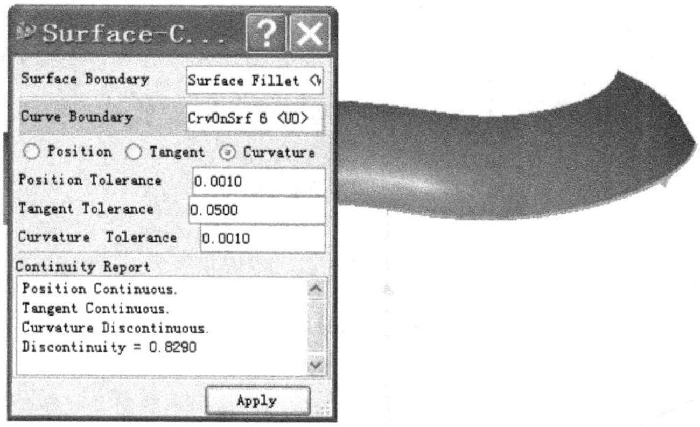

图　5.37

3. Multi-Surface（多面）

选择 Evaluate→Continuity→Multi-Surface，如图 5.38 所示。此命令用来检测多个曲面之间的连续性，可以选择检测的等级，并根据所选等级来设定公差值。

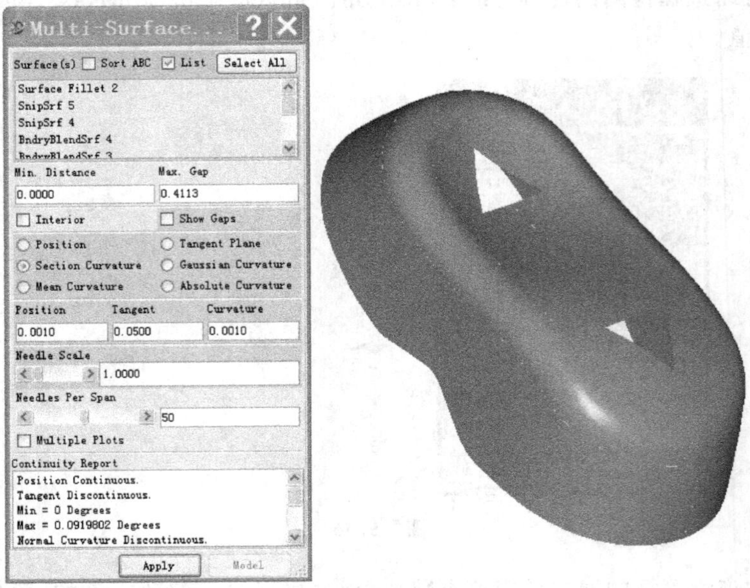

图 5.38

4. Surface Gap/Angle Plot(曲面间的间隙或角度)

选择 Evaluate→Continuity→Surface Gap/Angle Plot,如图 5.39 所示。此命令用来检测并在图中显示曲面间的间隙(Gap)或角度(Angle)。

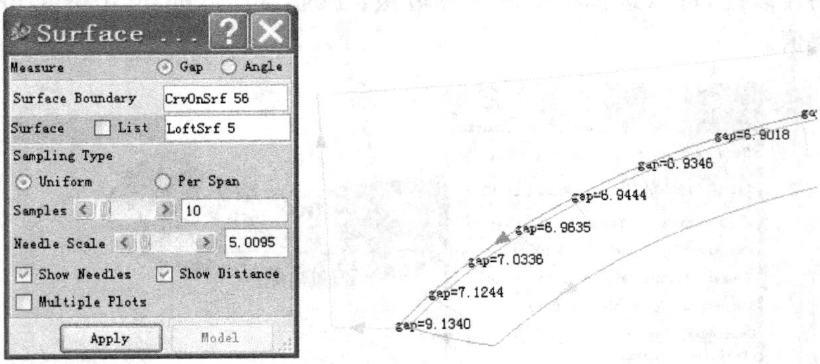

图 5.39

5.4 点云特性

点云特性指其几何公差,包括直线度、平面度、真圆度、圆柱度、同心度、同轴度 6 种特性,选择 Evaluate→Cloud Characteristics,如图 5.40 所示。点云特性的分析命令用来对点云几何公差进行分析,判断点云形状是否是直线、平面、圆、圆柱等,这样会使得点云拟合和曲面构建变得更为简单。

(1) 选择 Evaluate→Cloud Characteristics→Straightness，可以显示点云的直线度，如图 5.41 所示。用一圆柱体包围曲线，显示出圆柱体的半径。

图　5.40

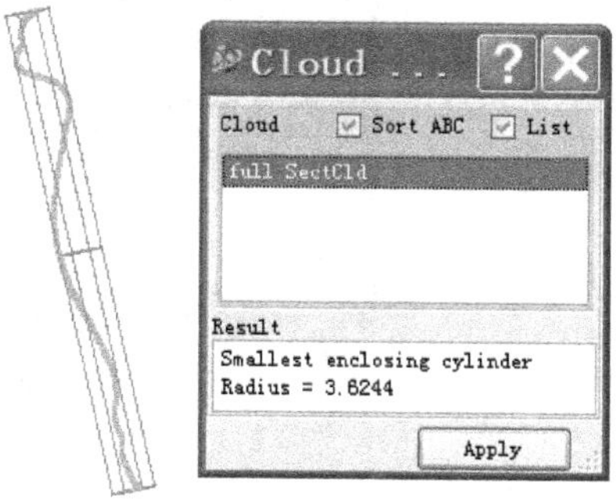

图　5.41

(2) 选择 Evaluate→Cloud Characteristics→Flatness，可以显示点云的平面度，如图 5.42 所示。用两平行平面夹住点云，显示出平面之间的距离。

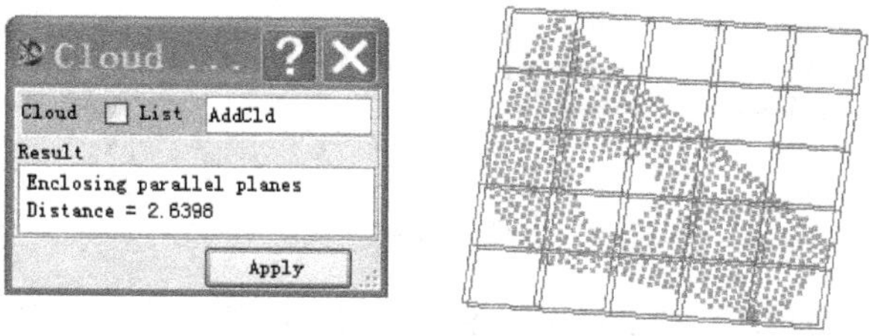

图　5.42

(3) 选择 Evaluate→Cloud Characteristics→Circularity，可以显示点云的真圆度，如图 5.43 所示。用两个同心圆包围点云，半径差越小，圆度越高。

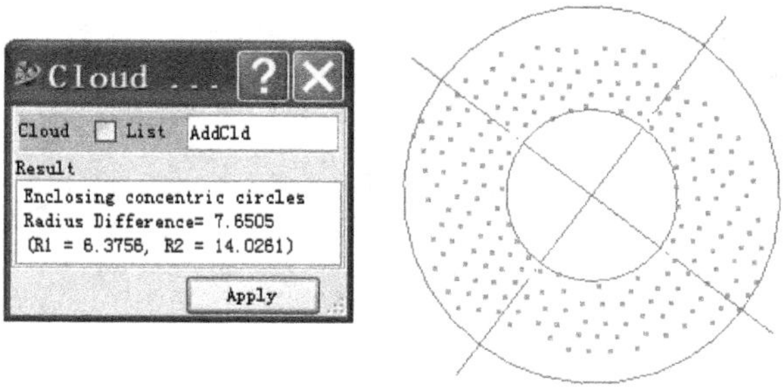

图　5.43

(4) 选择 Evaluate→Cloud Characteristics→Cylindricity，可以显示点云的圆柱度，如图 5.44 所示。用两同心圆柱包围点云，半径差越小，圆度越高。

(5) 选择 Evaluate→Cloud Characteristics→Concentricity，可以显示点云的同心度，如图 5.45 所示。鼠标选择或输入基准点(Datum Center)坐标，得到点云拟合圆心与基准点的距离。

(6) 选择 Evaluate→Cloud Characteristics→Coaxiality，可以显示点云的同轴度，如

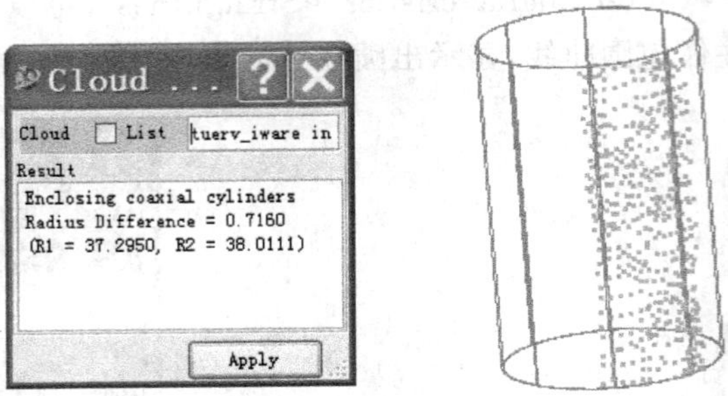

图 5.44

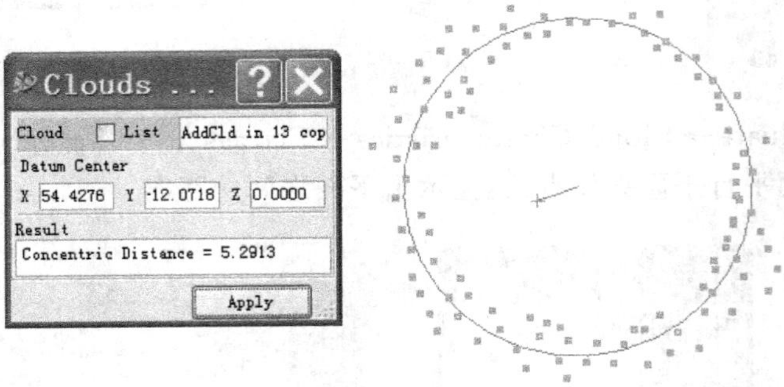

图 5.45

图 5.46 所示。鼠标选择或输入基准轴的坐标和方向，可得到点云最佳拟合轴与自定义基准轴的距离。

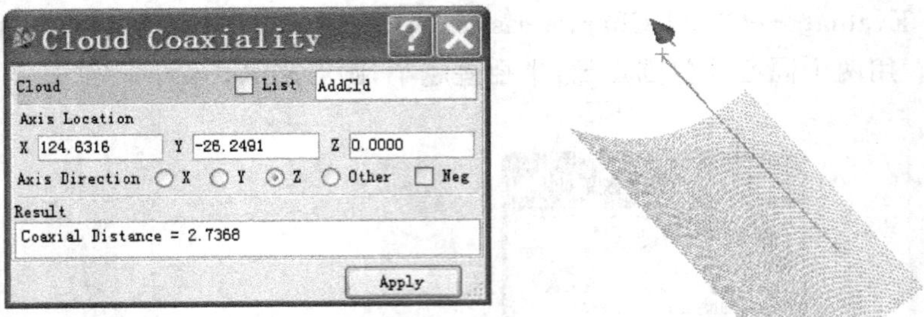

图 5.46

5.5 可加工性

造型设计的最终目的是为了加工，为了验证逆向造型后的零件在后续的制造过程中是否符合某些加工制造工艺，菜单 Evaluate→Manufacturability 提供了以下 4 种可加工性命令。曲面拔模角度检查（Surface Draft Angle Plot）、三角形网格拔模角矢量图（Polygon Draft Angle Plot）、探针半径矢量图（Tool Radius Plot）和重复曲面识别（Identify Redundant Surfaces）。

1. Surface Draft Angle Plot(曲面拔模角度检查)

选择 Evaluate→Manufacturability→Surface Draft Angle Plot,弹出的对话框如图 5.47 所示。此命令需先设定脱模角度(Draft Angle)和脱模方向(Direction),然后即可检测所选曲面是否可以脱模。

打开光盘文件"5-13 曲面拔模角度检查",单击 Select All 选中所有曲面,检查后零件上的红色区域表示无法脱模(Undercut),黄色区域表示恰好可以脱模(Below Draft),绿色区域表示可完全脱模(Above Draft),如图 5.48 所示。

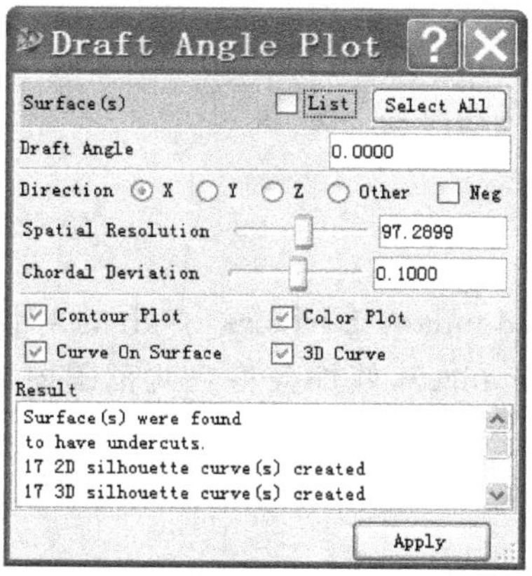

图 5.47

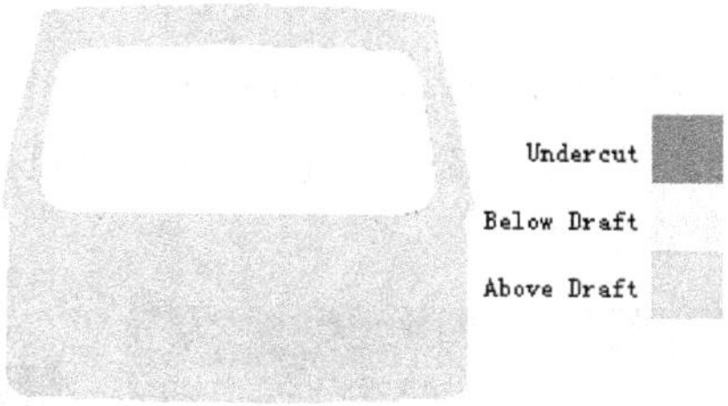

图 5.48

操作前,当选中 Curve On Surface 和 3D Curve 时,各颜色边界区域会以 2D 或 3D 曲线勾勒出来,以方便用户选取分模线。

2. Polygon Draft Angle Plot(三角形网格拔模角矢量图)

选择 Evaluate→Manufacturability→Polygon Draft Angle Plot,弹出的对话框如图 5.49 所示。此命令同样需要先设定脱模角度(Draft Angle)和脱模方向(Direction),然后即可检测所选多边形点云是否可以脱模。

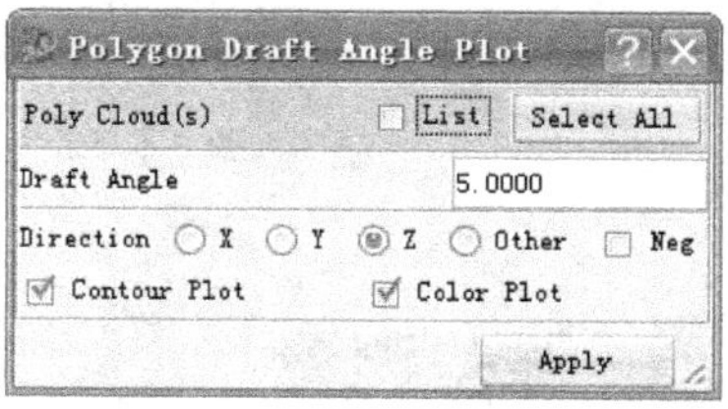

图 5.49

3. Tool Radius Plot(探针半径矢量图)

选择 Evaluate→Manufacturability→Tool Radius Plot,弹出的对话框如图 5.50 所示。此命令用来计算(Calculate)曲面加工时可选用的最大刀具半径以及校验(Verify)给定某刀具半径时曲面是否与刀具发生干涉。

打开光盘文件"5-14 探针半径矢量图",如图 5.51 所示,计算得出某曲面的最大刀具半径为 236.3836;而当选用 250 的刀具来校验时,便会得出发生干涉的结论,如图 5.52 所示。

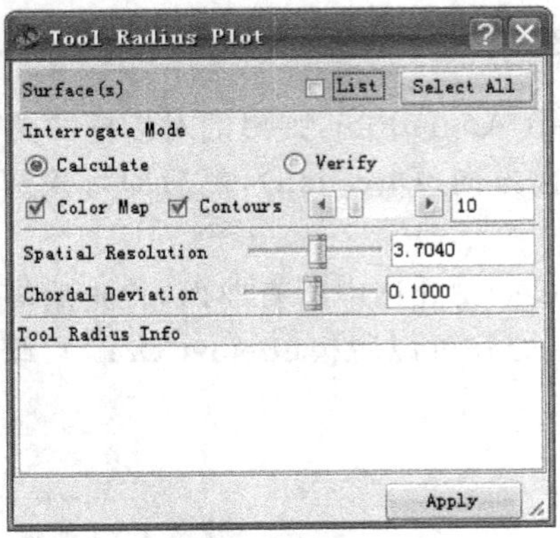

图 5.50

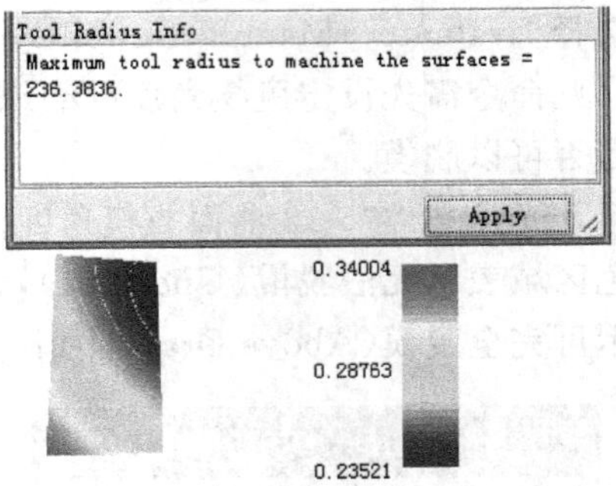

图 5.51

4. Identify Redundant Surfaces(识别重复曲面)

选择 Evaluate→Manufacturability→Identify Redundant Surfaces，弹出的对话框如图 5.53 所示。此命令需设定一重叠范围(Overlap Distance)，软件会将在此范围内的曲面视为重复曲面。

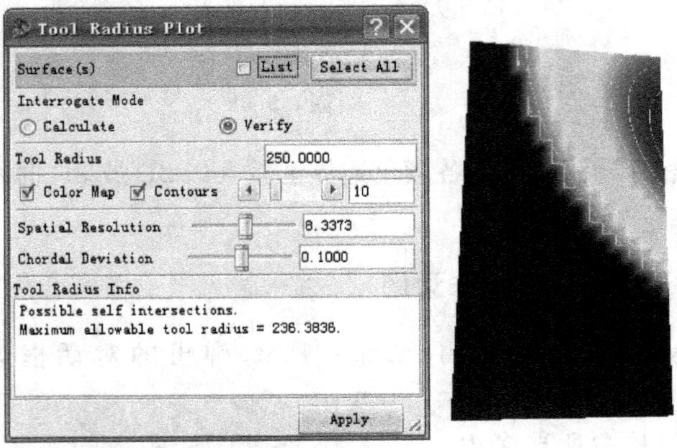

图 5.52

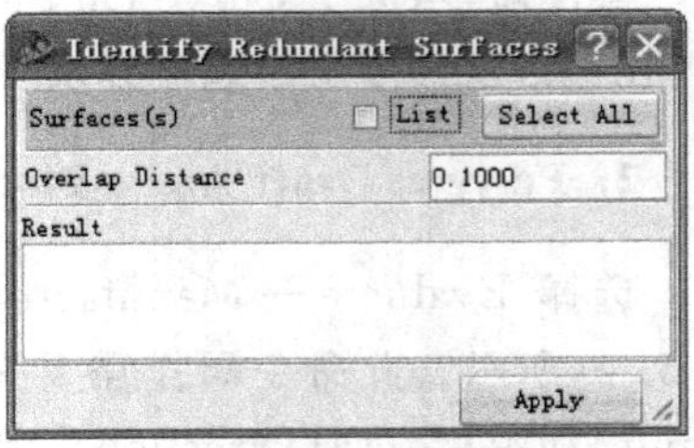

图 5.53

5.6 误差测量

点云与曲面的误差等是判断反求精度的重要手段，在反求的最后阶段，一般均需要进行误差测量，使得误差控制在一定的范围内。在反求的过程中，常常还需要测量距离、角度等。

5.6.1 与点云相关的误差测量

1. Poly-Cloud Comparison(网格化点云和非网格化点云之间的误差测量)

选择 Measure→Cloud to→Poly-Cloud Comparison，弹出的对话框如图 5.54 所示。此

命令用来测量、比较网格化点云和非网格化点云之间的误差。

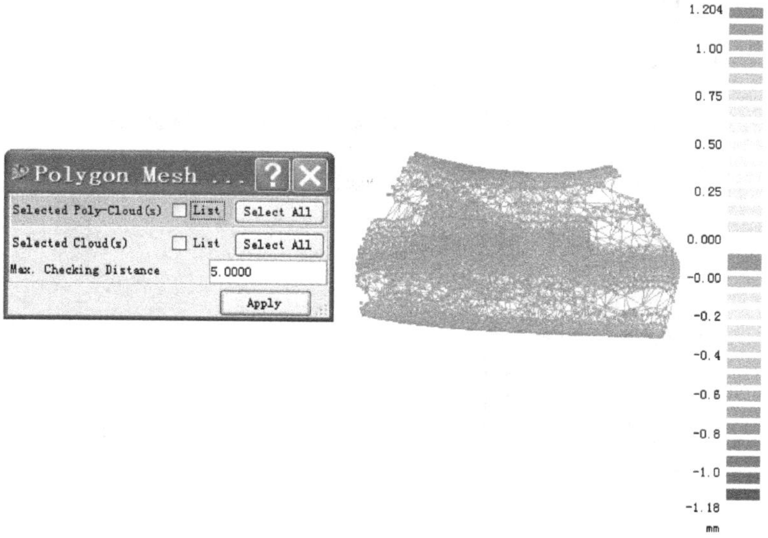

图 5.54

Max. Checking Distance 为最大检测距离，超过该值将不会测量其误差。例如，该值设置为 5，而实际最大误差为 12，则显示的测量最大误差为 5；若该值设置为大于 12 的数值，则显示的测量最大误差为 12。

2. Cloud Difference

选择 Measure→Cloud to→Cloud Difference，弹出的对话框如图 5.55 所示。此命令用来测量、比较点云之间的误差。

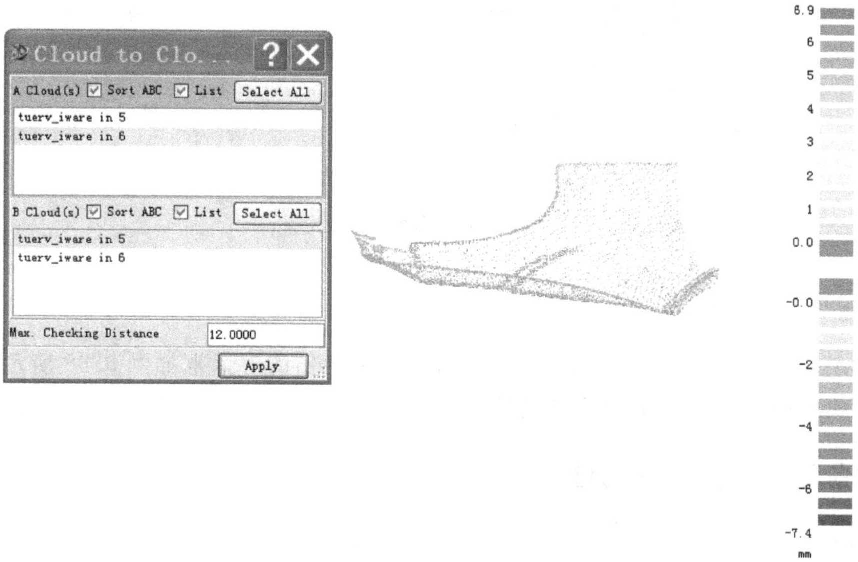

图 5.55

5.6.2　与曲线相关的误差测量

1. Cloud Difference

选择 Measure→Curve to→Cloud Difference，此命令用来测量、比较曲线与点云之间的误差，如图 5.56 所示。

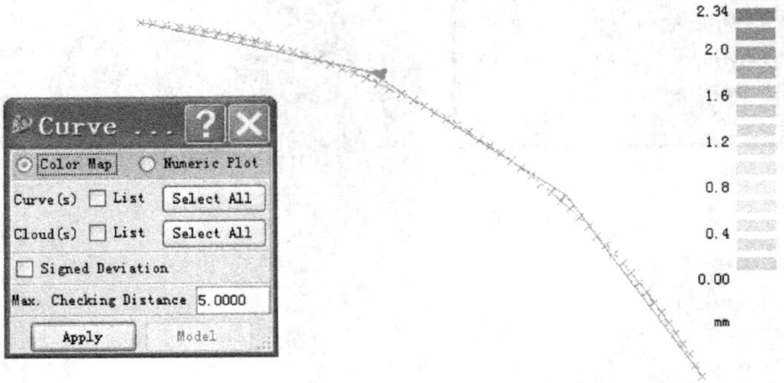

图　5.56

2. Curve Difference

选择 Measure→Curve to→Curve Difference，弹出的对话框如图 5.57 所示。此命令用来测量、比较曲线与曲线之间的误差。

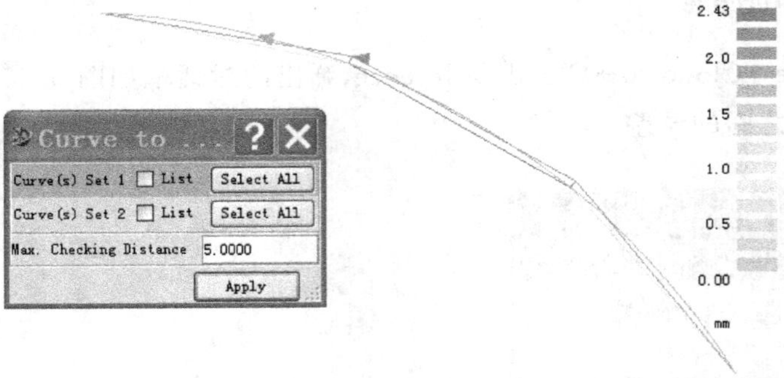

图　5.57

3. Curve Min Distance

选择 Measure→Curve to→Curve Min Distance，弹出的对话框如图 5.58 所示。此命令用来测量、比较曲线与曲线最短距离的测量。

5.6.3　与曲面相关的误差测量

1. Cloud Difference

选择 Measure→Surface to→Cloud Difference，弹出的对话框如图 5.59 所示。此命令

用来测量、比较曲面与点云之间的误差。打开光盘文件“5-15 曲面与点云误差”，如图 5.60 所示。

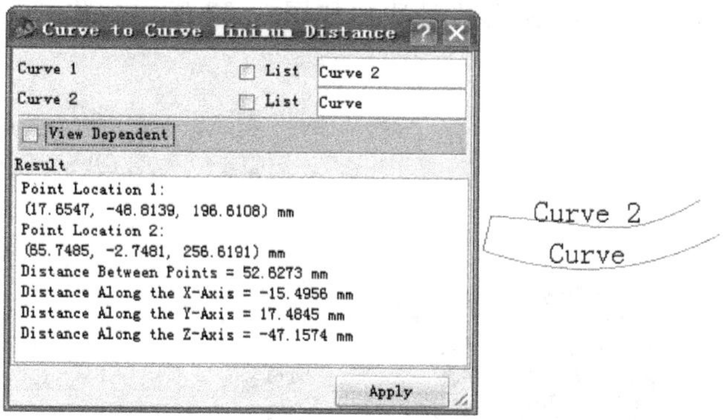

图　5.58

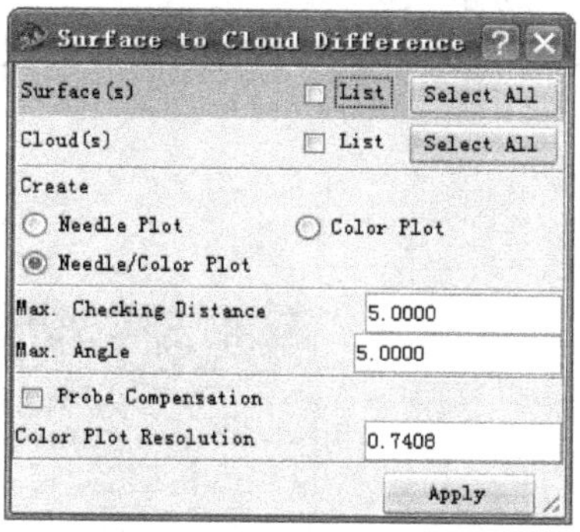

图　5.59

比较重构的曲面与点云的差别应注意下面几点。

(1) 单击 Surface(s)和 Cloud(s)后面的 Select All 按钮，确保所有的曲面和点云均参加比较。如果自己感觉误差较大，而得到的比较值很小，则可能是只有部分点云或曲面参加比较，从而失真。

(2) 单击 Apply 按钮，比较曲面与点云之间的误差，如图 5.60 所示，最大正误差为 2.104，最大负误差为－2.160，可以通过彩色云图的颜色观察各部位误差的大小。

(3) 最大检测距离(Max. Checking Distance)的默认值为 5，若得到的最大误差刚好也为 5，说明实际误差很可能超过了 5，必须将该项设置为一个较大的值，重新比较。

(4) 按 Ctrl＋Z 键，退回到比较前的状态，或者按 X 键，弹出图 5.61 所示的对话框，删除其中的 Error 项，也可以删除彩色云图。若要重新比较，也可采用快捷键 Shift＋Q。

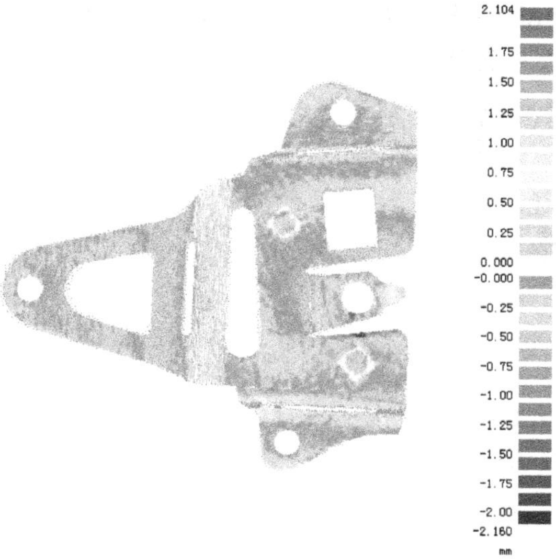

图　5.60

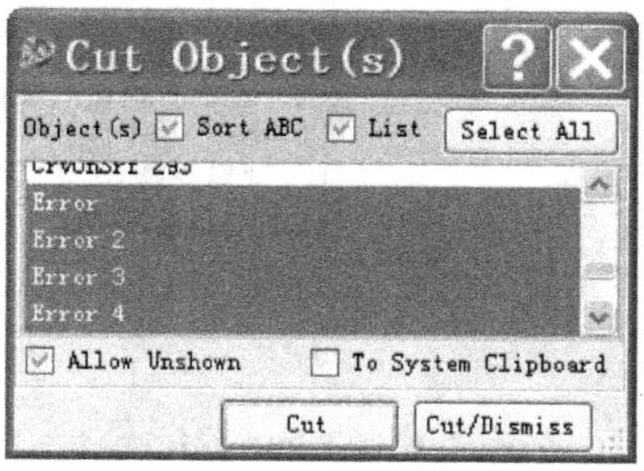

图　5.61

2. Surface Difference

选择 Measure→Surface to→Curve Difference，弹出的对话框如图 5.62 所示。此命令用来测量、比较两个曲面之间的误差。

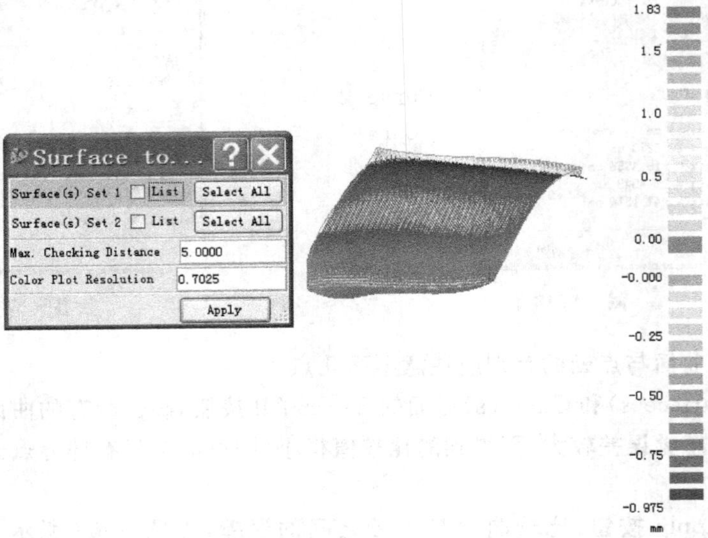

图 5.62

5.6.4 距离测量

1. Between Points

选择 Measure→Distance→Between Points，弹出的对话框如图 5.63 所示。此命令用来测量任意两点间的距离。测量前，应打开捕捉按钮。

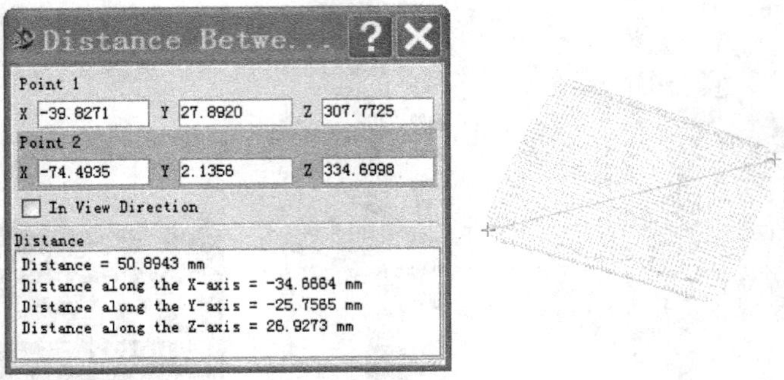

图 5.63

2. Point to Curve Closest

选择 Measure→Distance→Point to Curve Closest，弹出的对话框如图 5.64 所示。此命令用来测量任意点至曲线的最近距离。

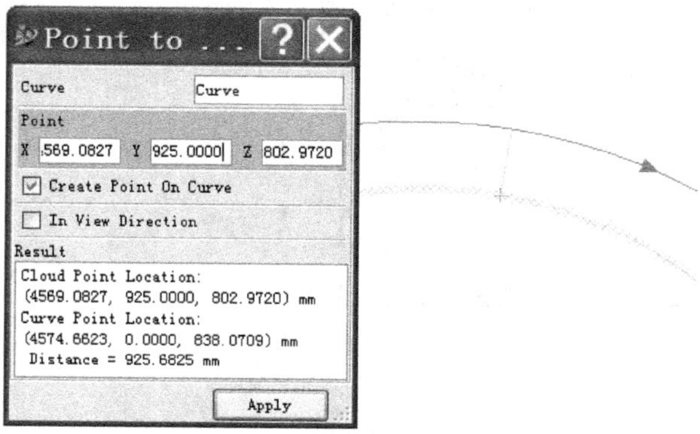

图 5.64

3. Point to Surface Closest

选择 Measure→Distance→Point to Surface Closest，弹出的对话框如图 5.65 所示。此命令用来测量曲面至任意点的距离。

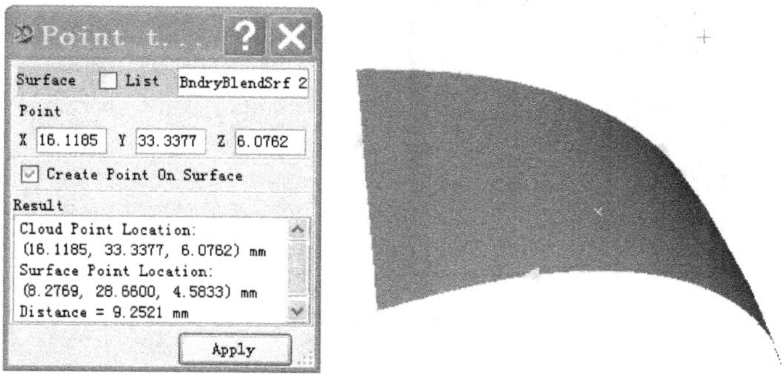

图 5.65

5.6.5 面积测量

软件提供了两种面积的测量方法：曲面面积测量(Surface Area)和边界所包含的面积测量(Curve Bounded Plane)。

选择 Measure→Area→Surface Area，弹出的对话框如图 5.66 所示；选择 Measure→

图 5.66

Area→Curve Bounded Plane，弹出的对话框如图 5.67 所示。

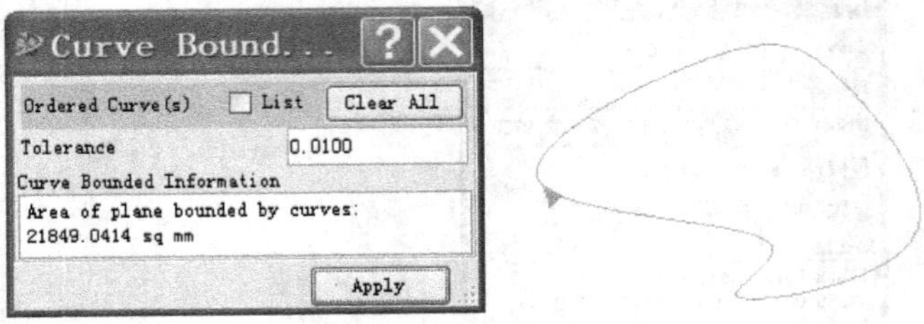

图 5.67

5.6.6 角度与切线方向

1. Between Points（三点测量角度）

选择 Measure→Angle/Tangent Direction→Between Points，弹出的对话框如图 5.68 所示。此命令用来测量三点所夹的角度。测量前，应打开捕捉按钮。

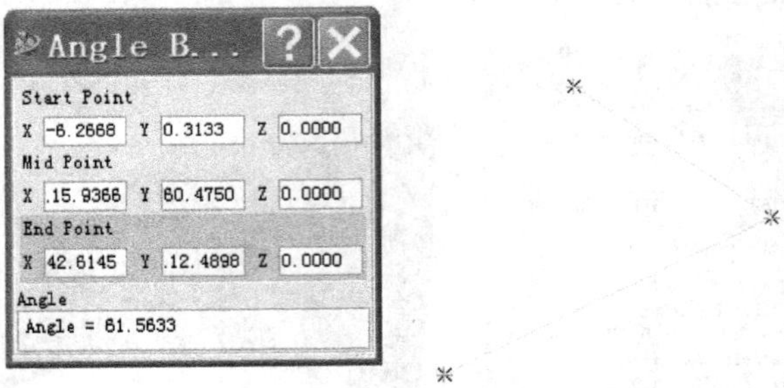

图 5.68

2. Direction Between Points（两点所形成的方向向量）

选择 Measure→Angle/Tangent Direction→Direction Between Points，弹出的对话框如图 5.69 所示。此命令输入两点坐标或选取两点以获得两点形成的向量。

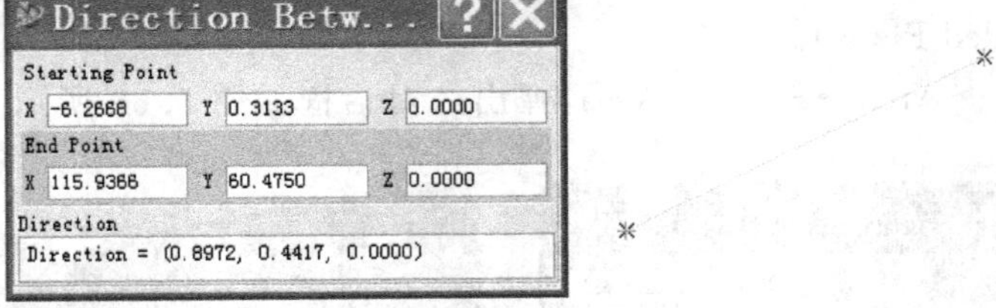

图 5.69

3. Between Curve Tangents（两曲线夹角）

选择 Measure→Angle/Tangent Direction→Between Curve Tangents，弹出的对话框如

图 5.70 所示。此命令用来测量两曲线上点的切线方向夹角。可用鼠标选择位置,也可拖动滑块,改变两曲线上点的位置,位置区间为 0～1 之间。

图 5.70

4. Curve Tangent Direction(曲线的切线方向)

选择 Measure→Angle/Tangent Direction→Curve Tangent Direction,弹出的对话框如图 5.71 所示。此命令用来获得曲线上任一点的切线向量。可用鼠标选择位置,也可拖动滑块,改变曲线上点的位置,位置区间为 0～1 之间。

图 5.71

5. Between Surface and Curve(曲面与曲线夹角)

选择 Measure→Angle/Tangent Direction→Between Surface and Curve,弹出的对话框如图 5.72 所示。此命令用来测量两曲线切线方向的夹角。可用鼠标选择位置,也可拖动滑块,可改变曲线和曲面上 U、V 方向上点的位置,位置区间为 0～1 之间。

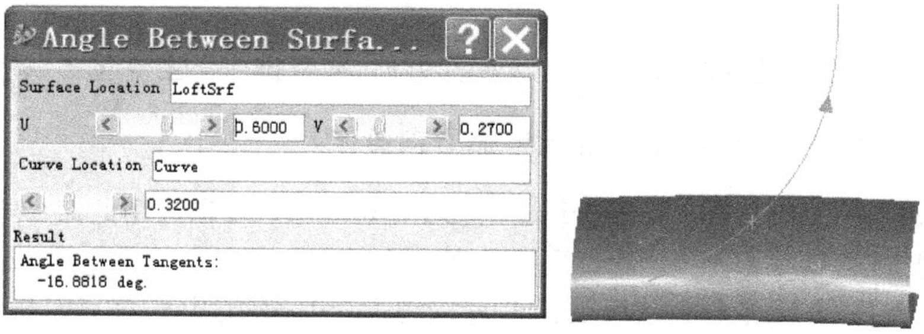

图 5.72

6. Between Surface Tangent（曲面切平面夹角）

选择 Measure→Angle/Tangent Direction→Between Surface Tangent，弹出的对话框如图 5.73 所示。此命令用来测量两曲面切平面的夹角。可用鼠标选择位置，也可拖动滑块，可改变曲线和曲面上 *U*、*V* 方向上点的位置，位置区间为 0～1 之间。

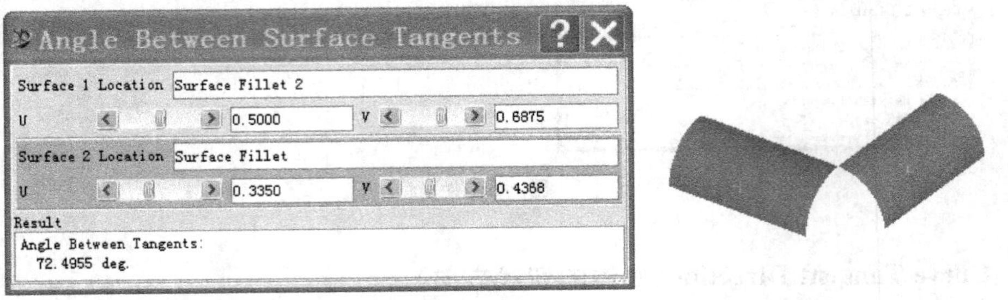

图 5.73

7. Surface Tangent Plane（曲面切平面方程式）

选择 Measure→Angle/Tangent Direction→Surface Tangent Plane，弹出的对话框如图 5.74 所示。此命令用来获得曲面切平面的方程式。可用鼠标选择位置，也可拖动滑块，可改变曲线和曲面上 *U*、*V* 方向上点的位置，位置区间为 0～1 之间。

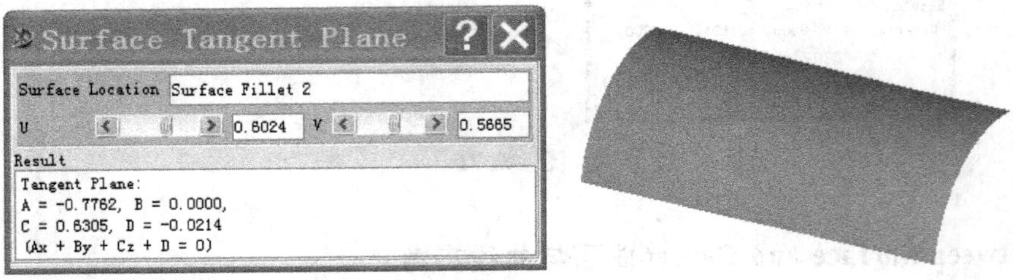

图 5.74

5.7 方向与排序

在编辑点云、曲线、曲面时，常常需要改变其方向，或者排序。主要包含以下一些方法。

1. Sort Points by Direction（以点云数据方向排序）

选择 Modify→Direction→Sort Points by Direction，用户可以运用此命令将点云数据按照自己设定的方向(Direction to Sort)重新排序。

打开光盘文件"5-16 点云排序"，选择 Display→Point→Polyline，将点云用多段线显示。将 Direction to Sort 分别设置为不同方向，直观地显示出点云的排序情况，如图 5.75 和图 5.76 所示。

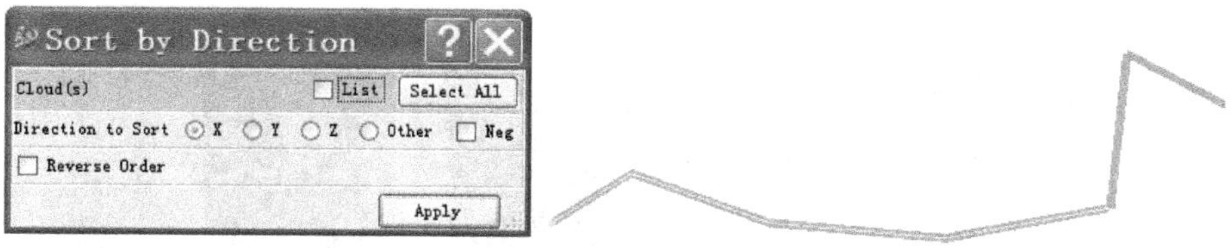

图　5.75

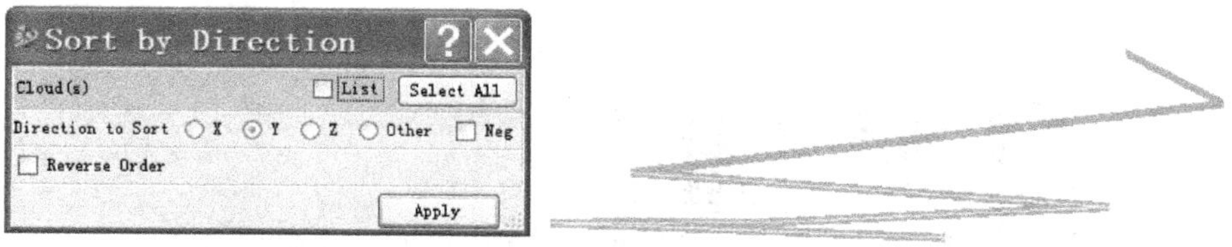

图　5.76

2. Sort Points by Nearest(以相邻点云数据排序)

选择 Modify→Direction→Sort Points by Nearest,弹出的对话框如图 5.77 所示。此命令将点云数据按照相邻点距离依次重新排序,排序结果如图 5.77 所示。

图　5.77

3. Reverse(反向)

软件提供了多种实体的方向反向操作,该命令使选中的实体方向反向。

打开光盘文件“5-17 反向”,选择 Modify→Direction→Reverse Scan Line,扫描线点云数据反向,如图 5.78 所示。

图　5.78

选择 Modify→Direction→Reverse Polygon Mesh,三角形网格反向,如图 5.79 所示。

选择 Modify→Direction→Reverse Polygon Normal,三角形网格法向反向,如图 5.80 所示。

图 5.79

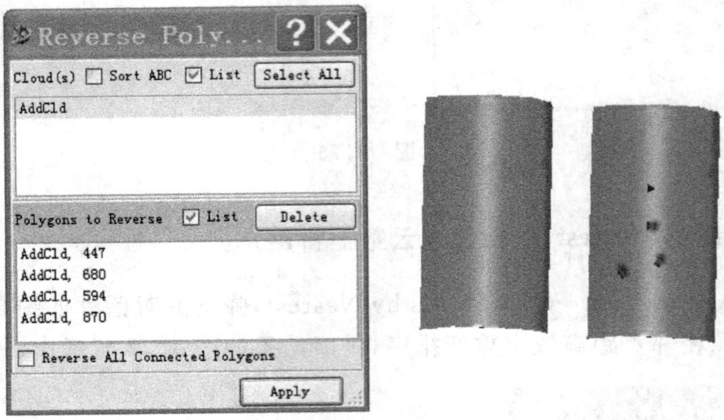

图 5.80

选择 Modify→Direction→Reverse Curve Direction，曲线方向反向，如图 5.81 所示。

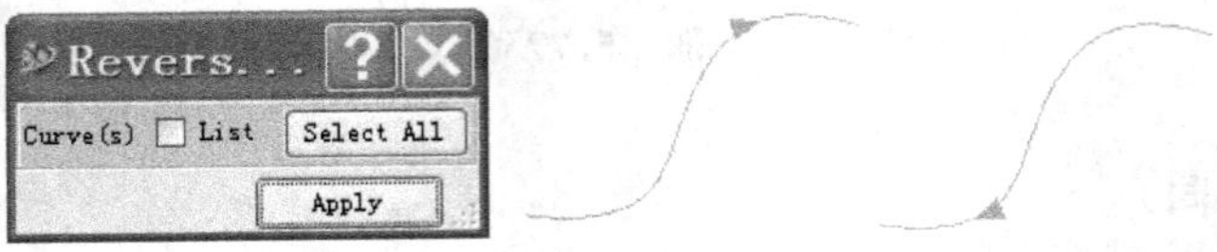

图 5.81

选择 Modify→Direction→Reverse Surface Normal，曲面法向反向，如图 5.82 所示。

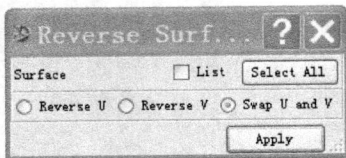

图 5.82

4. Harmonize（方向一致性）

软件提供了多种实体的方向一致性操作，这些命令在需要将一组实体的方向调整一致时，大大提高了效率，缩短了单个反向调整的工作时间。

打开光盘文件“5-18 方向一致”，选择 Modify→Direction→Harmonize Polygon

Normals，三角网格法向方向一致，如图 5.83 和图 5.84 所示。

图 5.83

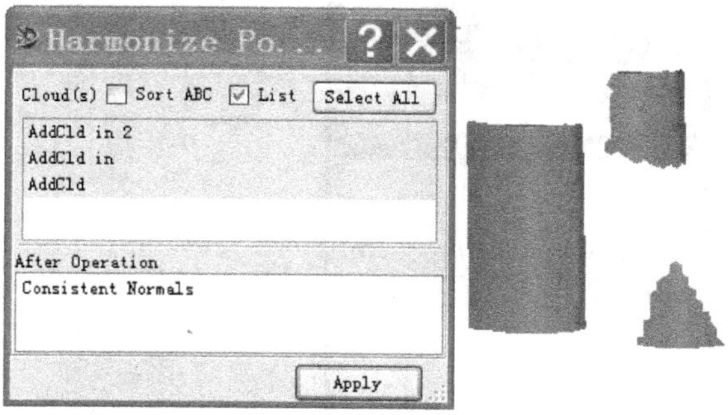

图 5.84

选择 Modify→Direction→Harmonize Curve Direction，曲线方向一致性，如图 5.85 和图 5.86 所示。

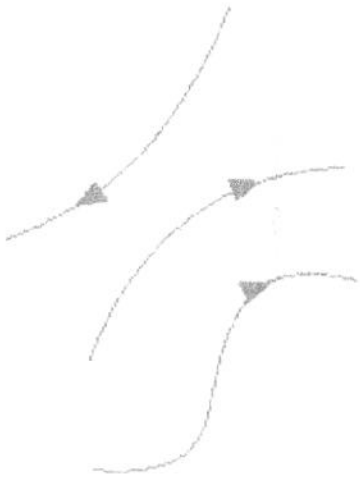

图 5.85

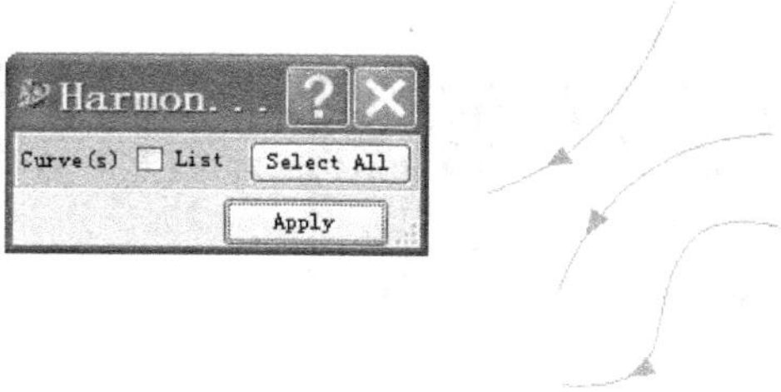

图 5.86

选择 Modify→Direction→Harmonize Surface Normals，将几块边界相邻的曲面法向整理成方向一致，如图 5.87 和图 5.88 所示。

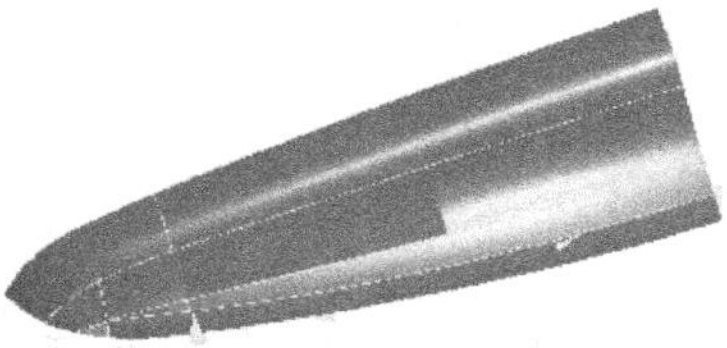

图 5.87

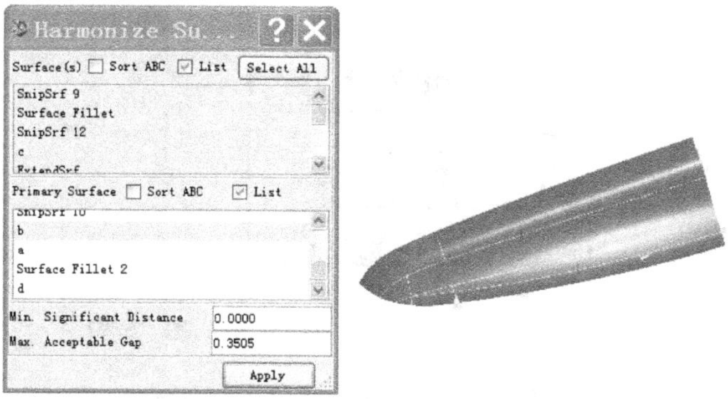

图 5.88

5. Start Point（起始点）

软件提供了多种实体的起始点更改命令，这些命令为某些后续操作提供了便利，比如在多条曲线放样曲面时，就需要调整这组曲线的起始点。

打开光盘文件“5-19 起始点”，选择 Modify→Direction→Curve Aligned Scan Start

Points，将扫描线的起始点与曲线对齐，如图 5.89 所示。

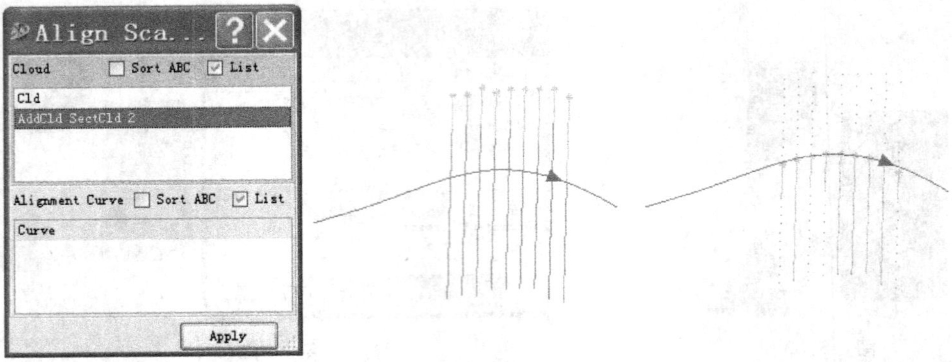

图 5.89

选择 Modify→Direction→Change Scan Start Point，输入新的扫描线点云的起始点，改变扫描线起始点，如图 5.90 所示。

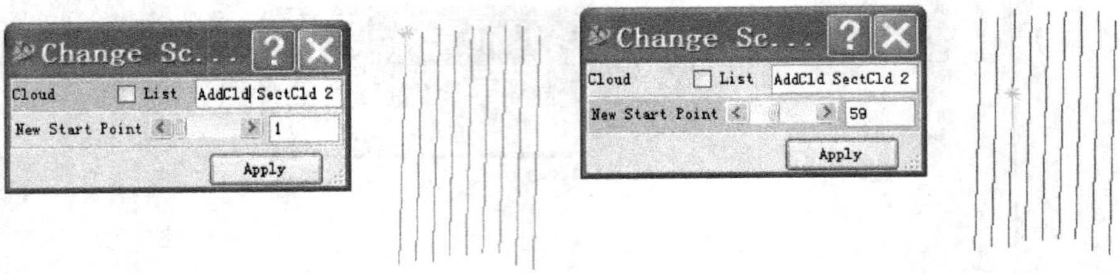

图 5.90

选择 Modify→Direction→Change Curve Start Point，利用类似的方法可改变曲线起始点，如图 5.91 所示。曲线必须是封闭曲线。

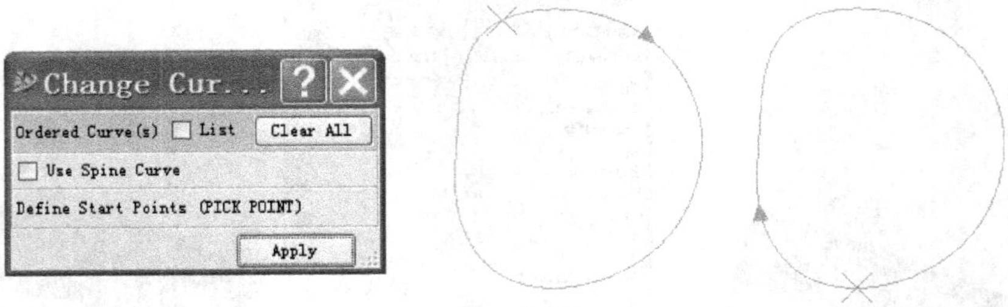

图 5.91

选择 Modify→Direction→Change Surface Start Point，鼠标拖动曲面的 U 或 V 线可改变曲线的起始点，如图 5.92 所示。

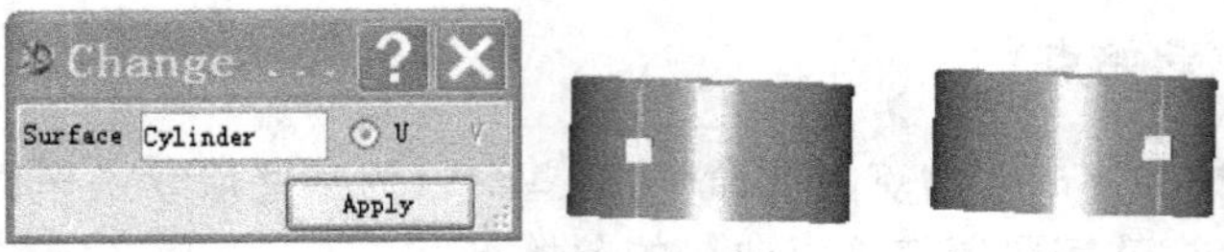

图 5.92

第 6 章

充电器插头

本章通过一个比较简单的实例，学习逆向反求中一些基本且常用的方法：如构建平面，利用点云拟合均匀曲面，曲线扫掠得到曲面；构造圆角，镜像复制，分析原始点云与构造曲面的误差等。对所涉及的知识点，做详细分析与讲解，认真完成本例操作，对该软件的入门具有极大帮助。

打开光盘文件“6-1 充电器插头点云”，生成充电器插头点云，如图 6.1 所示，去除了两个金属插销等不必要部分，只构造塑料外壳。点云已经调整为对称于 $X=0$ 的平面。

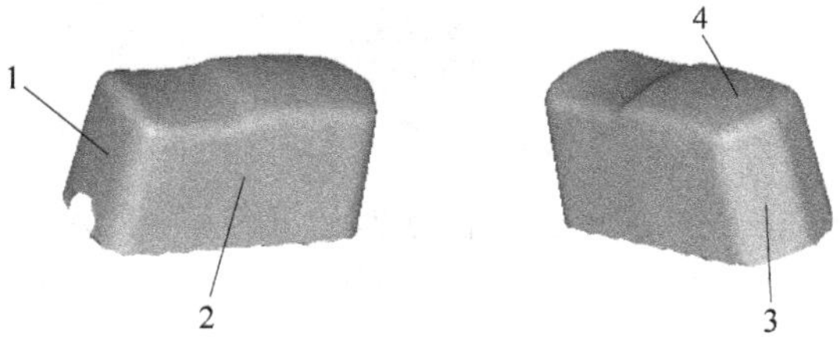

图 6.1

6.1 反求思路

根据对点云的分析，先给出一个反求的大体思路。

(1) 本零件是一对称体，如图 6.1 所示，因此考虑只构造对称的一半曲面，然后镜像得到另一半。

(2) 右击点云，选择，框选出面 1、2、3 三块点云，针对面 1 点云，选择命令 Uniform Surface，将其拟合为均匀曲面，针对面 2、3 点云，选择命令 Fit Plane，将它们分别拟合为一平面。右击点云，选择，在顶面点云中提取两条直线点云，选择 Uniform Curve，拟合成均匀曲线，选择 Sweep 扫掠，得到顶面。

(3) 选择 Extend，延伸所有曲面，调节各曲面控制点。选择 Fillet 倒圆角面。选择命令 Trim Surface，剪裁曲面。

(4) 选择 Circle w/Center and 2 Points 画圆，投影到曲面后剪切圆孔。

(5) 选择命令 Mirror，镜像复制所有曲面。

(6) 最后进行误差以及曲面光顺性分析。

6.2 曲面构造

首先将点云分块提取出来，再根据其特点，用不同的方法构造曲面。

6.2.1 提取点云

1. 观察点云

充电器点云如图 6.2 所示，首先将其多边形网格化显示，以便观察零件形状。右击点云，选择，将点云进行三角网格高洛德着色(Gouraud-Shaded)处理，设置各项参数，如图 6.3 所示，原始点云名称为 1。

图 6.2

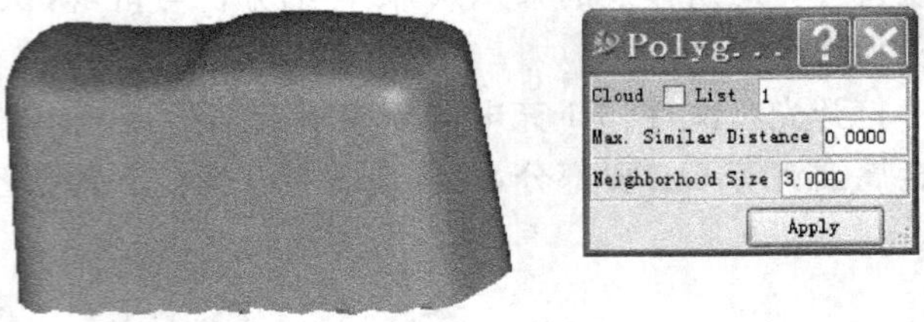

图 6.3

这里，相邻点距离 Neighborhood Size 取为 3，根据经验，该值一般选取采样点云两点之间的距离的 3 倍左右。通过命令 Measure→Distance→Between Points，测量得到点云中两点之间的距离为 1 mm 左右。

2. 对称剖切点云

本点云已经调节为中心经过 *Y*-*Z* 轴，即 $X=0$ 坐标平面的对称体。选择 Modify→Extract→Slice，参数设置如图 6.4 所示，将点云从中对称地剖切出右半边点云。选择菜单栏中的图层管理命令，观察剖切点云形状，如图 6.5 所示。

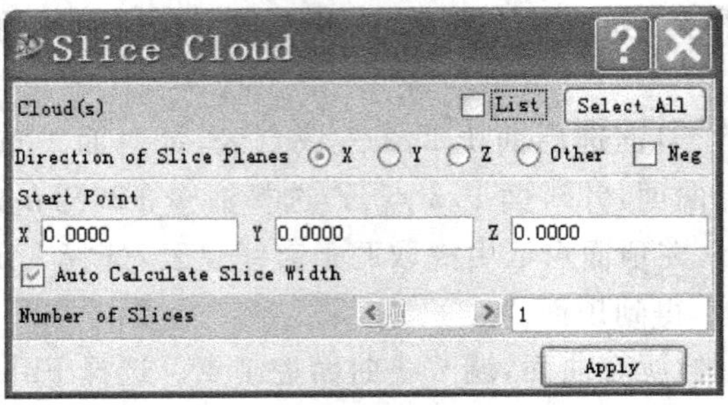

图 6.4

按照前面所提方法，将右半边点云着色，选择 Modify→Direction→Harmonize Polygon Normals，使得网格法向一致。只需对此半边点云反求出曲面，然后利用镜像得到另一半即可。

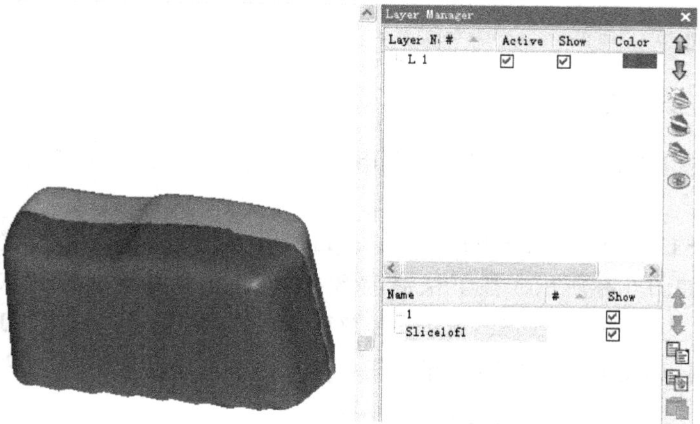

图 6.5

注意，利用图层管理器(Layer Manager)中的Show选项可以控制各图层以及各图层中点云、曲线、曲面等图形的显示状态，当图形太多时，常用其显示或隐藏某些图形，使界面简单、清楚，更容易操作。

3. 提取侧面点云

将剖切出的点云旋转到一个适当的位置，利用点云上的反光勾勒出较好的平面点云，然后右击点云，选择，设置方法如图6.6所示，选中Select Screen Points后，开始提取侧平面点云。

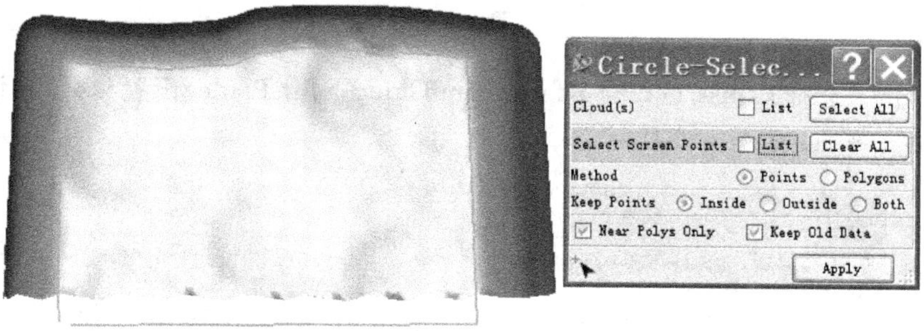

图 6.6

注意，这里选中了Near Polys Only，若同一点云具有前后两层以上的部分，选中此项时只提取当前视图所框选出的前面部分点云。如果隐藏了其余点云，只显示右半边点云，如果侧面点云只有一块，则不必选中此项。若选中了Keep Old Data，则保留原点云，用鼠标单击围成的点云使之成为新产生的点云。

用同样的方法可得到另两块端面点云，如图6.7所示。

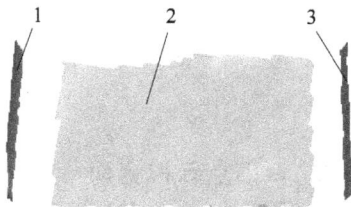

图 6.7

6.2.2 拟合曲面

1. 侧面点云拟合面

观察发现，在图 6.7 中点云 1 形状适合用曲面拟合，点云 2 和 3 可以用平面构建，下面分别构造各个面。

点云 1：选择 Construct→Surface from Cloud→Uniform Surface，设置参数，拟合得到的点云 1 的曲面如图 6.8 所示。按下快捷键 Shift＋Q，比较拟合曲面与点云误差，若非常小，则符合要求。右击图中空白处，选择，撤销比较结果；若误差较大，可右击曲面，选择，微调曲面控制点，使曲面拟合得更好一些。

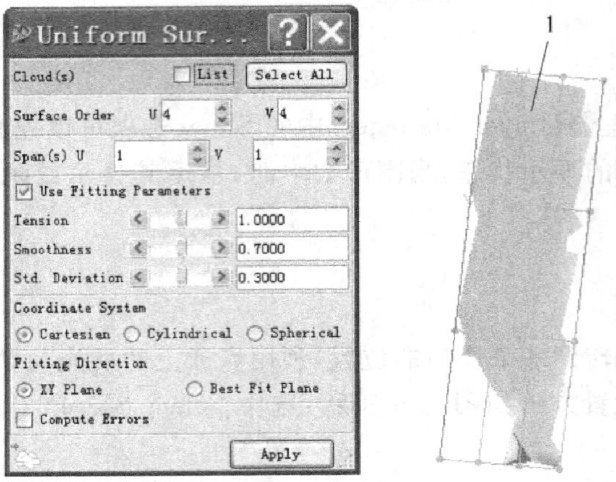

图 6.8

点云 2 与 3：选择 Construct→Surface from Cloud→Fit Plane，设置参数，将该点云 2 与 3 分别拟合为一平面，如图 6.9 所示。

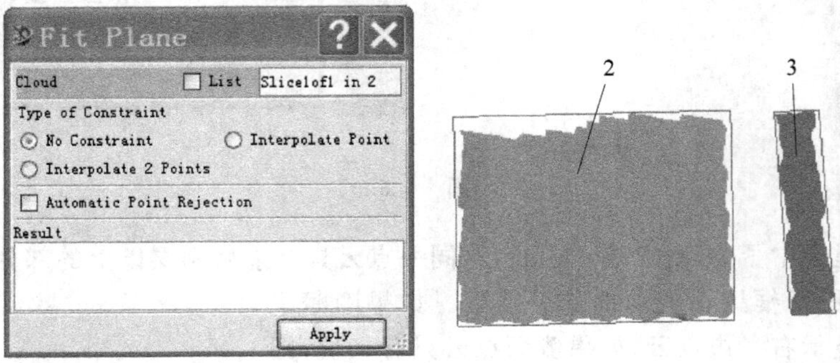

图 6.9

2. 顶面点云拟合面

右击点云，选择，设置方法如图 6.10 所示，Neighborhood Size 采用默认值，选中 Select Screen Lines，然后用鼠标在顶面点云中选取两点，提取直线点云，这里得到的两条直线点云以刚好到点云圆角处为宜，如图 6.11 所示。

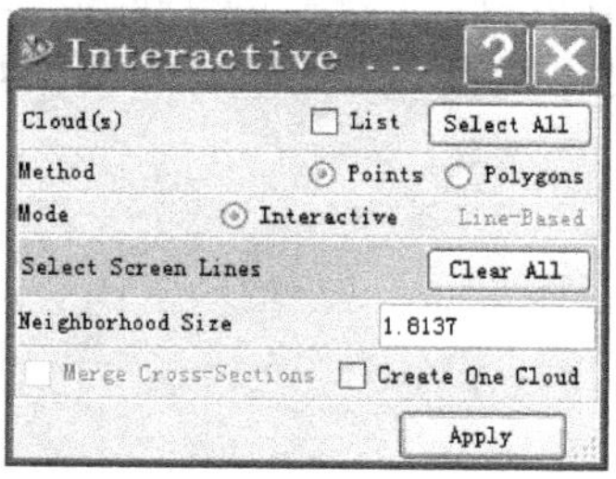

图　6.10

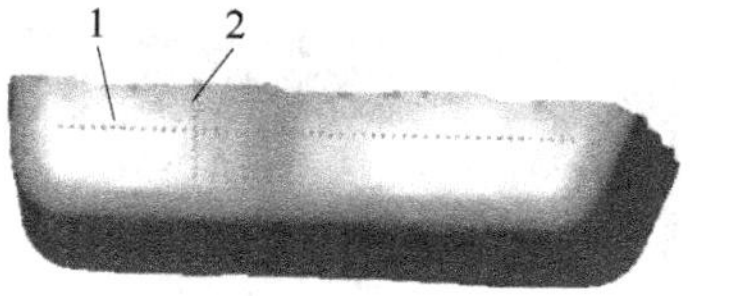

图　6.11

选择 Construct→Curve from Cloud→Uniform Curve，将图 6.11 中点云 1 拟合成均匀曲线，设置参数，如图 6.12 所示，单击 Model 按钮，调节曲线跨度数(Span(s))的值，曲线的动态变化显示了拟合点云的状况，当曲线与点云较好地拟合时终止。曲线跨度值越大，曲线拟合得越精确，但该值太大，将使得曲线控制点较多，影响曲线的光滑程度，也使曲线及其生成的曲面编辑修改更困难。用同样的方法拟合点云 2，如图 6.13 所示。

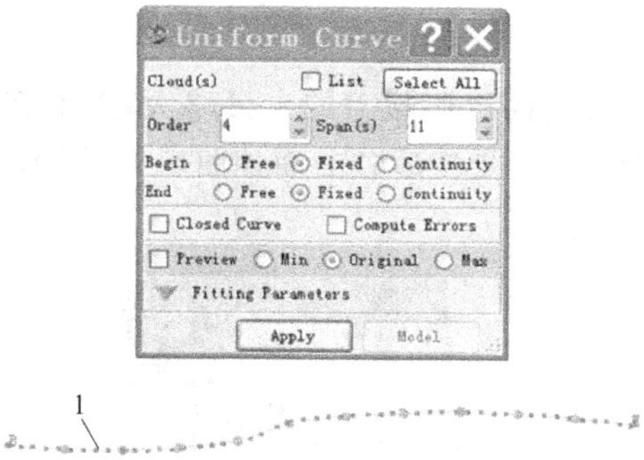

图　6.12

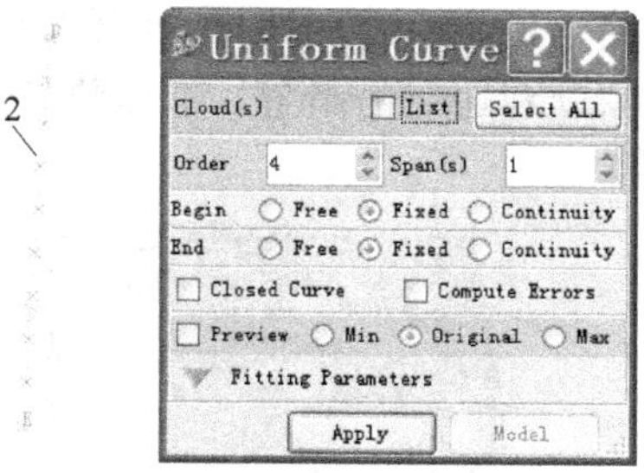

图　6.13

选择 Construct→Swept Surface→Sweep，弹出的对话框如图 6.14 所示，选中 Path 1 单选框，用鼠标选择点云 1 拟合得到的曲线，选中 Generators 1 单选框，用鼠标选择点云 2 拟合得到的曲线，单击 Apply 按钮，得到顶面点云拟合曲面，如图 6.15 所示。

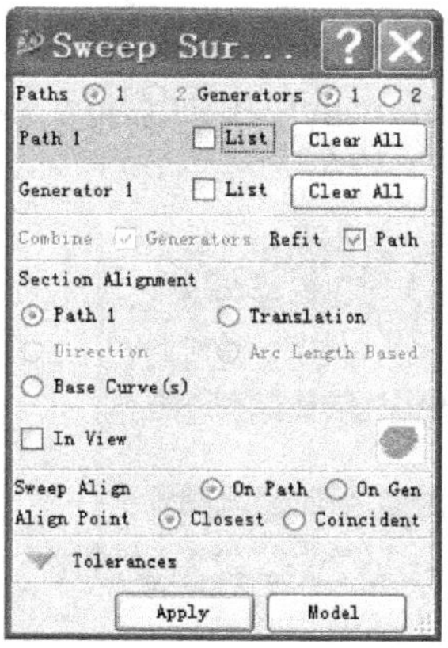

图　6.14

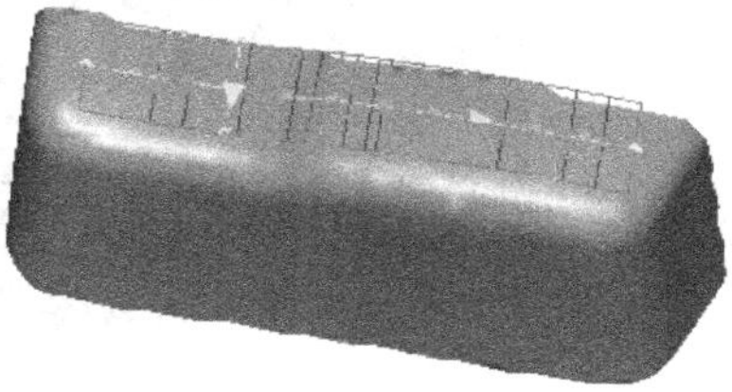

图　6.15

选择 Modify→Extend，弹出的对话框如图 6.16 所示，单击 Model 按钮，用鼠标选择曲面一条边或几条边，或选中 All Sides，即选择曲面的所有边，调节 Distance 按钮滑块，延伸曲面，由于曲面的 4 条边均要剪裁，延伸的距离不需要很精确，以便和其他曲面配合，如图 6.17 所示。

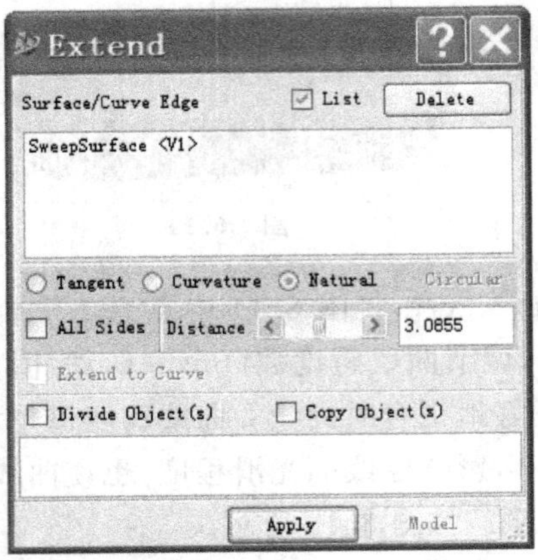

图 6.16

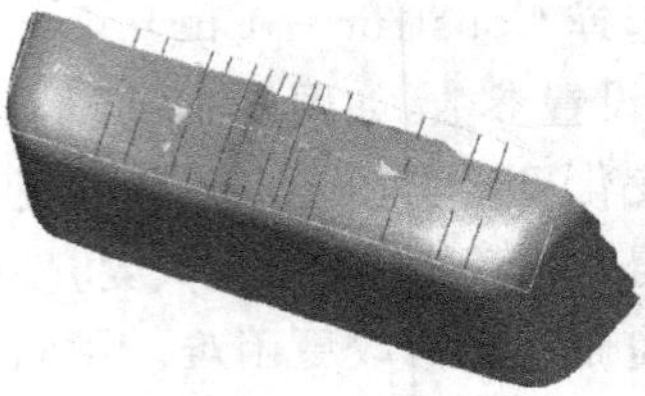

图 6.17

同样地，将其他曲面显示出来并加以延伸，使得曲面比所覆盖的点云略大，并能在两曲面之间顺利地切出倒角。延伸前各曲面如图 6.18 所示，延伸后各曲面如图 6.19 所示。

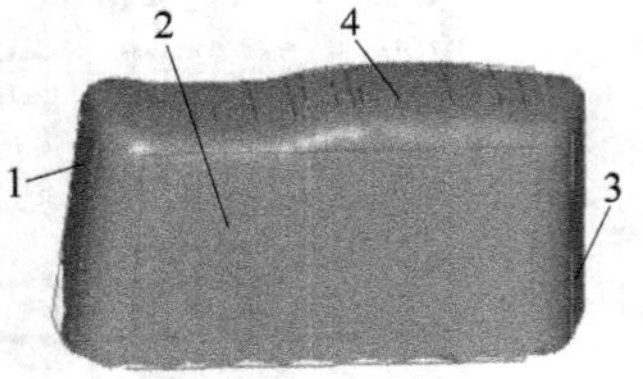

图 6.18

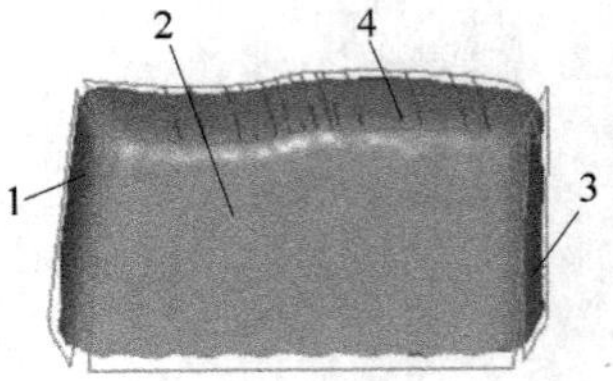

图 6.19

3. 调节各曲面控制点

曲面构造完毕，为了使曲面拟合的精度更高、光顺性更好，有必要调节各曲面的控制点。以图 6.19 中曲面 4 为例，按快捷键 Shift＋L，选择曲面 4 和点云，隐藏其他图形，只显示选中者，如图 6.20 所示。也可利用图层管理器(Layer Manager)中的 Show 选项来控制图形的显示。

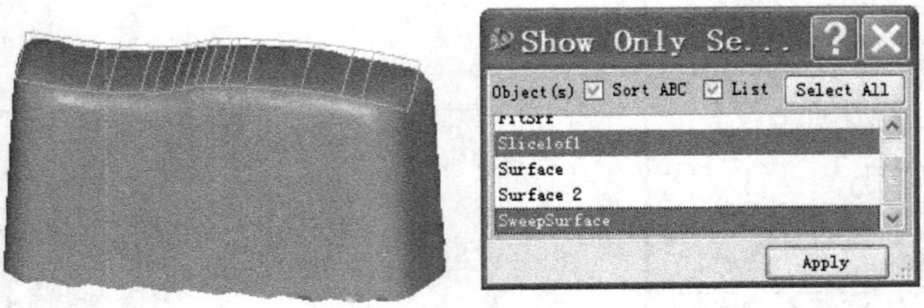

图 6.20

右击曲面 4，选择，改变曲面的着色显示状况。再次右击曲面 4，选择，弹出曲面编辑对话框，如图 6.21 所示，选中 Norm 单选框，调节曲面控制点的法向距离，当拟合情况比较好时，选中 Step 复选框，设定一个较小的值，微调曲面控制点。

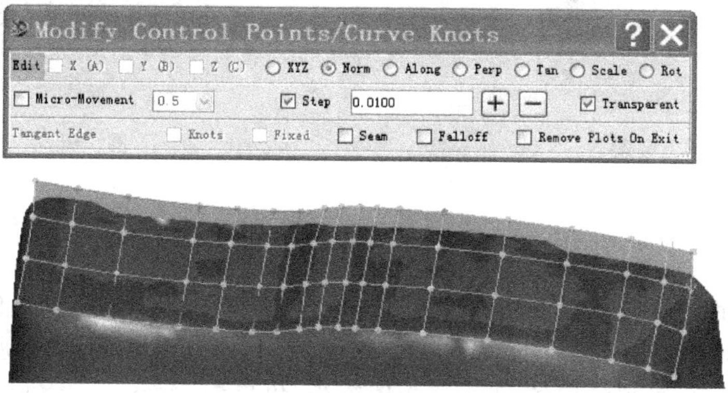

图　6.21

调节曲面控制点时，要注意以下几点。

(1) 不要只注意曲面与点云的拟合精度，还要照顾到曲面的光顺性。因此，要时刻注意所调控制点在曲面 U、V 方向线上和其他控制点的相互位置关系，尽可能使其形状光滑。

(2) 曲面边界形状要仔细调节，使其与点云圆角形状相符，这样曲面之间倒圆角精度才高。

(3) 若发现曲面控制点较少，难以与点云较好地吻合，可右击该曲面，选择，弹出如图 6.22 所示的对话框，增加曲面 U 或 V 方向上的段数（Step(s)）或阶次（Order），使得曲面控制点增加。曲面 U、V 方向阶次大多采用 4，平面为 2。曲面控制点的增多将增加曲面调节的难度，一般是先取较小的值，调节到比较吻合的时候，再增加。

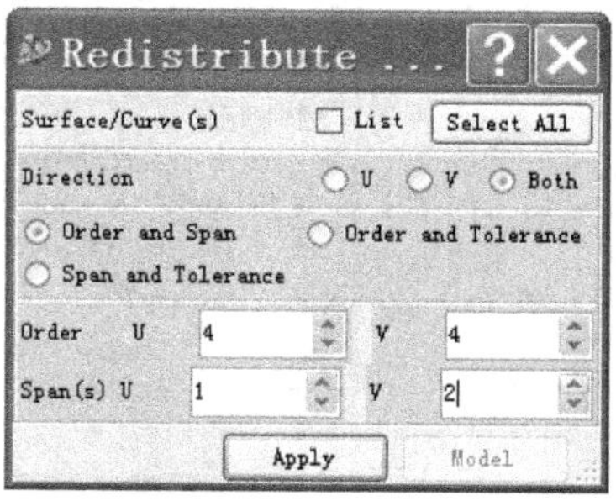

图　6.22

(4) 一般先延伸曲面，再编辑调节曲面。

本例中，下面数据供参考。曲面 1 的 U、V 方向阶次均为 4，U、V 方向段数均为 1。曲面 2 和曲面 3 为平面，U、V 方向阶次均为 2，U、V 方向段数均为 1。曲面 4 的 U、V 方向阶次均为 4，长 U 方向段数为 15，宽 V 方向段数为 1。

右击界面空白处，选择，切换到镜像状态，观察曲面对称后的状况，发现有较深的痕迹，如图 6.23 所示，需要进一步编辑调节曲面，使其镜像后平滑，如图 6.24 所示。再次选择，切换到非镜像状态。

选择 File→Save，将文件存盘，选择 Edit→Delete All，删除视图中的所有实体，打开光盘文件“6-2 半边曲面”，比较所构造的曲面。

图 6.23

图 6.24

6.2.3 倒圆角

为了方便后面三圆角曲面汇交的构造，首先倒两个竖立的圆角面，然后倒横向圆角。选择命令 Construct→Fillet→Surface，选中 Trim，选择 B-spline，如图 6.25 所示。倒圆角面时，应显示出点云，根据拟合情况，决定倒角的大小，也可用 Measure→Radius of Curvature→Cloud 命令初步测量点云的圆角半径。

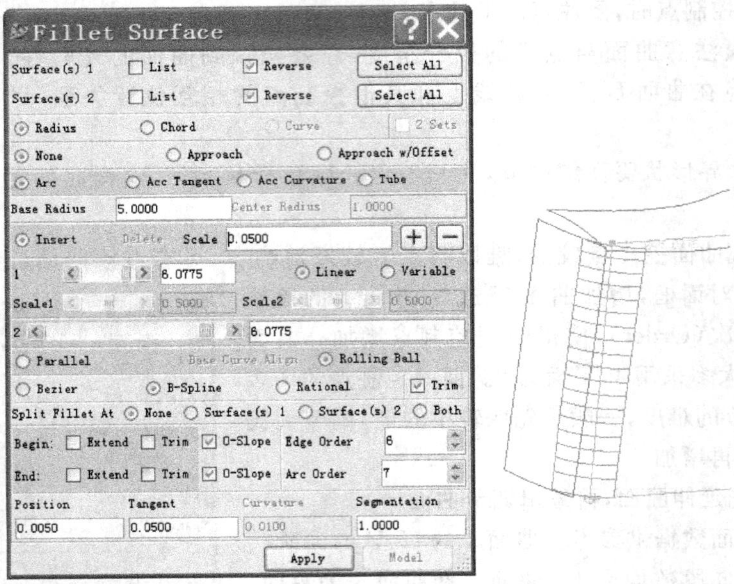

图 6.25

类似地，其余几个面倒圆角的效果如图 6.26 所示。

对于前端两斜面倒角，可利用镜像对称得到曲面圆角。选择命令 Modify→Orient→Mirror，参数设置方式如图 6.27 所示，以 X 平面为对称面，镜像复制端面平面，选择命令 Construct→Fillet→Surface，将两平面倒圆角，如图 6.28 所示。

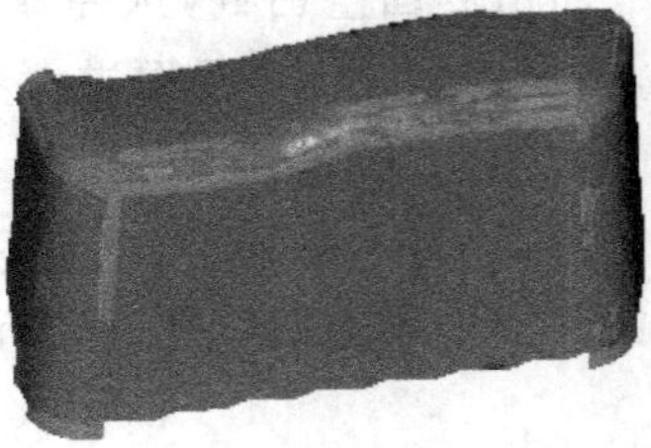

图 6.26

倒圆角面设置需注意以下几点。

(1) 使得两曲面的法线均指向圆角中心方向，通过选中

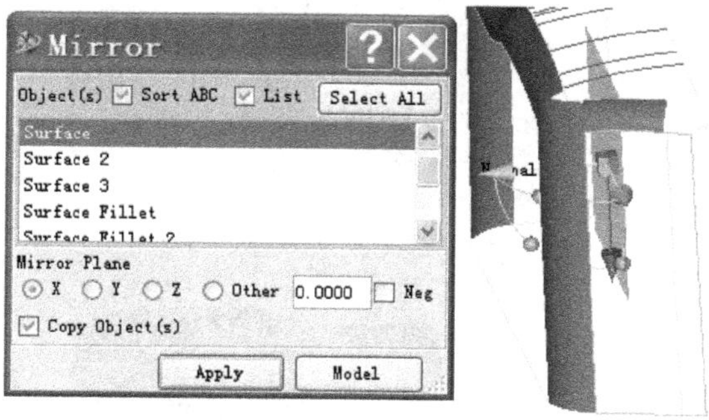

图　6.27

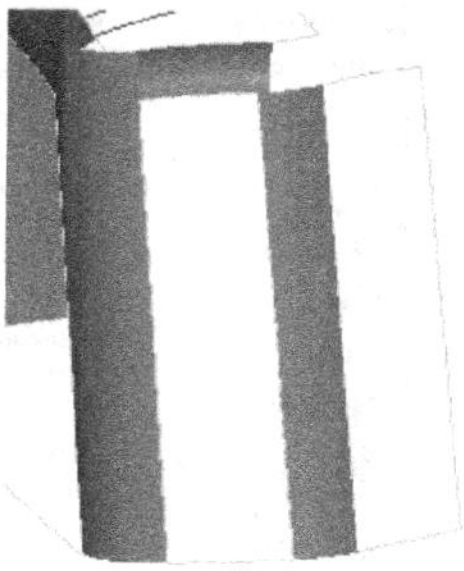

图　6.28

Reverse 可以控制曲面法线方向，如图 6.25 所示。选中 Trim，倒圆角同时剪切掉两倒角面的边，否则只是多产生一个倒角面。

(2) 在 Base Radius 文本框中填写大致的圆角半径，单击 Model 按钮，调节[+][−]，改变圆角半径，使其与点云圆角匹配。若不出现倒角图形，则说明 Base Radius 文本框所填值的误差较大。

(3) 若需要变半径倒角，可拖动代表两端圆角的滑块条，使得圆角曲面沿长度方向具有不同的半径。

(4) 选中 B-spline 可获得长度方向单一的圆角曲面。

6.2.4　三圆角曲面汇交

两曲面之间倒圆角比较简单，后面剩下三圆角曲面汇交处的曲面需要处理。

1. 剪裁底面

获得的几块曲面均超过了点云底部，先把这部分剪裁掉。用法线为 Y 轴方向的平面与各曲面相交，求出曲面交线，再用区域剪裁，去掉不需要的部分。

选择命令 Construct→Intersection→With Planes，如图 6.29 所示，单击 Select All 按钮，选取所有曲面，这里只是为了方便，有的曲面并不参与相交。用鼠标单击选中 Start Point 复选框，打开工具条上的捕捉按钮，选择捕捉点云，用鼠标选择点云的底部，显示出相交平面，如图 6.30 所示，其余参数的设置如图 6.29 所示，单击 Apply 按钮，求得 7 条曲面的交线。

选择命令 Modify→Trim→Trim Surface，或按快捷键 Ctrl+T，如图 6.31 所示，单击 Select All 按钮，选中 Region Points 复选框，然后用鼠标在图中选取各曲面需要保留的部分，剪裁曲面。

2. 剪裁对称面

选择命令 Construct→Intersection→With Planes，如图 6.32 所示，用 $X=0$ 的平面与各曲面相交，单击 Select All 按钮，选择所有曲面，得到各交线，按快捷键 Ctrl+T，将所有 $X=0$ 平面右边的曲面剪掉或删除，如图 6.33 所示。

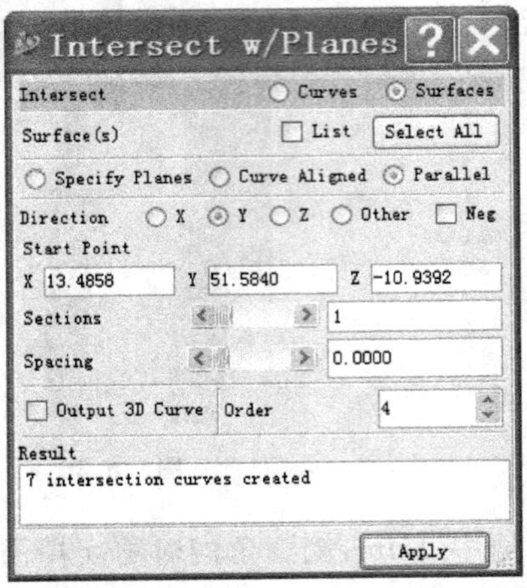

图 6.29

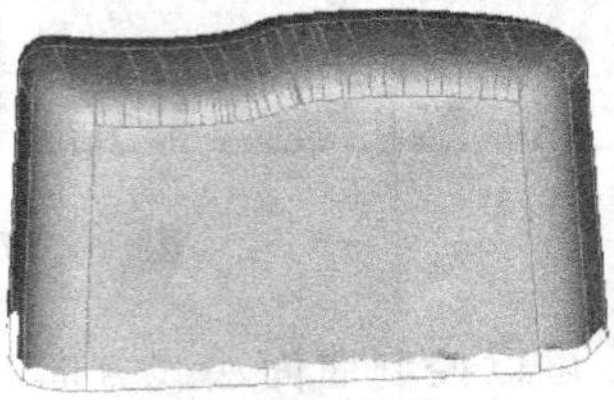

图 6.30

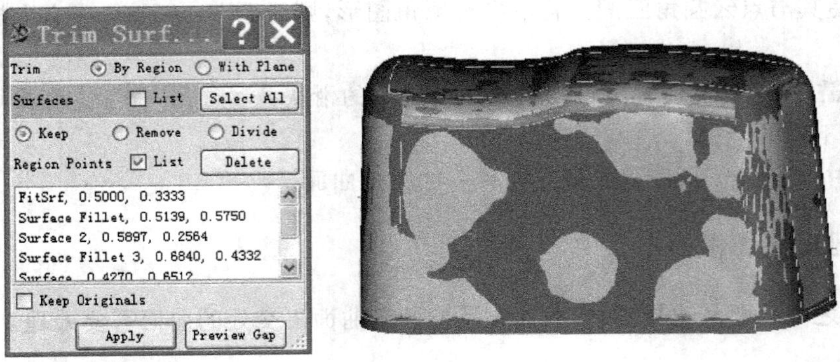

图 6.31

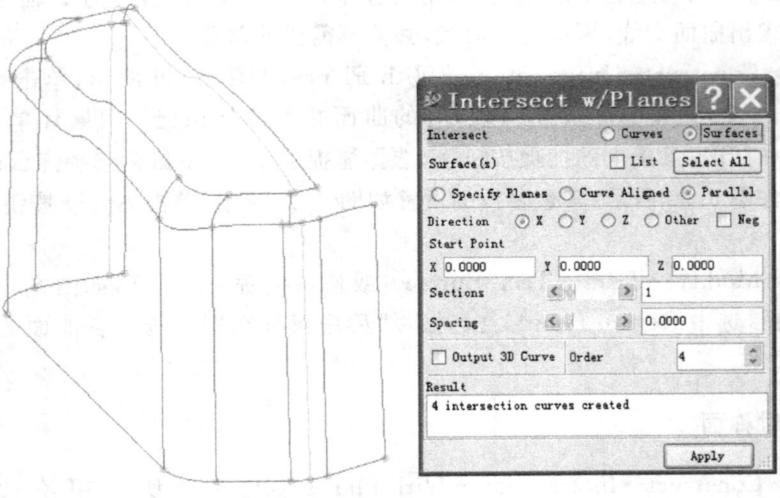

图 6.32

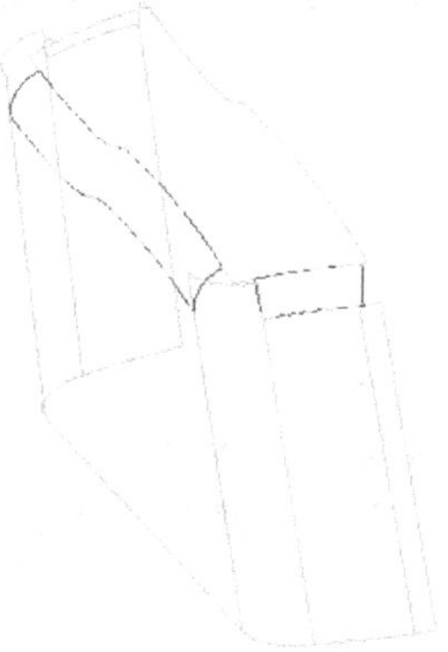

图　6.33

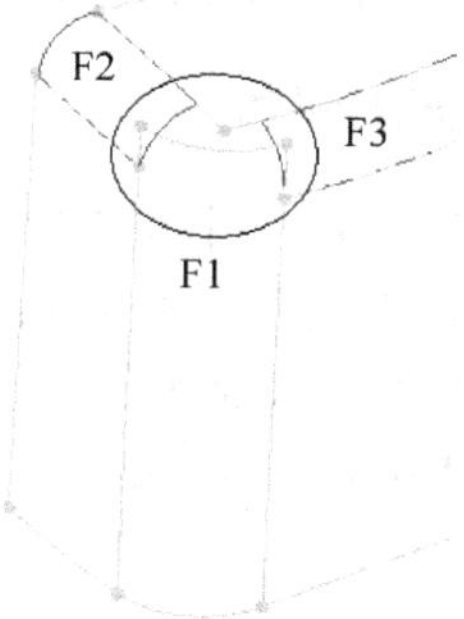

图　6.34

3. 三圆角曲面汇交

如图 6.34 所示，F1、F2、F3 三圆角曲面汇交为一个曲面，这是一个比较常见的问题，下面详细说明构建过程。

选择 Construct→Blend→Curve，将 F2、F3 圆角面两条边线桥接起来，得到 B、D 两条曲线，如图 6.35 所示，选择命令 Construct→Curve on Surface→Project Curve to Surface，法向 Normal to Surface，将两条桥接曲线分别投影到各自曲面上。

按快捷键 Ctrl＋T，修剪曲面，如图 6.36 所示，选择 Construct→Surface→Surface by Boundary，分别选择图中 A、B、C、D 4 条曲线，选择曲率连续，缝合成三圆角汇交曲面，如图 6.37 和图 6.38 所示。

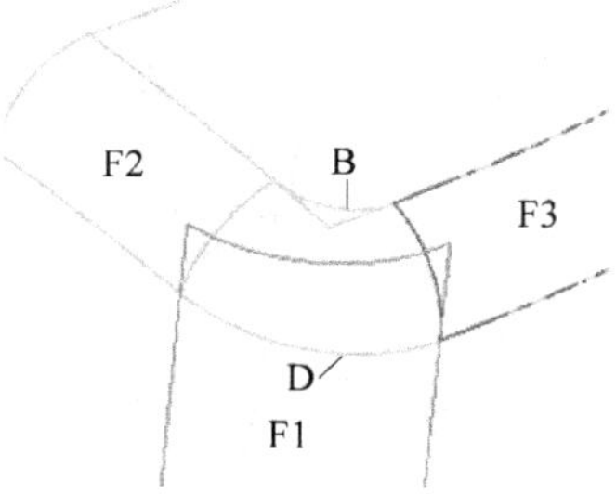

图　6.35

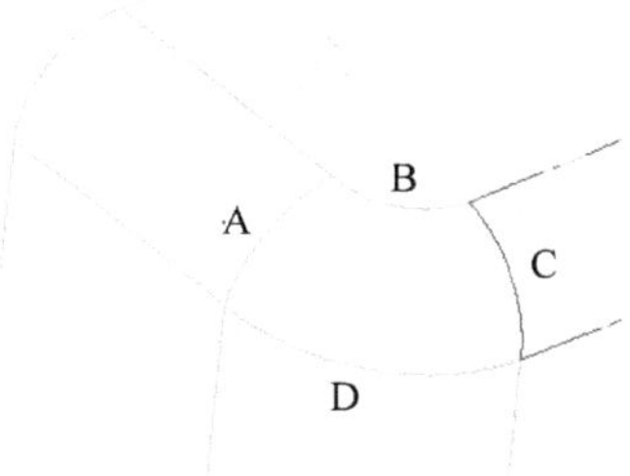

图　6.36

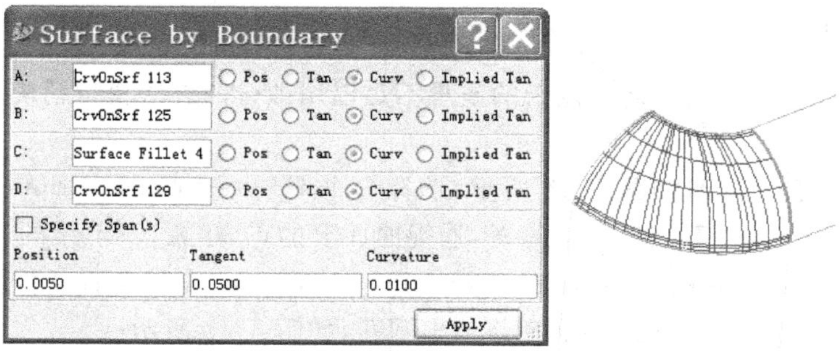

图　6.37

注意，若所选择 4 条曲线不能构造曲面，可按住鼠标左键在曲线上停留片刻，此时出现一个下拉列表，选择其他的曲线。

4. 对称面上倒角

下面构建图 6.39 中圈出部分对称面上倒角。

如图 6.40 所示，选择 Construct→Blend→Curve，将曲线 T1 和 T2 桥接起来，得到 Blend 曲线 D，然后将曲线 A 和 T3 桥接起来，得到 Blend 曲线 B。选择 Construct→Curve on Surface→Project Curve to Surface，将曲线 B 投影到曲面 S，方向选择沿曲面法向。

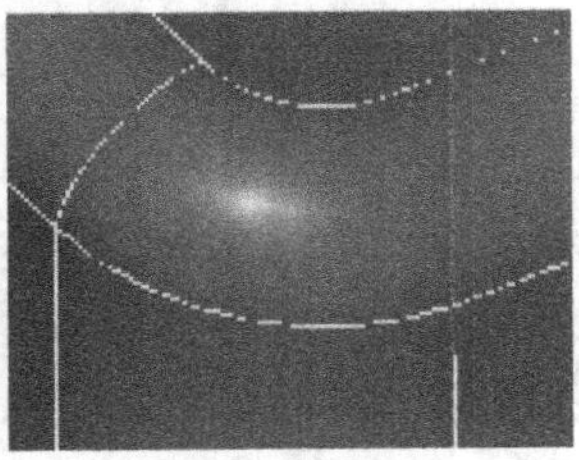

图 6.38

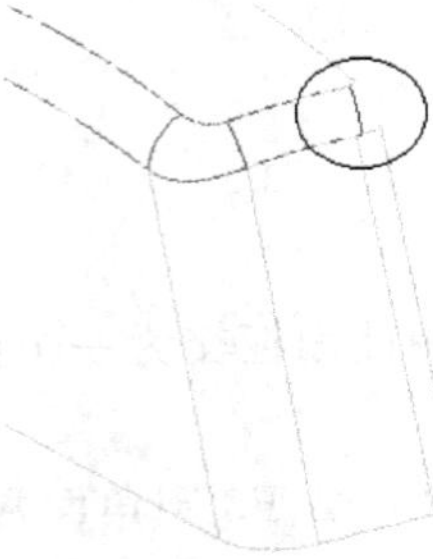

图 6.39

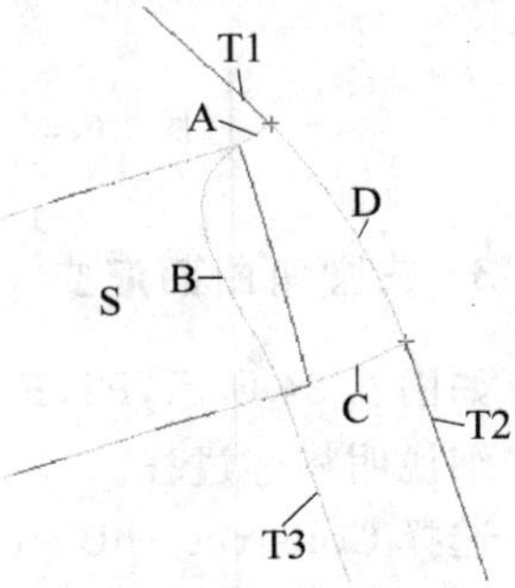

图 6.40

按快捷键 Ctrl+T，修剪曲面，选择 Construct→Surface→Surface by Boundary，选择 A、B、C、D 4 条边，将对称面上顶角缝合，如图 6.41 所示。

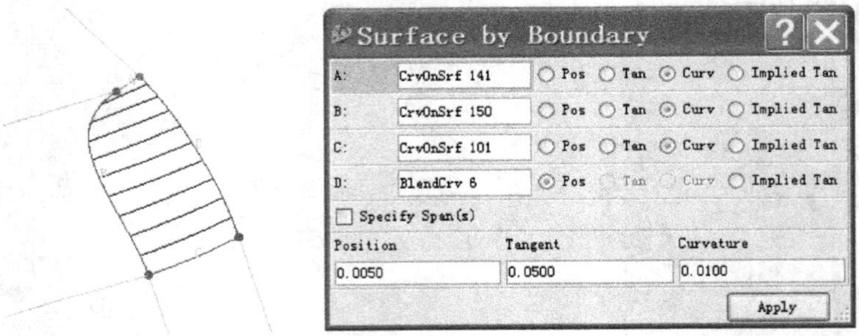

图 6.41

6.2.5 剪切圆孔

点云上还有个圆孔，由于此处点云的质量不足以用拟合的方法获得精确的圆，这里采用取点画圆的方法。

同时显示曲面和点云，如图 6.42 所示，选择命令 Create→Curve Primitive→Circle w/ Center and 2 Points。打开工具条上的图标，捕捉曲面上的点，注意，Center 的 *X* 坐标为零。

选择命令 Construct→Curve on Surface→Project Curve to Surface，将圆沿法向投影到曲面上，然后按快捷键 Ctrl+T，在曲面修剪出圆孔，如图 6.43 所示。

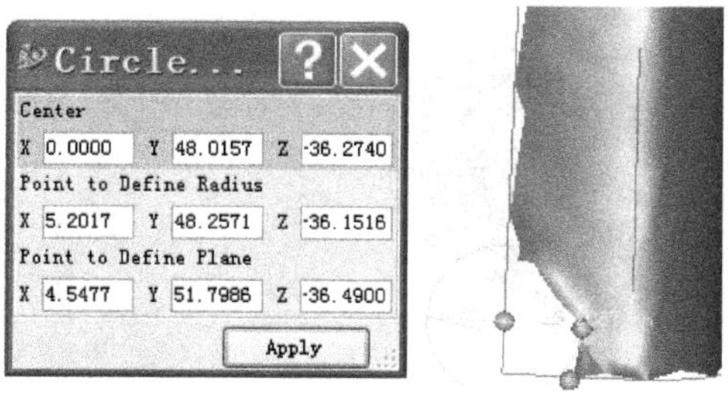

图　6.42

图　6.43

6.2.6　镜像获得对称曲面

选择命令 Modify→Continuity→Make Edge Curvature Symmetric，选择对称面上的边，如图 6.44 所示。

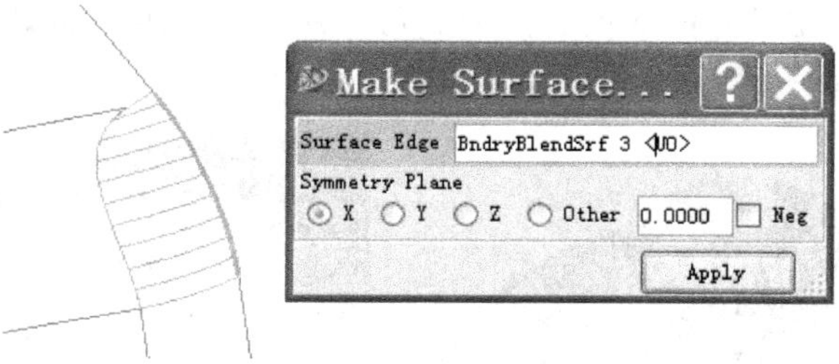

图　6.44

选择命令 Modify→Orient→Mirror，如图 6.45 所示，单击 Selected All 按钮，镜像对象为所有曲面，最终结果如图 6.46 所示。

选择 File→Save，将文件存盘，然后选择 Edit→Delete All，删除视图中的所有实体，打开光盘文件“6-3 充电器插头完成”，比较所构造的曲面。

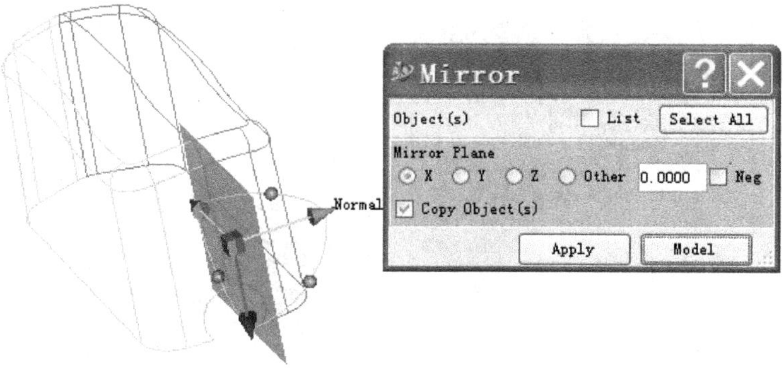

图　6.45

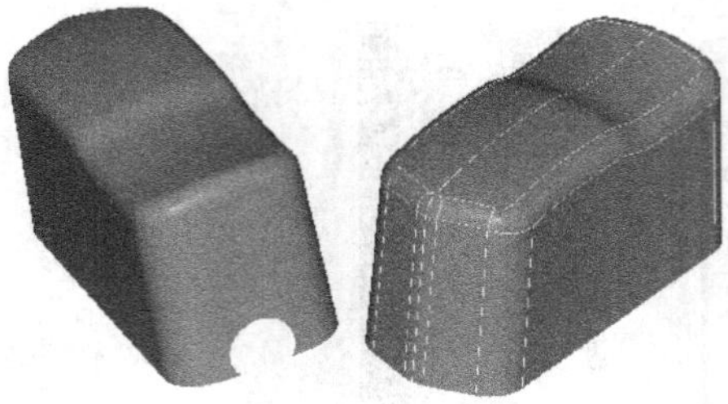

图　6.46

6.3　误差与光顺性分析

同时显示全部曲面和点云，右击选择 Measure→Surface to→Cloud Difference，或按快捷键 Shift+Q，如图 6.47 所示，单击 Select All 按钮，比较所有曲面和点云。彩色云图和数据显示，最大误差发生在对称面的倒圆角处。可以用 Excel 表格输出曲面各点与点云的误差详细报告，如图 6.48 所示。

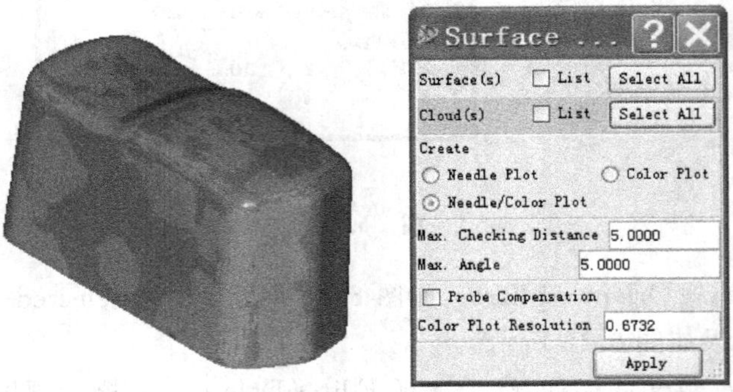

图　6.47

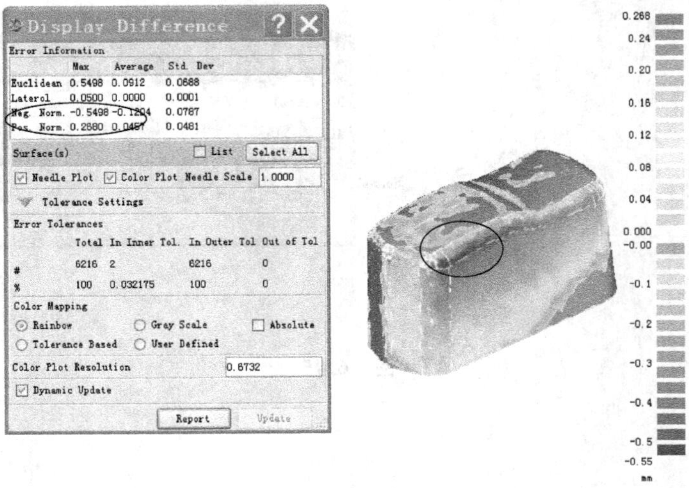

图　6.48

如果去掉对称的一边，比较误差，发现误差范围变小了，如图 6.49 所示，这说明进一步仔细调节点云对称性，可以降低整体误差。另一个原因，也可能是塑料原件本身存在的误差，造成点云不完全对称。

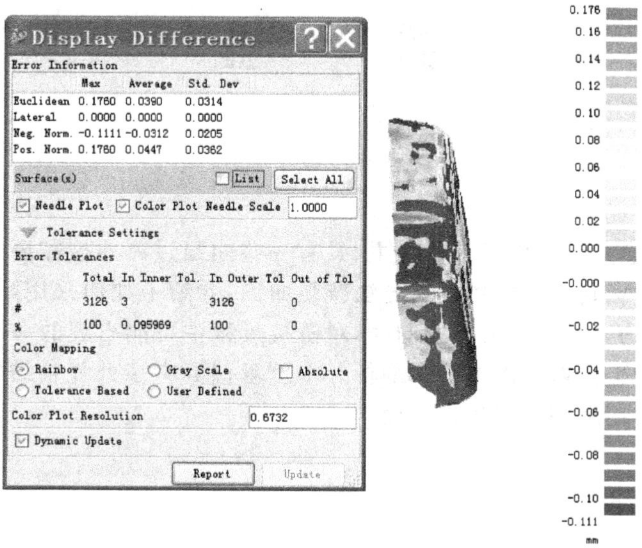

图　6.49

选择命令 Evaluate→Surface Flow→Reflection Lines，或按快捷键 Ctrl+E，单击 Select All 按钮，观察主要的曲面在反射线状态下的光顺性，旋转图形动态观察，可见反射线均匀光滑，曲面光顺性良好，如图 6.50 所示。

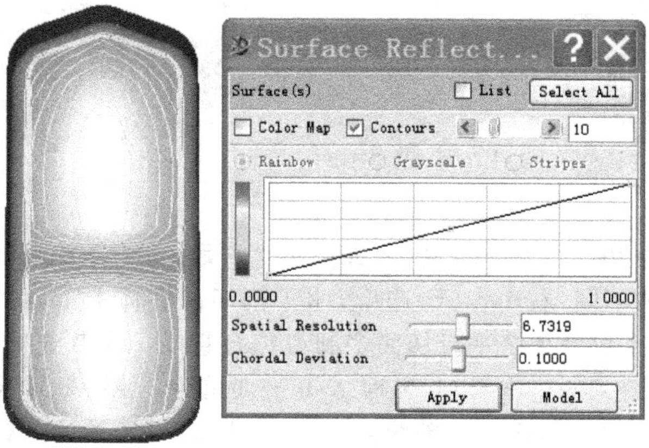

图　6.50

第 7 章

茶　壶

本章介绍的茶壶是一个以回转体为主、具有一些曲面过渡连接需要处理的实例。学习如何定位点云，通过回转、放样、桥接等方法获得曲面，介绍了如何采用限制公差构造曲线，重新参数化后获得均匀且满足公差的曲面，对桥接过程中可能出现的一些异常现象提出了处理方法，对曲面构造误差原因进行了剖析。本例看似具有多处复杂结构，但只要思路、方法得当，就可简单实用地构造出理想曲面。

7.1　反求思路

打开光盘文件"7-1 茶壶点云"，生成的茶壶点云如图 7.1 所示，将茶壶拆分为壶盖、壶身、壶柄、壶嘴、通气孔几部分，分别加以处理，如图 7.2 所示。

图　7.1

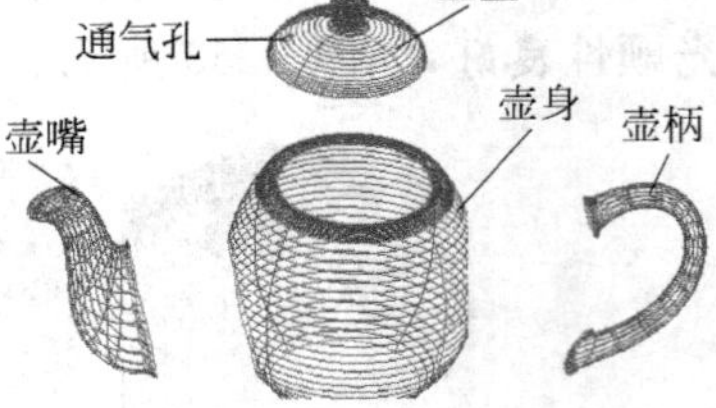

图　7.2

(1) 定位：茶壶主体壶身是一回转体，如图 7.2 所示，首先求出回转轴线。因放置的关系，壶盖与壶身的轴线不同，右击点云，选，水平剖切回转体上下两处的点云，拟合为圆，两圆心获得回转轴。也可考虑多平行切面多圆心拟合直线。在茶壶柄上剖切出一个椭圆，椭圆心与两圆心三点得到一个平面，与坐标 X-Y 平面重合。点、线、面将茶壶定位。

(2) 壶盖与壶身：壶盖与壶身的轴线虽然不共线，但相互平行。右击点云，选择，过此平面剖切出壶盖与壶身的回转曲线，选择 Tolerance Curve 将得到的剖切点云拟合为公差为 0.1mm 的曲线，将回转曲线分段，选择 Reparameterize 分别均匀化曲线。选择 Surface of Revolution 使曲线绕各自轴旋转，得到壶盖与壶身曲面。

(3) 壶柄：选择 Slice，沿壶柄中间平面剖切出一条点云，拟合得到壶柄外轮廓曲线，选择 Cloud Curve Aligned，将该曲线对齐在茶壶柄点云上剖切出多片点云，将这些点云拟合为公差为 0.1 mm 的封闭曲线，选择 Reparameterize 参数均匀化，选择 Loft 放样得到壶柄曲面。将壶柄两端的曲线偏移，选择 Project Curve to Surface 将该曲线沿着壶柄弯曲方向投影到壶身曲面，然后选择 Blend，将壶柄与壶身曲面桥接。

（4）壶嘴：右击壶嘴点云，选择，提取多片点云，选择 Points，捕捉壶嘴顶部最外面的一圈点云，与壶柄类似，公差拟合为封闭曲线，均匀化处理，用 Loft 放样得到壶嘴曲面。

（5）通气孔：选择 Points，捕捉通气孔点云，选择 Fit Circle，将点云拟合为一个圆，使用 Project Curve to Surface 命令将圆沿着壶盖曲面法向投影，剪切出圆孔，使用 Flange Surface 命令将圆孔卷边，使用 Fillet 命令倒圆角得到通气孔。

7.2 定位点云

茶壶点云如图 7.3 所示，首先将其多边形网格化显示，以便于观察零件形状。右击点云，选择，将名称为 1 的点云进行三角网格高洛德着色处理，将 Neighborhood Size 设置为 2，如图 7.4 所示。

图 7.3

图 7.4

茶壶体中间部分是一个回转体，在该回转体上、下剖切出两个圆，用该圆心得到一条直线，将其和 Y 轴方向一致，直线的端点与坐标原点重合；在茶壶柄上剖切出一个椭圆，椭圆心与两圆心三点得到一个平面，与坐标 X-Y 平面重合。点、线、面将茶壶定位，这样便于曲面构造操作，也便于快捷地切换视图观察图形。

将点云旋转到一个比较正面的位置，右击点云，选择，对弹出的对话框的设置如图 7.5 所示，Neighborhood Size 采用默认值，单击 Select Screen Lines，然后用鼠标在茶壶体上、下两端分别剖切点云，得到两个圆组成的点云，在茶壶柄上剖切出一个椭圆，如图 7.6 所示。

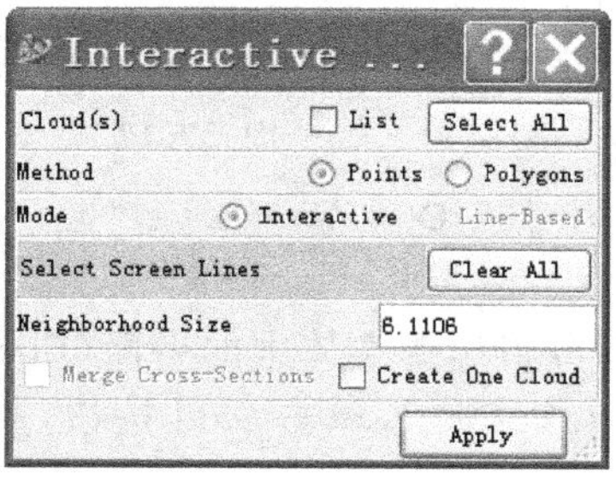

图 7.5

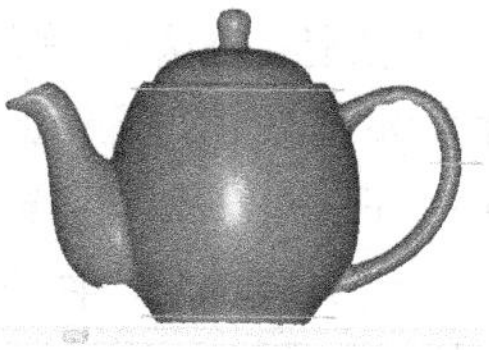

图 7.6

由于上面的圆点云有内外两层，因此剖切出的点云可能需要将多余点清除，右击点云，选择命令，对弹出的对话框的设置如图 7.7 所示。

选择 Construct→Curve from Cloud→Fit Circle 以及 Construct→Curve from Cloud→

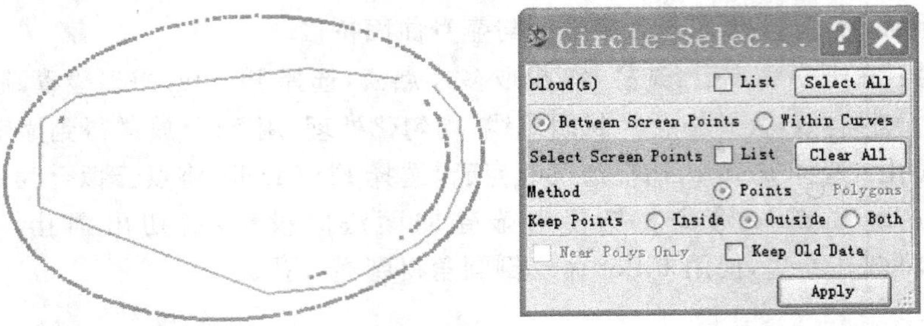

图 7.7

Fit Ellipse,将三片点云拟合成两个圆和一个椭圆,如图 7.8 所示。

选择 Create→Curve Primitive→Line,打开工具条上的圆心捕捉命令,连接两圆心得到一直线,选择 Create→Plane→3 Points,最后选择两圆及椭圆圆心,得到一平面,如图 7.9 所示。

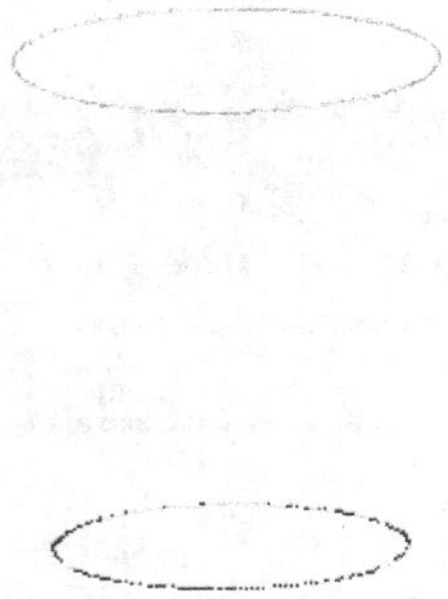

图 7.8

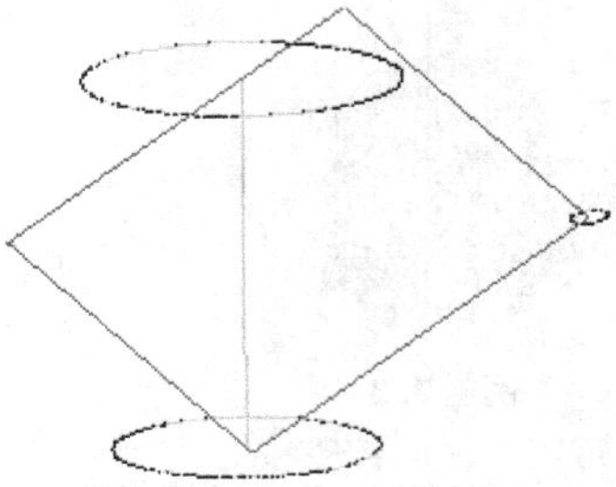

图 7.9

选择 Edit→Create Group,将原始点云 1 与获得的直线、平面构成一个组,弹出的对话框如图 7.10 所示。

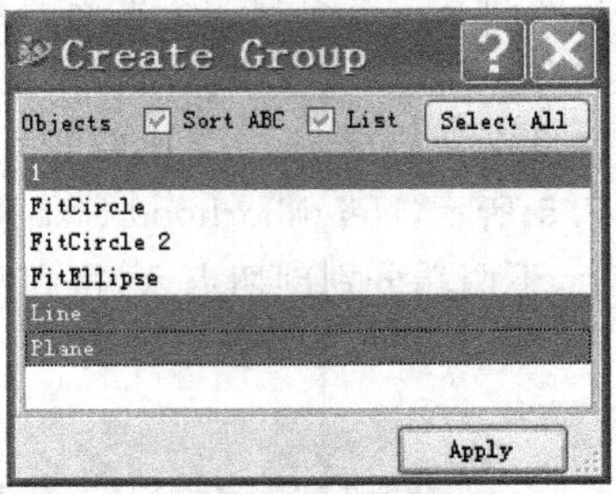

图 7.10

选择基于特征的对齐命令 Modify→Align→Feature Based,如图 7.11 所示,选择逐步对齐方式(Stepwise),源实体(Source Entities)选择构建的组作为将运动的实体,配对方式(Pair Type)为直线(Line)方式,系统自动分辨出源实体中的直线可以和目标体中的坐标轴对齐,这里选择 *Z* 轴。此时,显示对齐前图形如图 7.12 所示。

单击 Add 按钮,茶壶体旋转轴线 Line 与 *Z* 轴对齐后的预览效果如图 7.13 所示。

配对方式(Pair Type)选择平面(Plane),系统自动分辨出源实体中的平面(Plane)可以和目标体中法线方向为 *Y* 轴的 *X*-*Z* 平面对齐,如图 7.14 所示,单击 Add 按钮,茶壶体旋转,预览效果如图 7.15 所示。

最后单击 Apply 按钮,如图 7.16 所示,完成对齐,按 F3 键,左视图显示的点云如图 7.17 所示。选择 Edit→Ungroup,解散组。

选择 File→Save,将文件存盘,再选择 Edit→Delete All,删除视图中的所有实体,打开光盘文件"7-2 定位",比较定位结果。

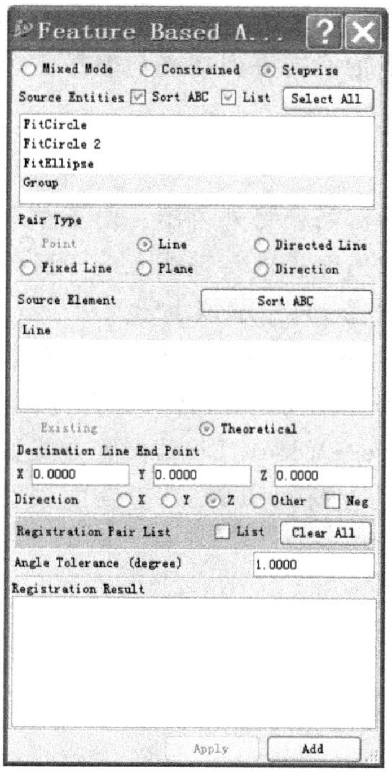

图　7.11

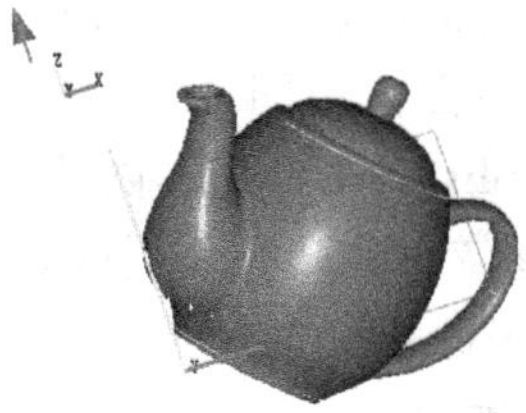

图　7.12

图　7.13

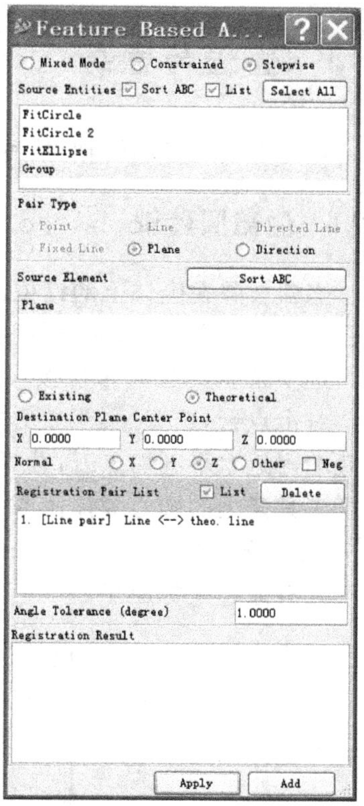

图　7.14

图　7.15

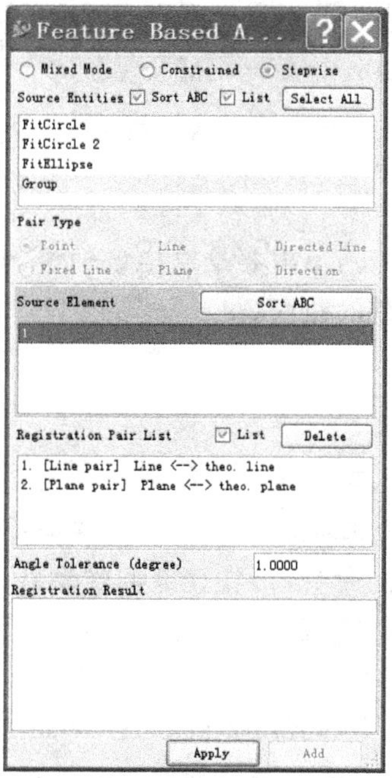

图　7.16

图　7.17

7.3 壶盖与壶身

首先求出壶盖回转轴，然后构建壶盖与壶身的回转曲线，绕轴回转得到壶盖与壶身。

7.3.1 壶盖回转轴

壶盖放置在壶体上的错位，使得其回转轴与壶体轴线不重合，需要另外求出。由于整个壶已经置于水平面上，壶盖与壶体轴线方向相同，因此只需要求出壶盖回转轴线上的一点即可。选中茶壶点云 1，依次按快捷键 Shift+L、回车，隐藏其他图形，只显示该点云。

右击点云，选择，设置方式如图 7.18 所示，选中 Select Screen Lines，按 Ctrl 键，在茶盖底端附近水平剖切点云，选择 Construct→Curve from Cloud→Fit Circle，将其拟合为圆。打开工具条上的圆心捕捉命令，选择 Create→Curve Primitive→Vector Line，设置方式如图 7.19 所示，创建长度为 50 mm 的矢量方向线。从捕捉的圆心坐标可以看出，壶盖的轴线确实没有通过坐标原点。

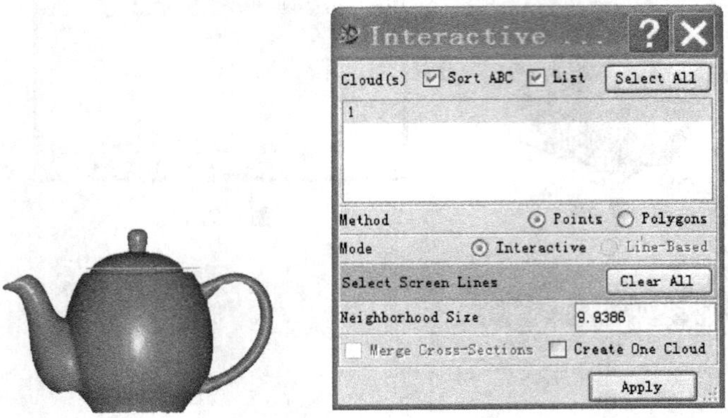

图 7.18

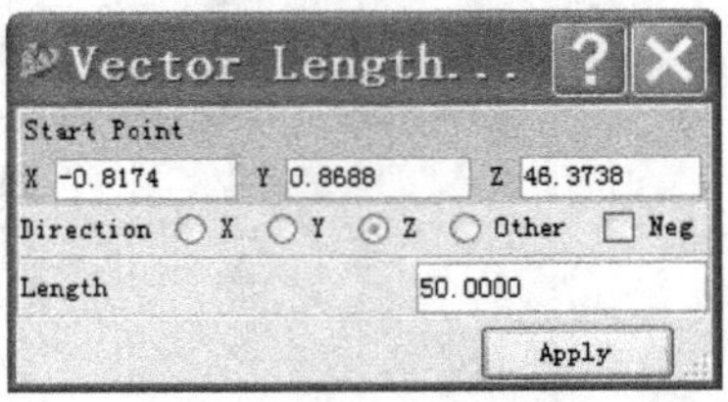

图 7.19

单纯从旋转拟合壶盖曲面而言，不需要绘制出该轴线，但是壶盖最高点处剖切线要与该轴线相连接，才可以回转得到完整的曲面。

7.3.2 构建回转剖切曲线

按 F3 键切换到左视图，右击点云，选择，剖切点云，如图 7.20 所示。选择 Direction→Other，工具条上动态地出现交互式选择项，选择，三点所在平面决定了剖切方向，打开工具条上的曲线捕捉命令，在壶盖回转轴线上选择两点，壶身回转轴线上选择一点，然后单击 Start Point，选择壶盖回转轴线上的顶点，其余设置如图 7.20 所示，得到回转剖切点云。

按 F5 键切换到前视图，选择 Modify→Extract→Slice，设置如图 7.21 所示，打开工具条上的曲线捕捉命令，单击 Start Point，选择创建的壶盖轴线，将回转剖切点云分割出一半。

选择 Construct→Curve from Cloud→Tolerance Curve，将得到的剖切点云拟合为公差

为 0.1 mm 的曲线，如图 7.22 所示。

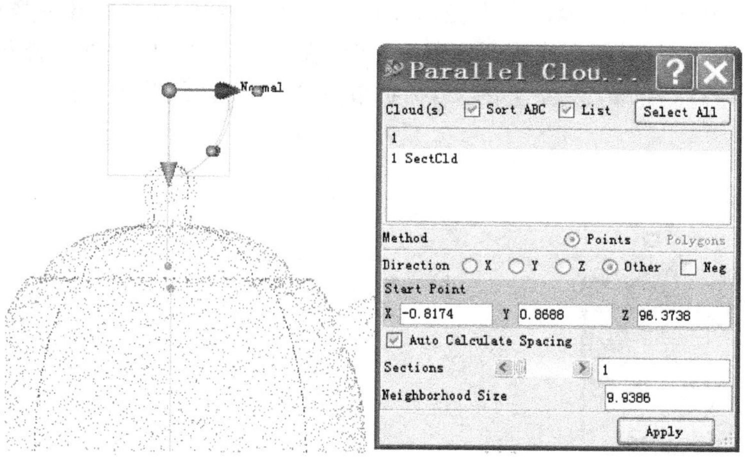

图　7.20

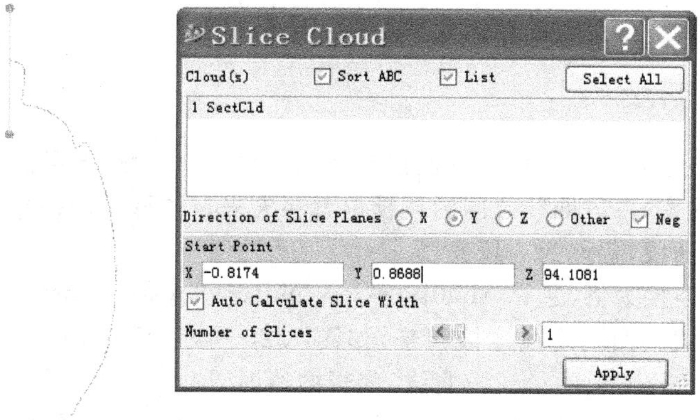

图　7.21

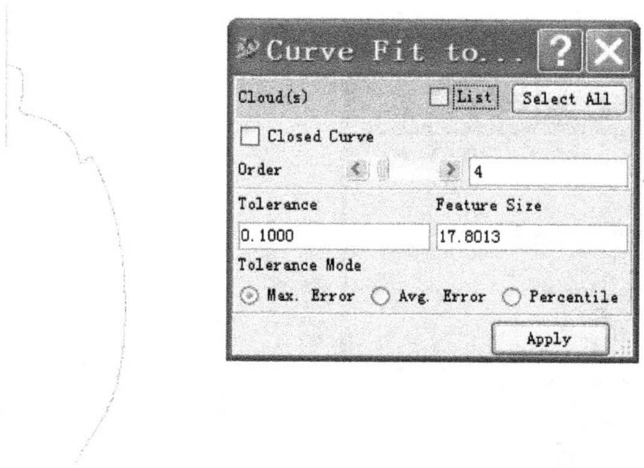

图　7.22

右击该曲线，选择显示曲线节点，选择 Evaluate→Curvature→Curve Curvature，选择 Radius of Curvature，显示曲线曲率半径，如图 7.23 所示，可见曲线各部分弯曲程度变化较大，需要进行分段处理，根据曲线的弯曲程度，需要在图 7.24 中 *B*、*C* 两节点位置进行剪断，右击该曲线，选择，打开工具条上的，捕捉节点位置，将曲线分为 3 段。

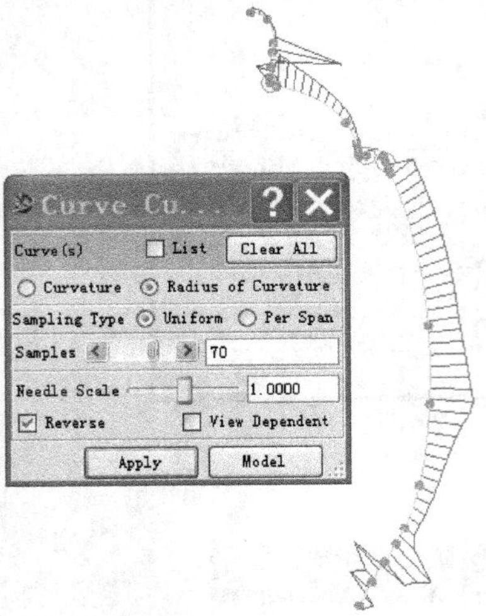

图 7.23

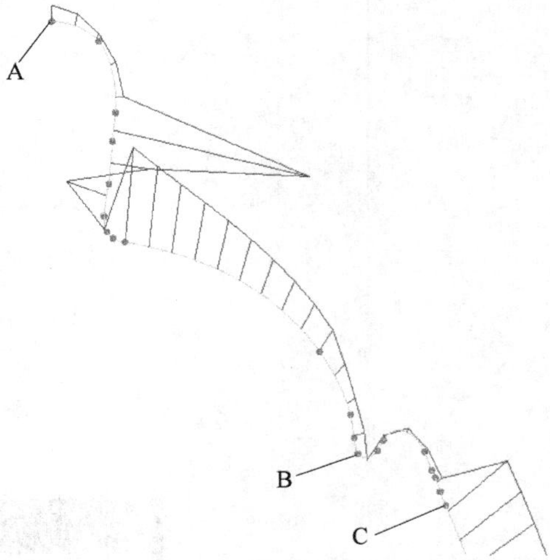

图 7.24

剪断之后，应将这 3 段曲线用约束连接起来，因为后面将对这 3 段曲线进行等参数均匀化处理，若不加以约束，各段曲线之间的连续性就会失去。注意，虽然用约束连接起来了，但并非以前的一整段曲线，仍然为 3 段曲线。

以 *AB* 段曲线连接为例，选择 Modify→Continuity→Create Constraint(s)，以位置连续(Coincidence)的方式将两段曲线连接起来，如图 7.25 所示，Edit Curve 选择较弯曲的 *BC* 段曲线，Master 选择较平坦的 *AB* 段曲线，编辑曲线时，Master 指定的曲线总是保持不变，Edit Curve 指定的曲线将变形适应 Master 指定的曲线，使得形成的约束不变。

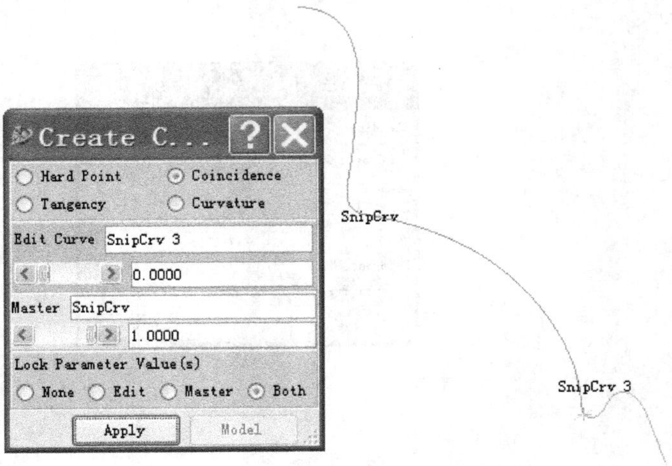

图 7.25

注意，选择曲线时，单击 Model 按钮，拖动 Edit Curve 与 Master 下面的滑块条，动态地显示两曲线形成约束的位置，曲线端点值为 0 或 1，如图 7.25 所示。

同样地，以 *C* 以下曲线为 Master，*BC* 曲线为 Edit Curve，以曲率连续（Curvature）的方式进行连接。

此外，选择 Modify→Extend，将曲线端点 A 延伸到壶盖回转轴，设置如图 7.26 所示，然后用位置连续（Coincidence）的方式将其连接起来，如图 7.27 所示。

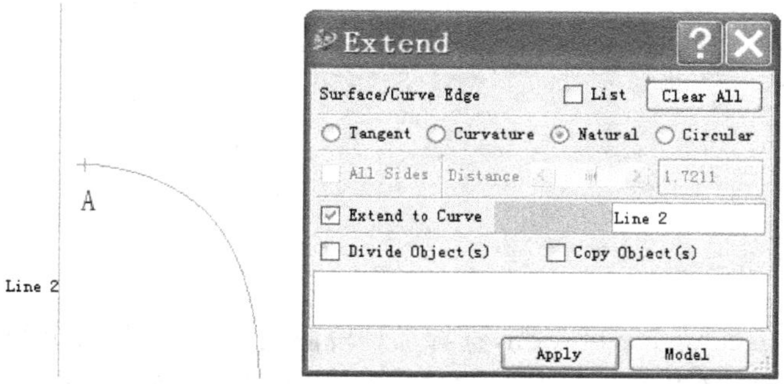

图 7.26

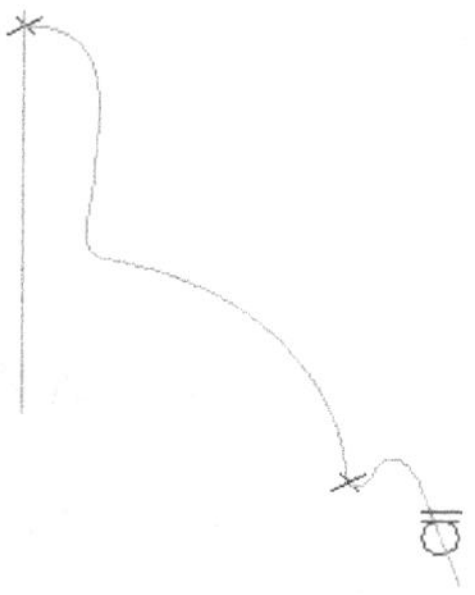

图 7.27

选择 Measure→Distance→Between Points，打开工具条上的，捕捉节点位置，测量出曲线段 *AB* 中节点之间的最短间距，如图 7.28 所示。

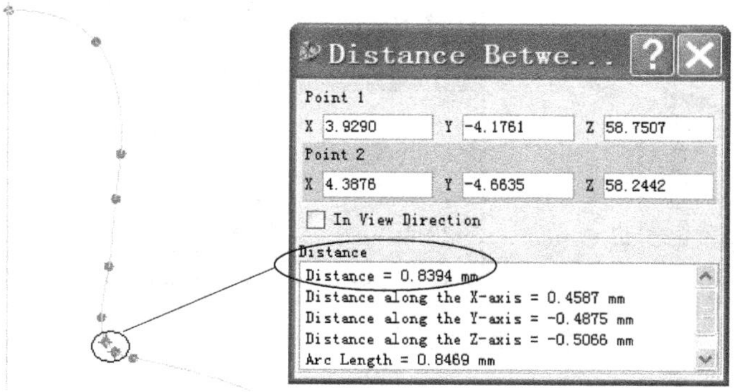

图 7.28

选择 Modify→Parameterization→Reparameterize，选择曲线 AB，选择 Real Space，将前面测量的最短间距输入 Distance U，可见曲线的段数 Span(s) U 由 12 变为 67，说明插入 55 个节点，如图 7.29 所示，单击 Apply 按钮后，再次选择 Parameter Space，将曲线参数均匀化。

然后，采用同样的方法，先处理 C 以下的 Master 曲线，最后处理曲线 BC，完成回转剖切曲线的构建。选择 Measure→Curve to→Cloud Difference，如图 7.30 所示，比较回转剖切点云与所构建的曲线误差，满足公差 0.1 mm 的范围。

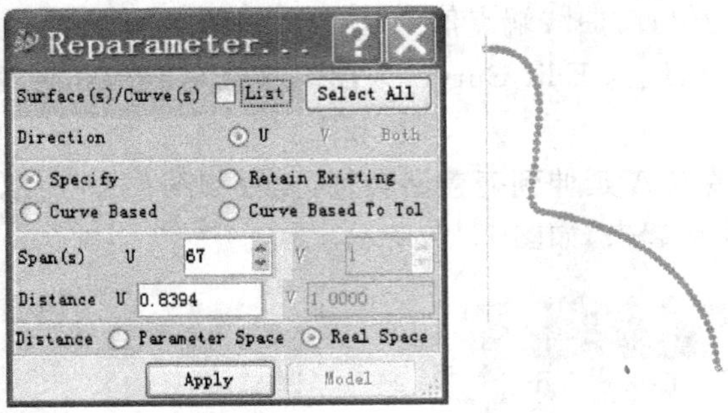

图 7.29

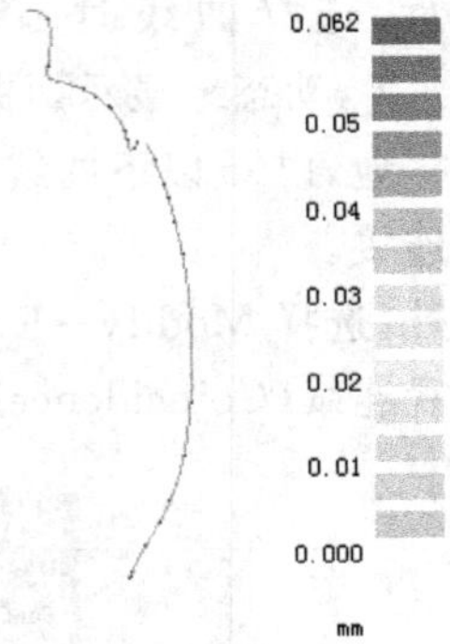

图 7.30

7.3.3 壶盖与壶身回转曲面

选择 Construct→Surface→Surface of Revolution，选择 *AB* 段曲线，打开工具条上的位置捕捉开关，单击 Axis Location，选择壶盖回转轴，旋转得到壶盖曲面，如图 7.31 所示。再次单击 Axis Location，选择壶体回转轴，旋转其余两段曲线，得到壶体曲面，如图 7.32 所示。

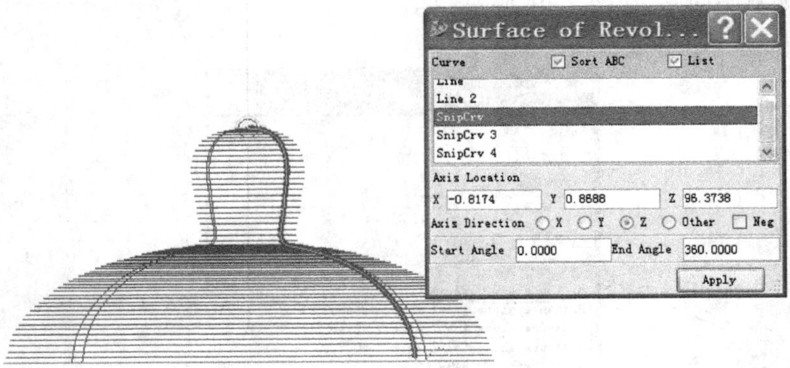

图 7.31

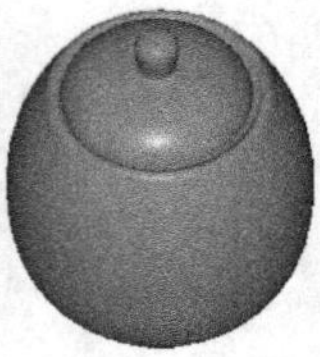

图 7.32

7.4 壶柄

先将壶柄剖切出若干曲线，放样后与壶身桥接得到完整的壶柄曲面。

7.4.1 壶柄剖切曲线

按 F3 键切换到左视图，右击点云，选择，剖切点云，设置如图 7.33 所示，沿壶柄中间平面剖切点云，得到的曲线如图 7.34 所示。

右击点云，用命令框选出壶柄外轮廓点云，选择 Construct→Curve from Cloud→

Tolerance Curve,将得到的剖切点云拟合为公差为 0.1 mm 的曲线,注意点云两端点的位置,不能太靠近壶身,如图 7.35 所示,选择 Construct→Cross Section→Cloud Curve Aligned,对齐该曲线,在壶柄点云上剖切出 10 片点云,如图 7.36 所示。剖切时注意拖动 Extent of Cross-Sections 滑块,使得剖切面足够大。

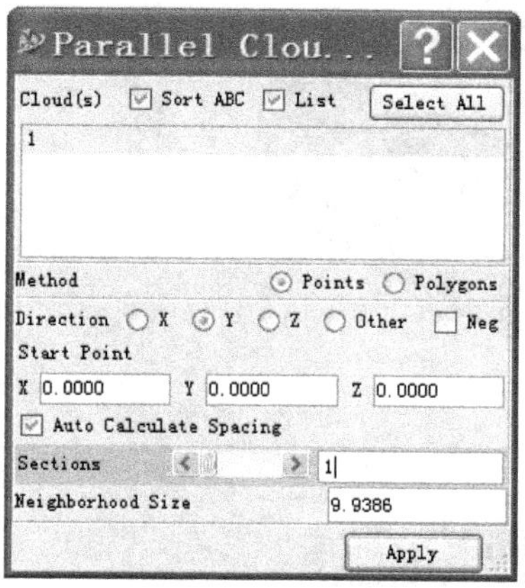

图 7.33

图 7.34

图 7.35

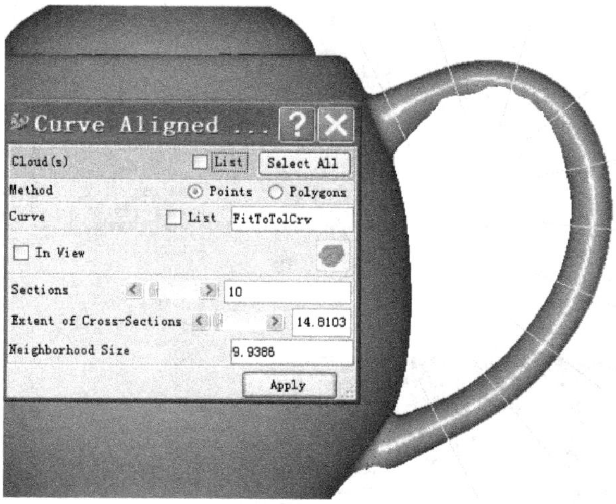

图 7.36

壶柄下端部分需要补充剖切点云,右击茶壶点云,选择,提取一片点云,如图 7.37 所示。

选择 Construct→Curve from Cloud→Tolerance Curve,选中 Closed Curve,将得到的 11 片剖切点云拟合为公差为 0.1 mm 的封闭曲线,如图 7.38 所示。

按 F3 键切换到左视图,选择 Construct→Offset→Curve,将壶柄外层曲线偏移,如图 7.39 所示,选择命令 Modify→Extend,将偏移曲线下端点延伸超出最后一条封闭曲线。

选择 Modify→Direction→Change Curve Start Point,将 11 条拟合曲线的起始点与偏移曲线对齐,以免放样时曲面扭曲,如图 7.40 所示。

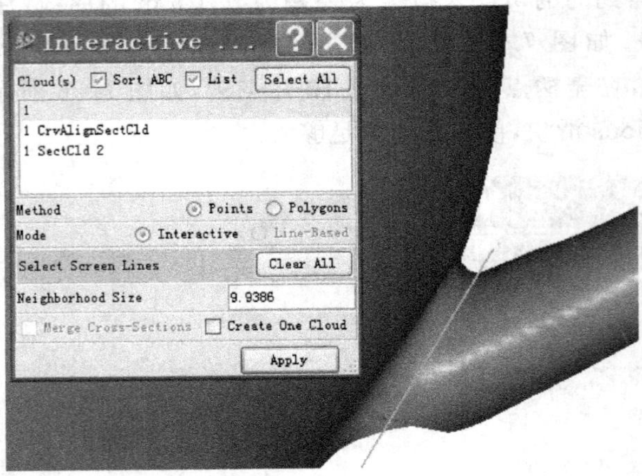

图 7.37

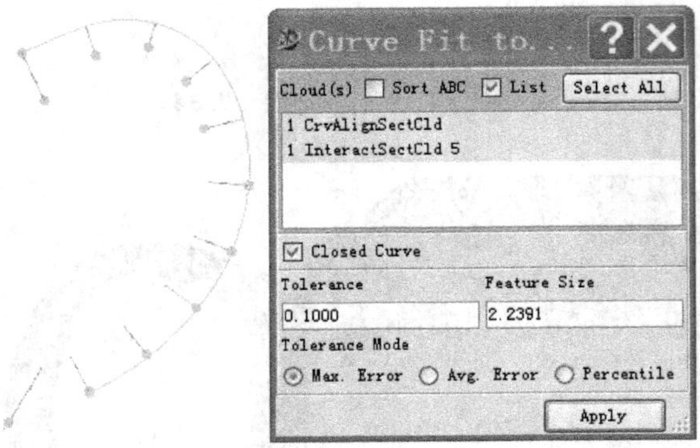

图 7.38

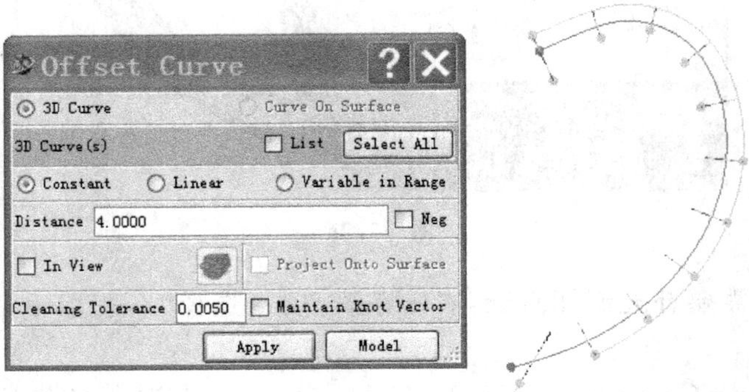

图 7.39

选择 Modify→Parameterization→Reparameterize，单击各曲线，检查出 Span(s) U 最多的那条曲线，首先将其参数均匀化，如图 7.41 所示，然后将其作为基准曲线 Curve Based，同时选择其余曲线，对它们进行参数均匀化，如图 7.42 所示。

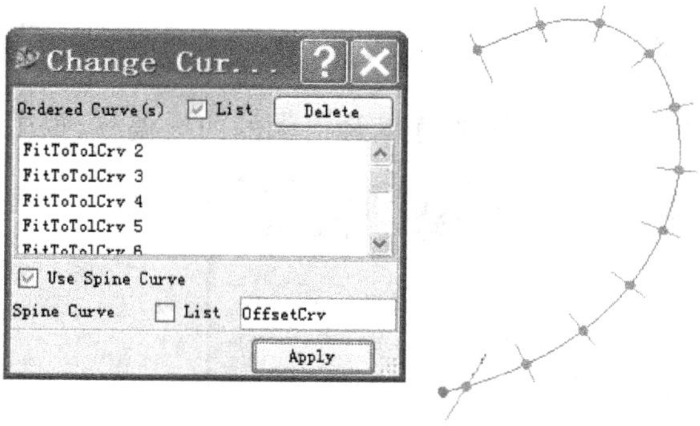

图 7.40

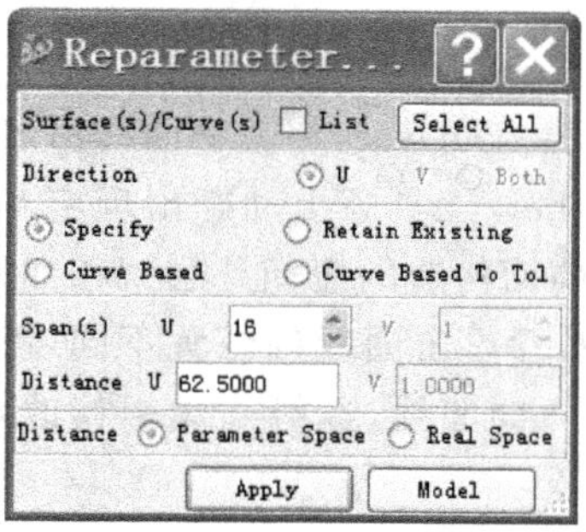

图 7.41

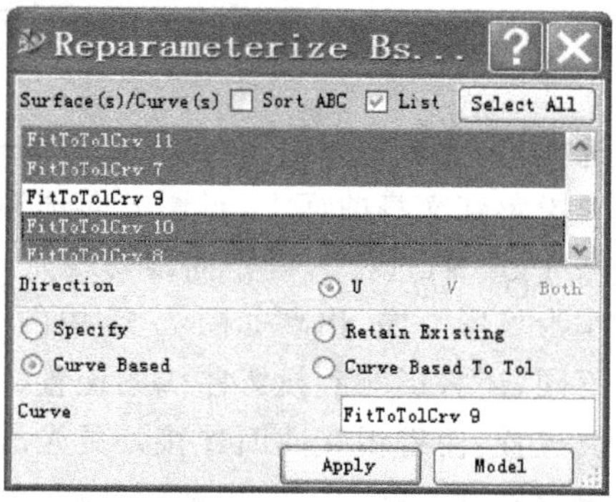

图 7.42

7.4.2 放样壶柄

选择 Modify→Direction→Harmonize Curve Direction，同时选中 11 条曲线，使其曲线方向一致。选择 Construct→Surface→Loft，选择 11 条曲线放样得到壶柄曲面，如图 7.43 所示。

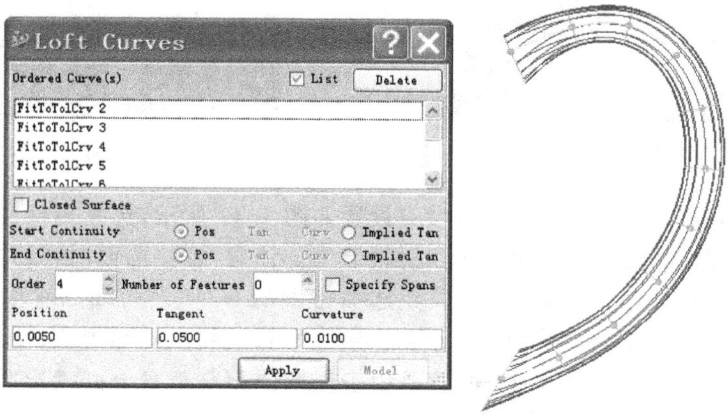

图 7.43

7.4.3 壶柄与壶身桥接

选择 Construct→Offset→Curve，将壶柄最上端的曲线偏移，如图 7.44 所示。

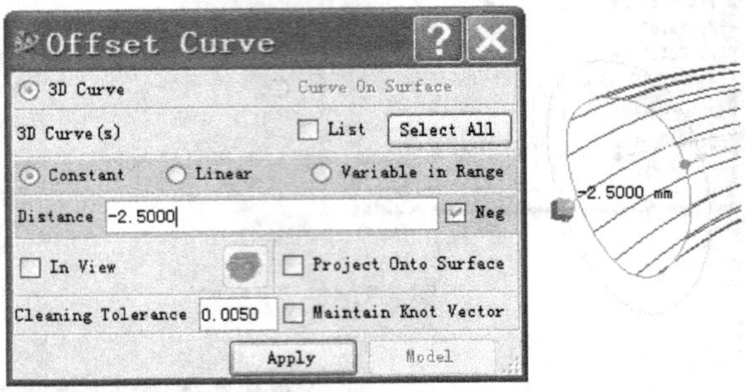

图 7.44

选择 Construct→Curve on Surface→Project Curve to Surface，将偏移曲线沿着壶柄弯曲方向投影到壶身曲面上，投影方向选择 Direction→Other，工具条上动态出现交互式选择项，选择确定曲线切线方向，用鼠标单击前面构造的壶柄外层偏移曲线，以其切向作为投影方向，出现如图 7.45 中的箭头，注意，若鼠标单击曲线的位置不同，箭头方向也将不同，还将影响到投影曲线的位置。还可以右击该方向曲线，选择编辑修改，改变投影曲线位置，使得桥接曲面连接处更光滑。

投影后，旋转壶身，发现曲面共产生了两条投影曲线，右击后面无用的曲线，删除它。选择 Modify→Parameterization→Reparameterize，Curve Based 以已经参数均匀化的曲线为基准，将该投影曲线均匀化，如图 7.46 所示。

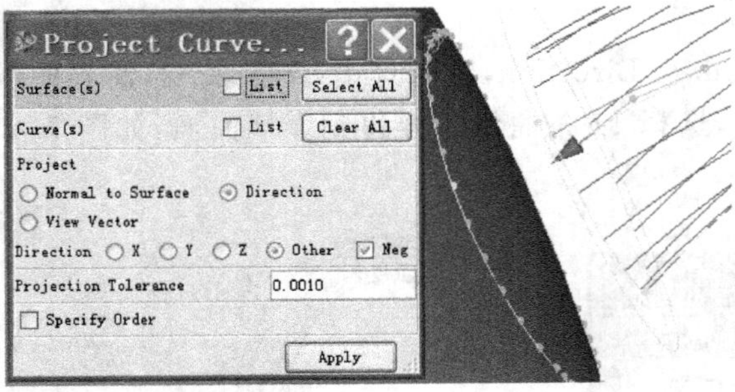

图 7.45

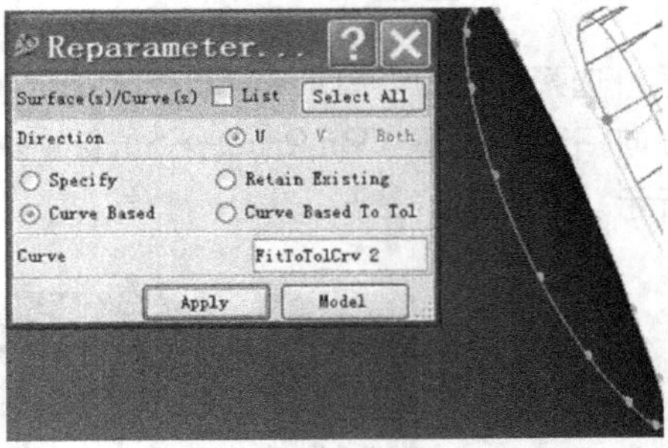

图 7.46

选择 Construct→Blend→Surface，参数设置如图 7.47 所示，选择壶柄曲面顶端处曲线与壶身上的投影曲线，将壶柄与壶身曲面桥接起来。注意，桥接曲面时，要选择被连接曲面的连接处，不要选择曲面上任意位置，以免选择错误的 U、V 方向线。拖动 Tangent Scale Factor 滑块条，调节曲面之间的相切关系，改变桥接曲面形状，使其与点云吻合。

若发现得到的桥接曲面严重扭曲，这是由于壶柄曲面与壶身上的投影曲线起始点位置差别太大，如图 7.48 所示。

由于曲面上的投影曲线不能改变其起始点位置，因此选择 Modify→Direction→Change

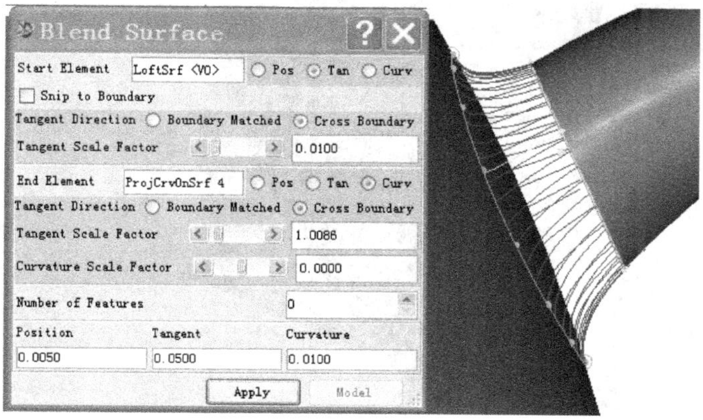

图　7.47

Surface Start Point，将壶柄放样曲面的起始点移动到与投影曲线一致的位置，如图 7.49 所示。

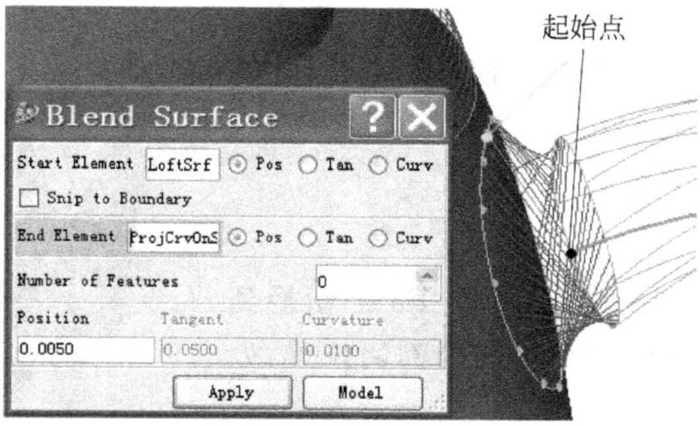

图　7.48

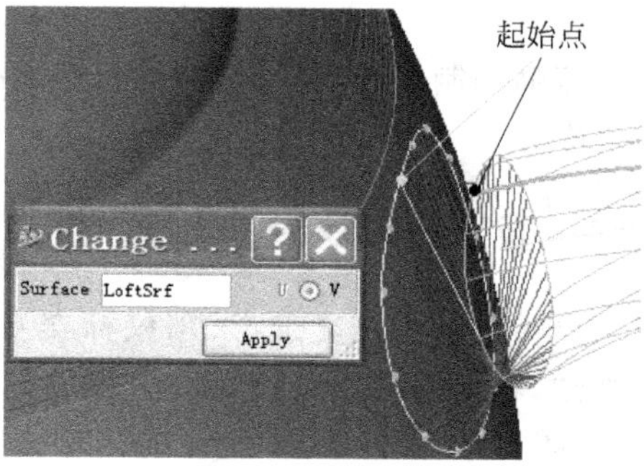

图　7.49

若发现壶柄放样曲面可选择的 *U*、*V* 方向线不是所需要的，如图 7.50 所示，比如需要移动 *U* 方向曲线，但只有 *V* 方向线可选，选择 Modify→Direction→Reverse Surface Normal，再用 Swap U and V 交换 *U*、*V* 方向，如图 7.51 所示。

图　7.50

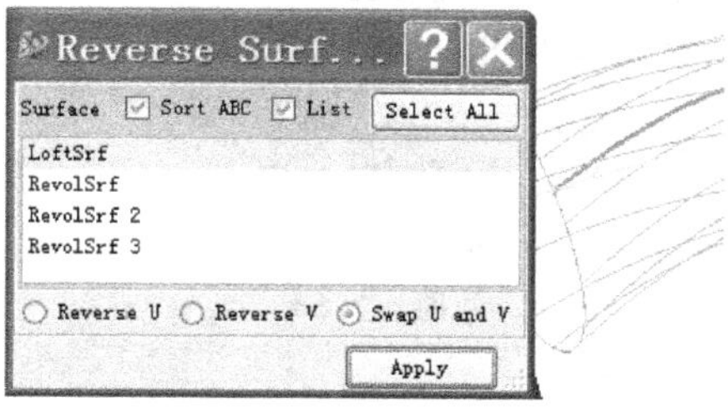

图　7.51

同样地处理壶柄下端与壶身的连接，如图 7.52 和图 7.53 所示。

选择 File→Save，将文件存盘，选择 Edit→Delete All，删除视图中的所有实体，打开光盘文件“7-3 壶柄”，比较壶柄的构造。

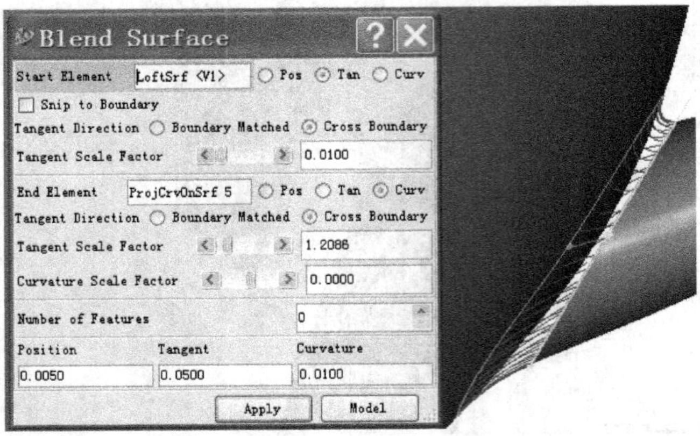

图 7.52

图 7.53

7.5 壶嘴

壶嘴的制作与壶柄类似，但只有捕捉到壶嘴顶部最外面一圈点云，才能准确地拟合出壶嘴边缘。

7.5.1 壶嘴剖切曲线

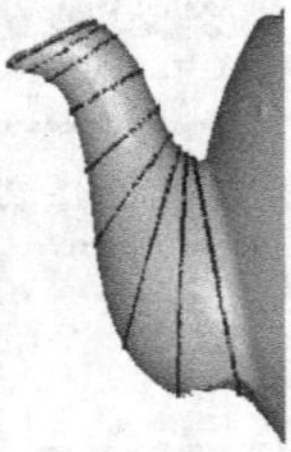

图 7.54

壶嘴形状比较复杂，采用鼠标交互切片来获得点云。按 F3 键切换到左视图，右击壶嘴点云，选择，提取点云，注意根部和顶部的剖切位置，如图 7.54 所示。

顶部的剖切位置的点云由于剖切到双层，需要右击点云，用命令将其拆开，如图 7.55 所示。对多余的点云，需要将其删除，如图 7.56 所示。

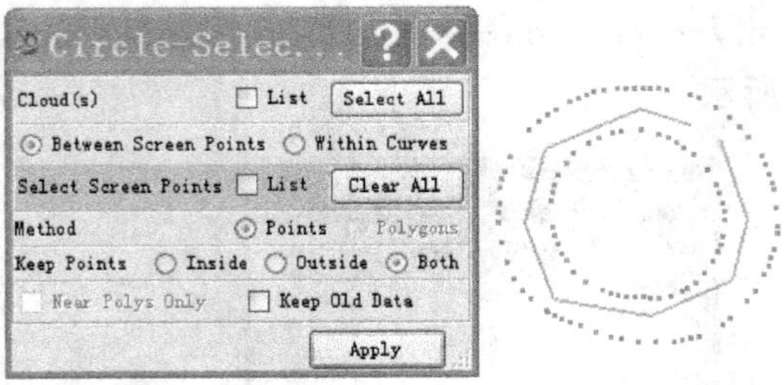

图 7.55

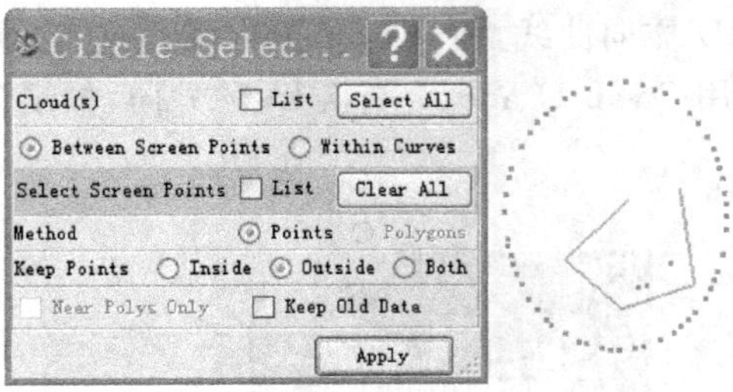

图 7.56

7.5.2 壶嘴顶部曲线

选择 Create→Points，打开工具条上的捕捉按钮，选择捕捉点云，在壶嘴顶部提取最外面的点云，如图 7.57 所示，得到一片点云后，选择 Modify→Direction→Sort Points by Nearest，对其重新排序，这是由于用鼠标选择点云时，也许并非按同一方向顺序选择各点。

选择 Construct→Curve from Cloud→Tolerance Curve，选中 Closed Curve，将这些点云拟合为公差为 0.1 mm 的封闭曲线。

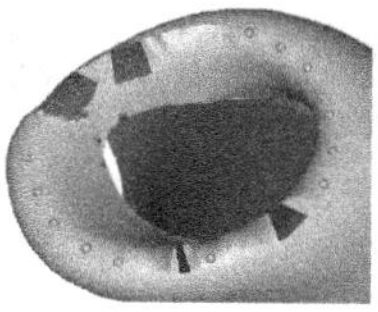

图　7.57

7.5.3　壶嘴放样曲面

依次选择 Create→3D Curve→3D B-Spline，绘制一条直线，将所有拟合曲线的起始点与偏移曲线对齐，以免放样时曲面扭曲，如图 7.58 所示。注意，该直线相对整个曲面的位置，将影响曲面的光顺性，因此不能随意斜着绘制，绘制完毕后，应检查所有的起始点是否均正确排列。

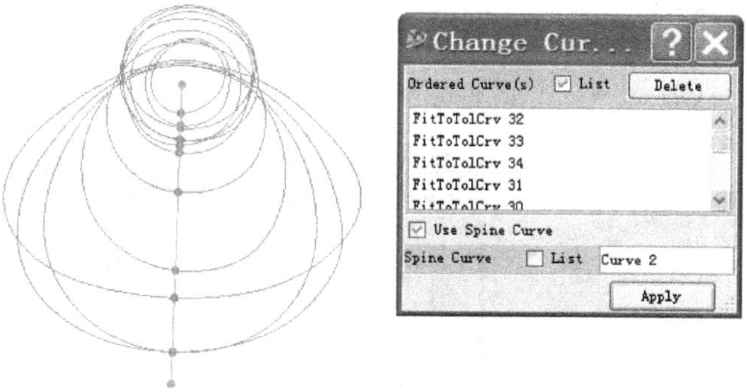

图　7.58

选择 Modify→Parameterization→Reparameterize，单击各曲线，检查出 Span(s)U 最多的那条曲线，首先将其参数均匀化，如图 7.59 所示，然后将其作为基准曲线(Curve Based)，同时选择其余曲线，将它们参数均匀化。

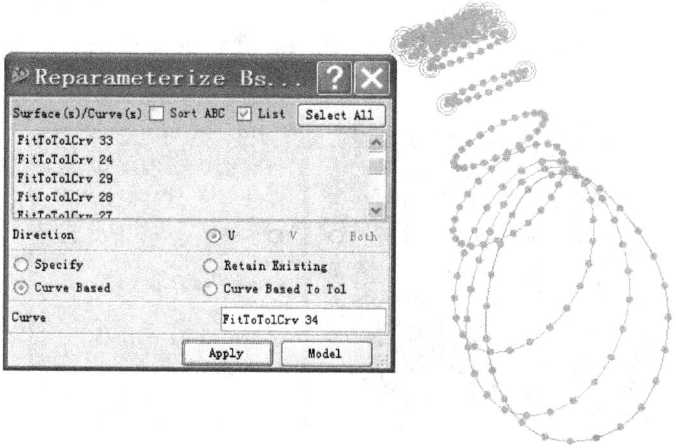

图　7.59

选择 Modify→Direction→Harmonize Curve Direction，同时选中所有曲线，使其曲线方向一致。选择 Construct→Surface→Loft，放样得到壶嘴曲面，如图 7.60 所示。右击曲面，选择，微调曲面控制点，优化其质量，优化后的壶嘴曲面如图 7.61 所示。

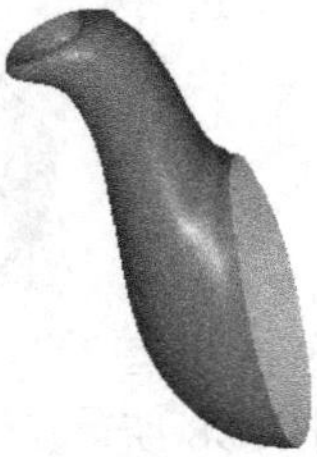

图 7.60

图 7.61

7.5.4 壶嘴与壶身桥接

选择 Construct→Offset→Curve，将壶嘴根部曲线偏移，如图 7.62 所示。

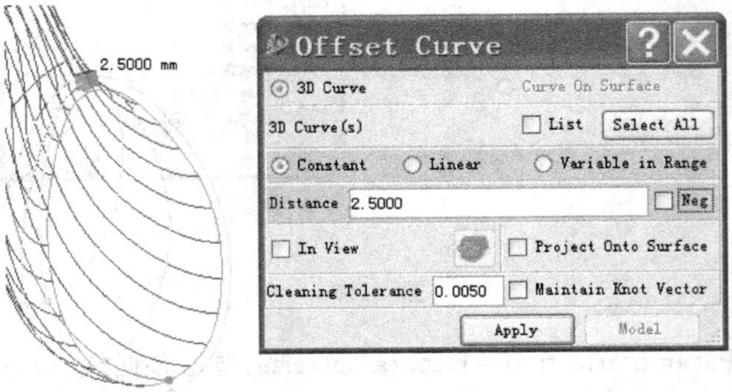

图 7.62

选择 Construct→Curve on Surface→Project Curve to Surface，将偏移曲线投影到壶身曲面上，投影方向选择 Project→View Vector，按 F5 键转到前视图，在此方向投影，投影效果如图 7.63 所示。

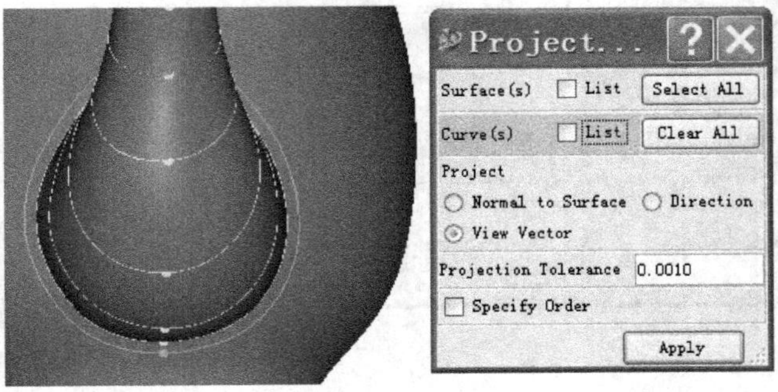

图 7.63

与壶柄一样，右击后面多余的投影曲线，删除它们。选择 Modify→Parameterization→Reparameterize，Curve Based 用已经参数均匀化的曲线为基准，将该投影曲线均匀化，效果如图 7.64 所示。选择 Construct→Blend→Surface，参数设置如图 7.64 所示，选择壶嘴曲面根部曲线与壶身上的投影曲线，将壶嘴与壶身曲面桥接起来。

至此，完成了壶嘴曲面。按快捷键 Ctrl＋T，将壶柄与壶嘴投影曲线在壶身围成的曲面剪掉，如图 7.65 所示。

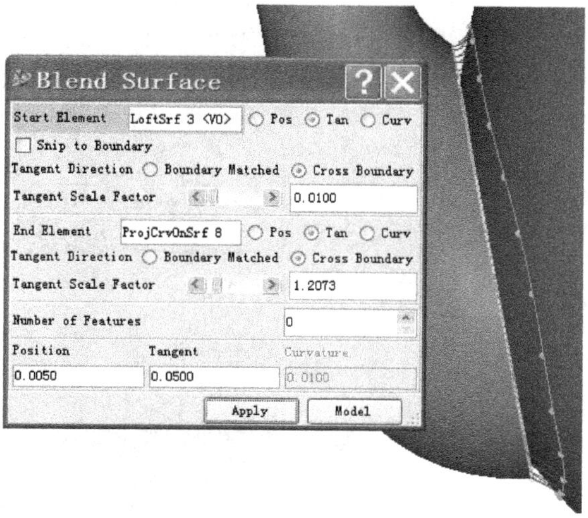

图　7.64

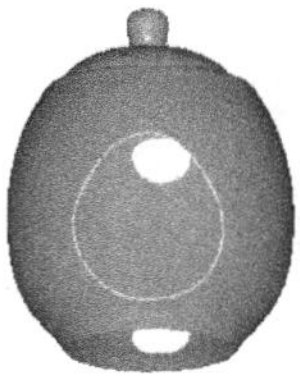

图　7.65

选择 File→Save，将文件存盘，选择 Edit→Delete All，删除视图中的所有实体，打开光盘文件“7-4 壶嘴”，比较壶嘴的构造。

7.6　通气孔

通气孔没和壶盖一起制作，一是为了快速获得简化的壶盖，二是在此讨论当曲面剪切出现问题时的一种解决办法。

7.6.1　圆孔剪切

壶盖上还有个小的通气孔，选择 Create→Points，打开工具条上的捕捉按钮，选择捕捉点云，提取通气孔轮廓点云，如图 7.66 所示，得到一片点云后，选择 Modify→Direction→Sort Points by Nearest 对其重新排序，选择命令 Construct→Curve from Cloud→Fit Circle，将点云拟合成一个圆。

选择 Construct→Curve on Surface→Project Curve to Surface，将圆沿着壶盖曲面法向投影，如图 7.67 所示。按快捷键 Ctrl＋T，将壶盖上的圆孔曲面剪掉。发现壶盖曲面破裂，如图 7.68 所示。这是由于当初旋转得到该曲面时，回转曲线的控制节点太多，曲面约束较大，造成曲面剪裁困难。撤销曲面剪裁和曲线投影，重新构造壶盖下半部分的曲面。

7.6.2　重新制作壶盖部分曲面

右击壶盖回转曲线，选择，打开工具条上的，捕捉节点位置，将曲线在图示位置剪断，图 7.69 所示。然后选择 Modify→Continuity→Create Constraint(s)，以曲率连续

(Curvature)将两段曲线连接起来。Master 选择较平坦的下段曲线。

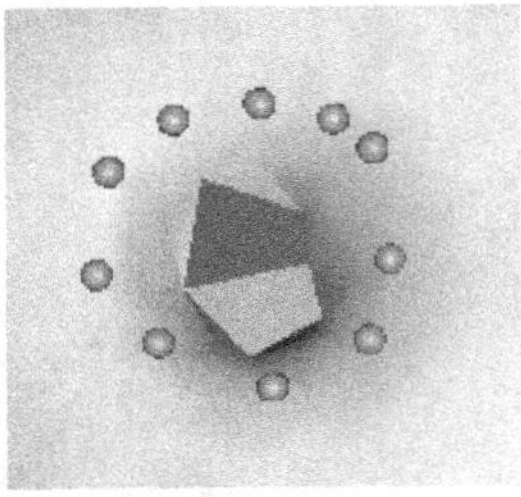

图　7.66

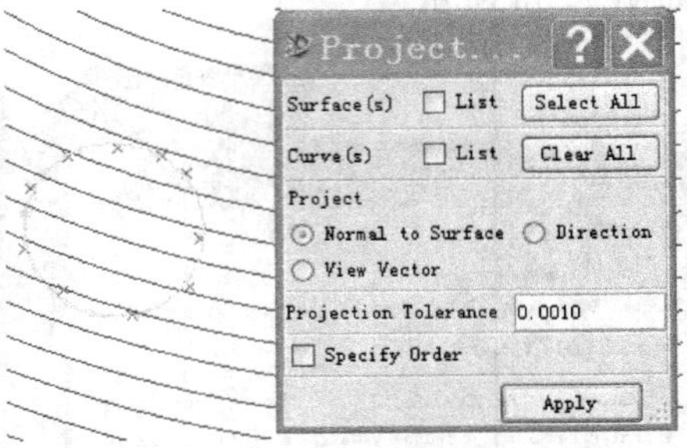

图　7.67

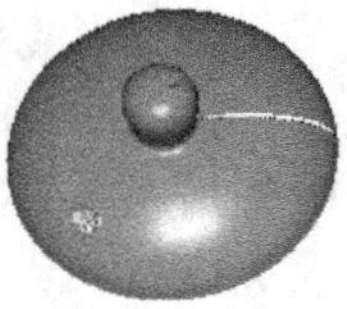

图　7.68

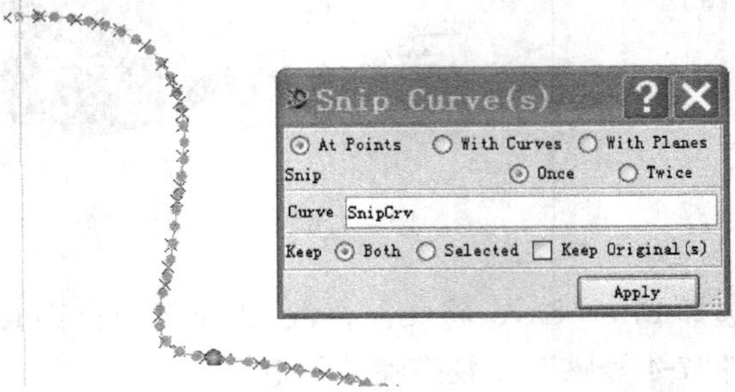

图　7.69

右击该段曲线，选择，将曲线段数(Span(s))降低为 15，如图 7.70 所示，用命令将该段点云提取出来，选择 Measure→Curve to→Cloud Difference 和曲线误差比较，误差不到 0.1 mm，如图 7.71 所示。

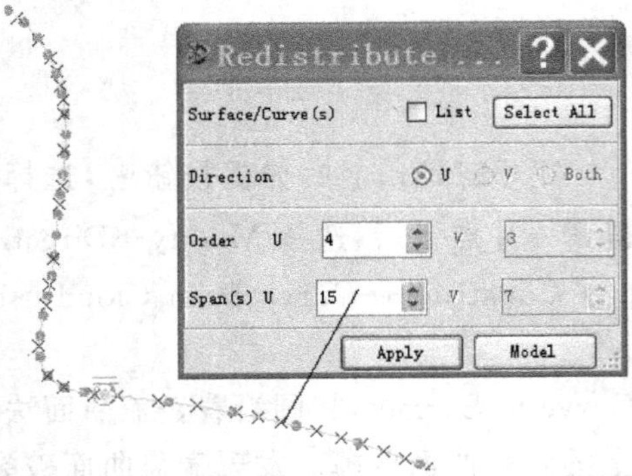

图　7.70

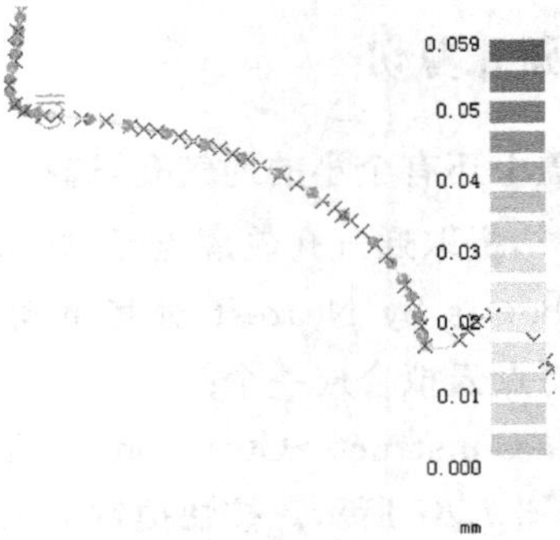

图　7.71

选择 Construct→Surface→Surface of Revolution，选择壶盖两段曲线，打开工具条上的位置捕捉开关，单击 Axis Location，选择壶盖回转轴，旋转得到壶盖曲面，如图 7.72 所示。

重新将通气孔圆投影到新的壶盖曲面，剪裁圆孔，这次没有出现曲面破裂现象。如图 7.73 所示。选择 Construct→Flange→Flange Surface，将圆孔卷边，如图 7.74 所示。

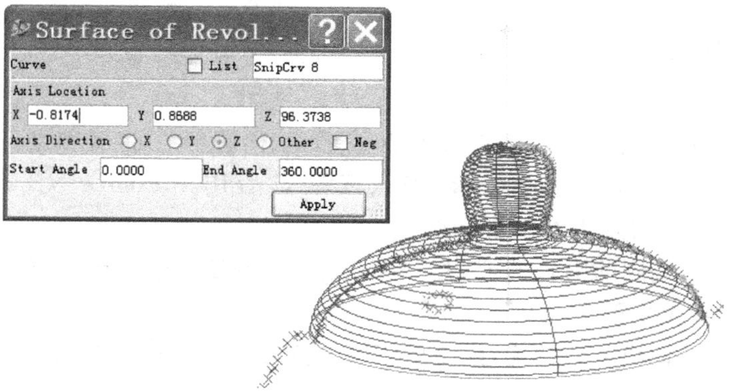

图 7.72

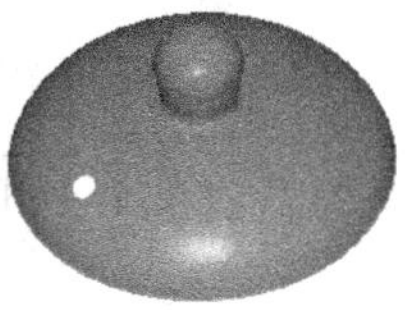

图 7.73

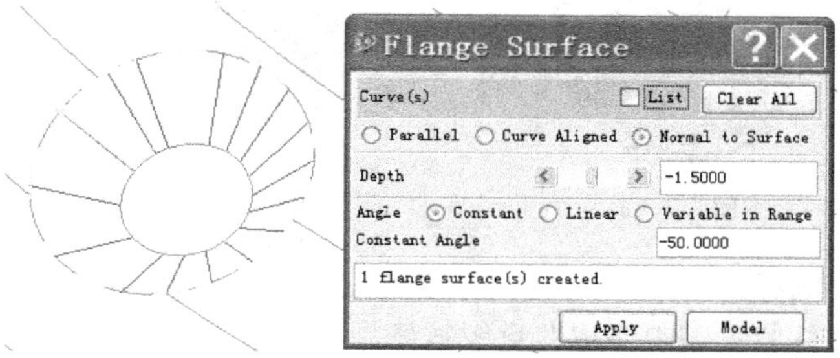

图 7.74

选择命令 Construct→Fillet→Surface，半径设为 1，选择 B-Spline 倒圆角。按快捷键 Ctrl+T，剪掉多余的曲面，得到通气孔，如图 7.75 所示。

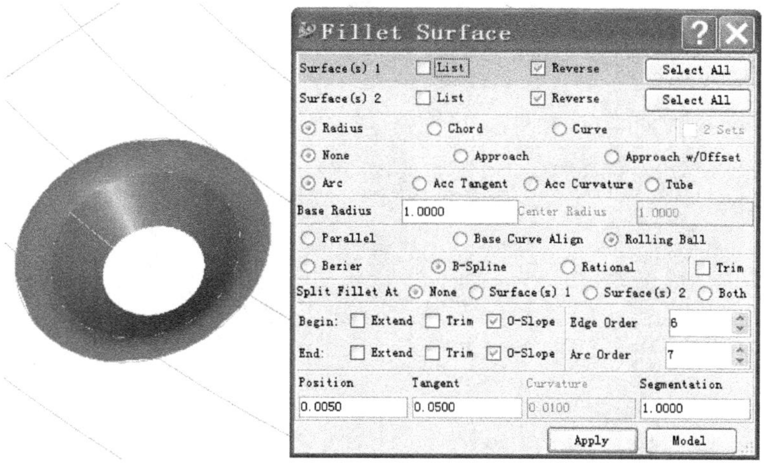

图 7.75

7.7 误差分析

至此，茶壶曲面构建完毕，效果如图 7.76～图 7.78 所示。曲面和点云对比，发现壶盖和壶身吻合度较差，读者可以删除茶壶点云杂点后用 Measure→Surface to→Cloud Difference 详细比较。误差主要来自两点：

（1）茶壶是高温烧制的陶瓷器皿，自身精度不高，不是一个精确的回转体，通过点云和曲面对照，壶身与壶盖变形带扁状。

（2）获得的回转轴线不够精确，这是由于陶瓷变形使得定位用的圆不够精确，也缺乏明显的定位参考。

图 7.76

图 7.77

图 7.78

选择 File→Save，将文件存盘，选择 Edit→Delete All，删除视图中的所有实体，打开光盘文件“7-5 茶壶完成”，比较结果。

第 8 章

摩托车盖板

本章以摩托车盖板为例，重点练习大块曲面的构造，学习如何调节曲面控制点，获得具有较好光顺性的大块曲面，对一些构造曲面的重要方法，进行了适当的深入介绍。本例的另一个特点是具有多种复杂的变形状倒角，需要反复思考，提出多种解决方案，择优选择，才能获得自然光顺的倒角连接，保证零件整体效果。此外，介绍了如何在曲面上开槽及制作凸痕。

8.1 反求思路

打开光盘文件“8-1 摩托车盖板点云”，摩托车盖板点云如图 8.1 和图 8.2 所示，可以拆分 D1～D3 三个大曲面，C1～C7 七个侧面，通过圆角和其他形状倒角连接，大面完成后，在上面开两个槽和一个矩形凸痕。

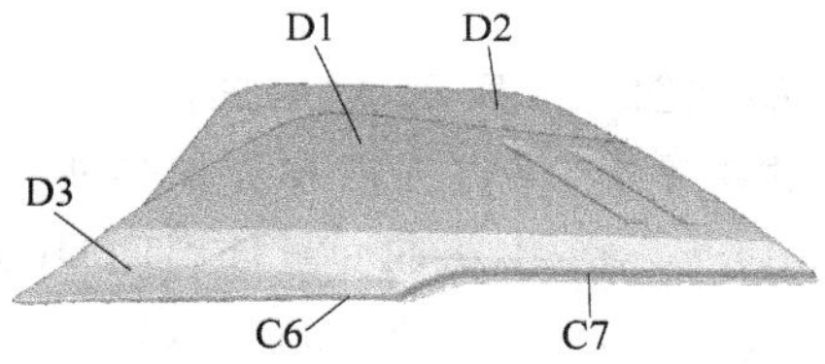

图 8.1

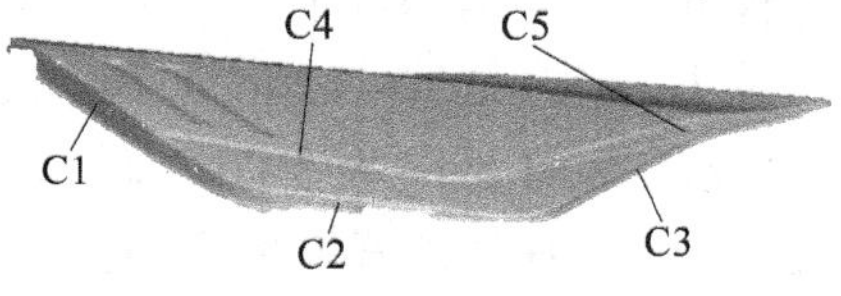

图 8.2

(1) D1～D3 三个大曲面用命令执行提取点云，用 Uniform Surface 拟合为均匀曲面，通过调节控制点，完成大面制作。

(2) C1～C7 七个侧面大都采用剖切点云，用 Uniform Curve 拟合成曲面，用 Extrude in Direction 将曲线拉伸为一个带斜度的面。

(3) 圆角采用 Construct→Fillet→Surface 倒角即可，但要注意有的地方需要变半径倒圆角。其他形状倒角则需要根据具体情况做出不同的处理。

(4) 曲面上开槽，右键选择，横、纵向剖切槽点云，用 Uniform Curve 将其拟合成均匀曲线，用 Sweep 扫掠得到的曲面，选择 Match Surface，将槽曲面两侧连接起来，选择 Construct→Blend→Surface，以相切连续(Tan)将槽曲面两端与 D1 大面桥接。

(5) 曲面上凸痕，选择 3D B-Spline，绘制凸面矩形外轮廓，用命令 Project Curve to Surface 将其投影到 D1 大曲面上，用快捷键 Ctrl＋T，选择 Divide，分割出凸面部分，选择 Construct→Offset→Curve 将分割出的矩形缩小，选择 Translate 逐渐凸起矩形面，选择

Construct→Blend→Surface 将凸起面四周与 D1 大面桥接，选择 Match Surface 将 4 个桥接面端面缝合起来，完成凸面的制作。

8.2 大面

首先制作大面。大面一共有 D1、D2、D3 三块，如图 8.1 所示。

8.2.1 大面 D1

首先选择 Modify→Align→Auto Align Clouds，将名为 1 的原始点云自动对齐到坐标系。右击点云，用命令执行提取大面 D1 点云，设置如图 8.3 所示。

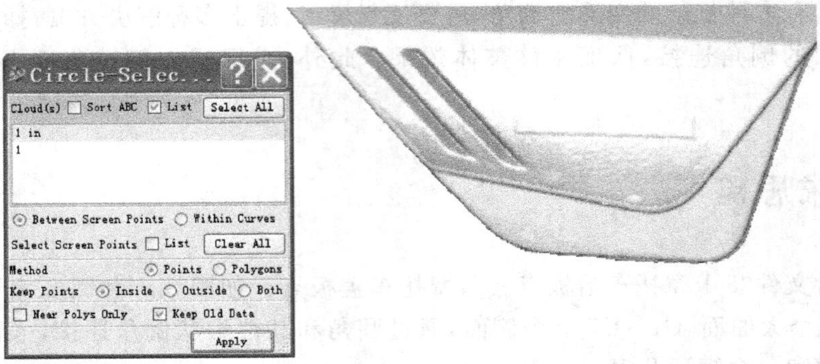

图 8.3

仍然用命令将得到的点云中槽及凸面部分挖除，如图 8.4 所示，然后选择 Construct→Surface from Cloud→Uniform Surface，先用较低的跨度数，将点云拟合为均匀曲面，如图 8.5 所示。在开始调节曲面之前，先选择命令 Modify→Extend，将曲面延伸到比 D1 点云面略大。如果曲面法线没有朝上，选择 Modify→Direction→Reverse Surface Normal，将其改变，然后开始调节控制点。

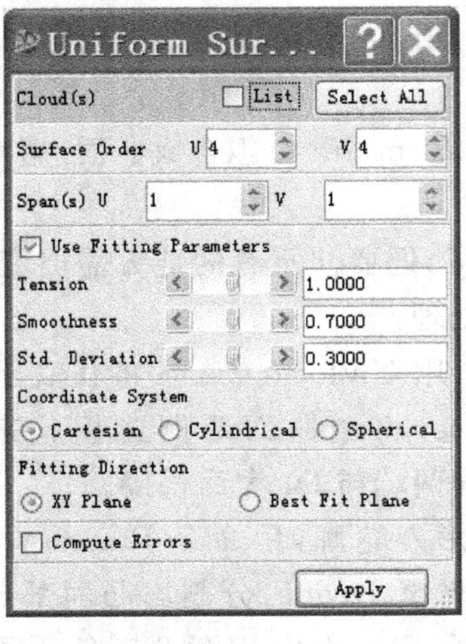

图 8.4

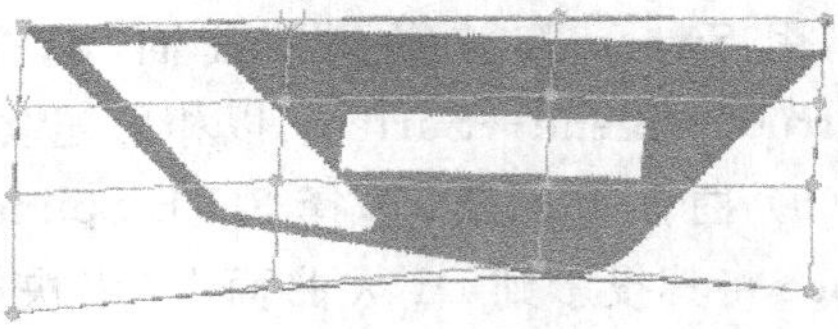

图 8.5

右击曲面，选择，弹出曲面编辑对话框，如图 8.6 所示，可以单选 XYZ 后，选中一个坐标方向，用鼠标移动控制点的位置，也可选择 Norm，调节控制点法向距离。当调节到误差较小后，选中 Step 复选框，设定一个较小的值，微调曲面控制点。

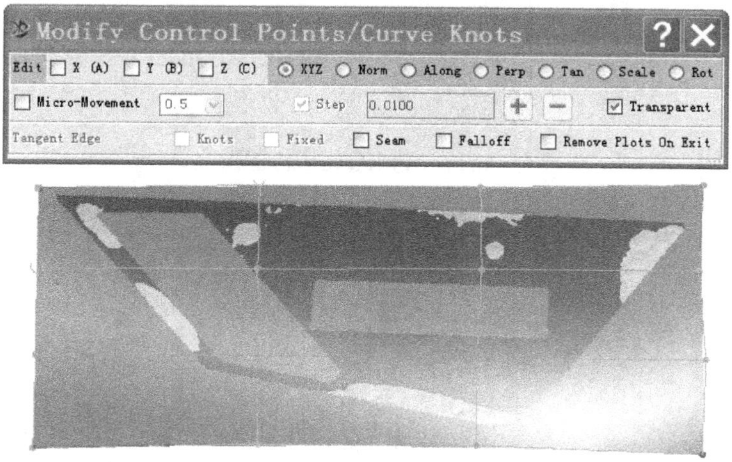

图　8.6

在调节控制点之前，也可用 Modify→Shape Control→Wrap Surface to Cloud，将其曲面包裹点云，使得曲面与点云尽可能接近，公差较小，如图 8.7 所示。但这将使得曲面光顺性降低。

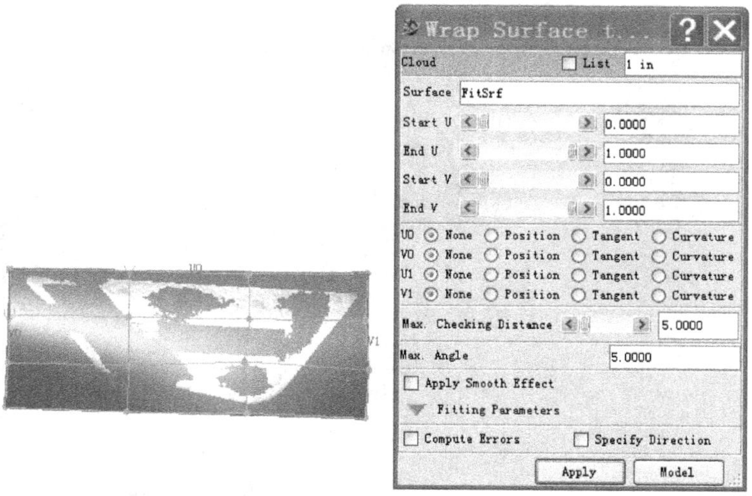

图　8.7

当调节到一定精度时，会发觉控制点太少，不足以继续降低误差，此时右击曲面，选择，将曲面 *U*、*V* 方向的跨度数 Span(s)逐步提高为 4 和 6，如图 8.8 所示。

同时显示曲面和点云，选择 Measure→Surface to→Cloud Difference，或按快捷键 Shift+Q，比较曲面和点云误差，显示彩色云图和误差数据，如图 8.9 所示。选择 Evaluate→Curvature→Surface Needles，选中 Iso Lines，选中 U、V，显示曲面 *U*、*V* 方向的曲率，如

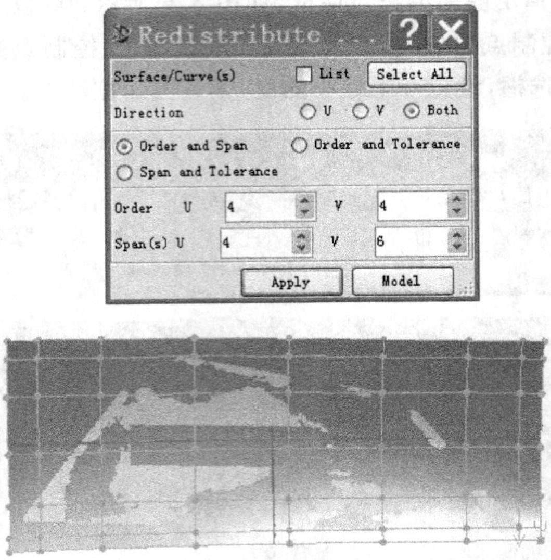

图 8.8

图 8.10 和图 8.11 所示，调节误差在许可范围内，曲率图形连续性较好即可。

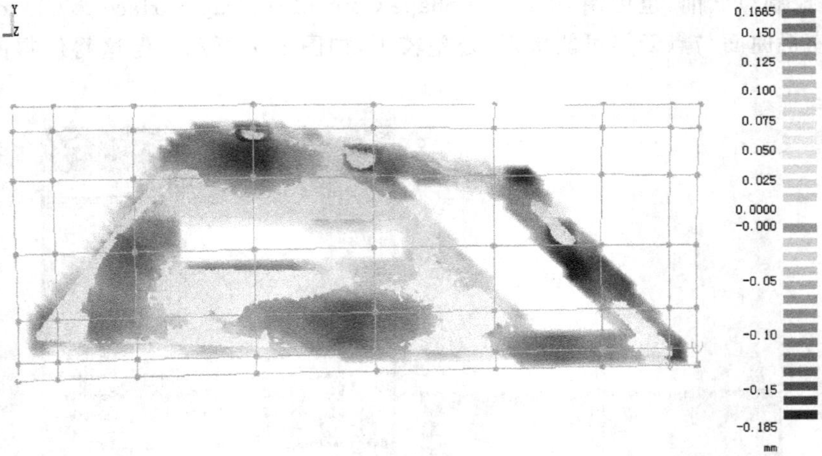

图 8.9

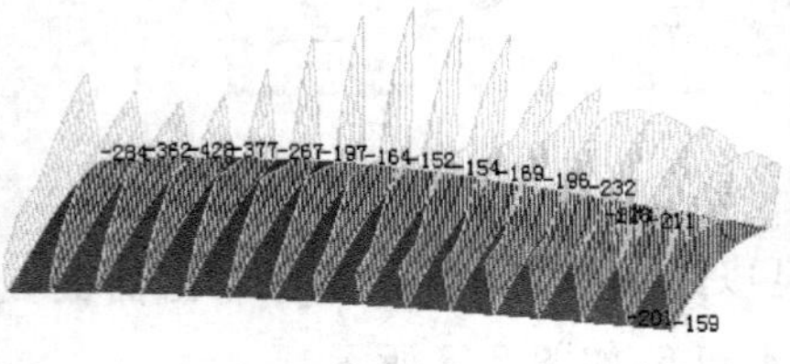

图 8.10

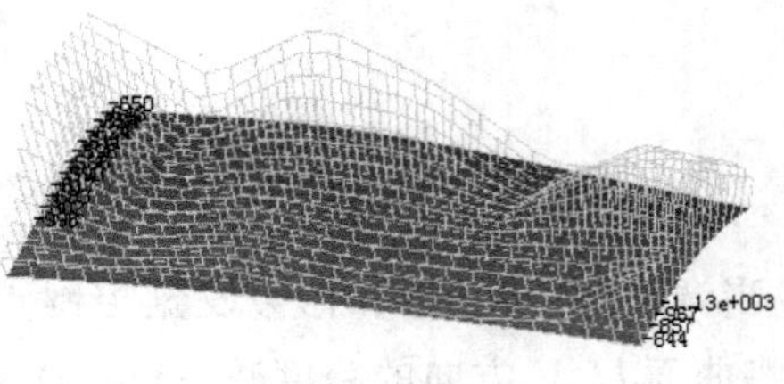

图 8.11

8.2.2 大面 D2 和 D3

大面 D2 制作和 D1 类似，首先提取点云，如图 8.12 所示。拟合为均匀曲面时，开始时 *U*、*V* 方向的阶数(Surface Order)均可设置为默认值 4，跨度数(Span(s))设置为 1，然后逐渐升高跨度数为 6 和 3，如图 8.13 所示。

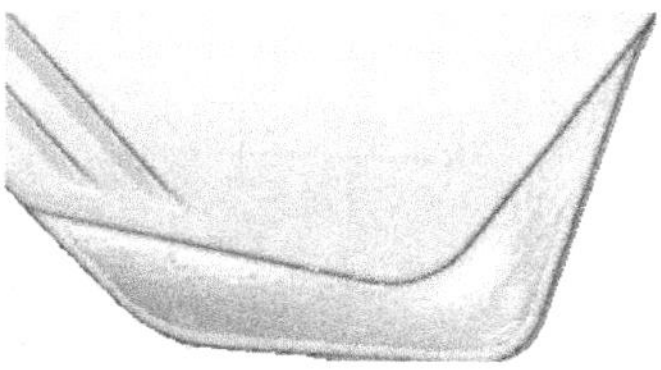

图 8.12

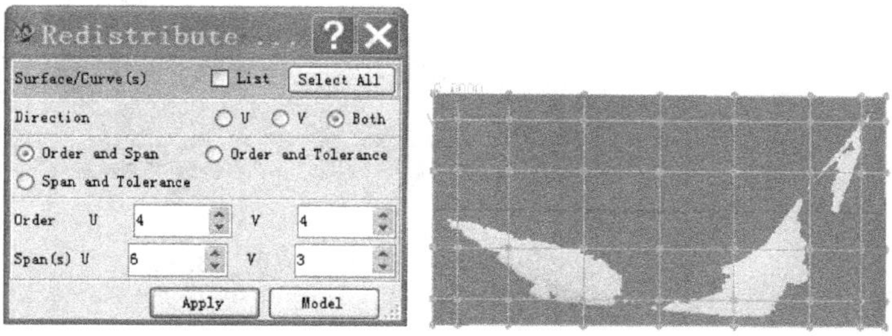

图 8.13

注意，提取点云后可能产生一些杂点，右击点云，用命令将杂点删除。

大面 D3 最后的 *U*、*V* 方向的阶数(Surface Order)均可设置为 4，跨度数(Span(s))升高为 12 和 7。如图 8.14 和图 8.15 所示。忽略面上凸起部分的点云，后面将用 D1 大面讲解凸起面的构造。

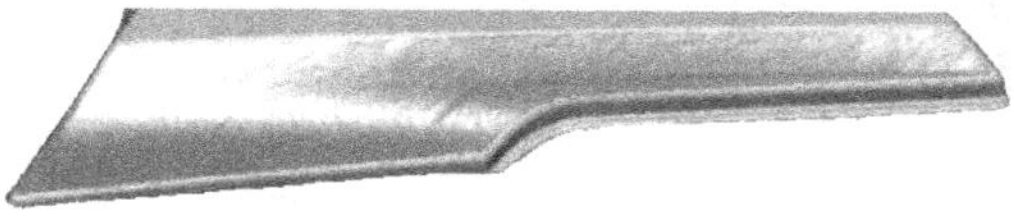

图 8.14

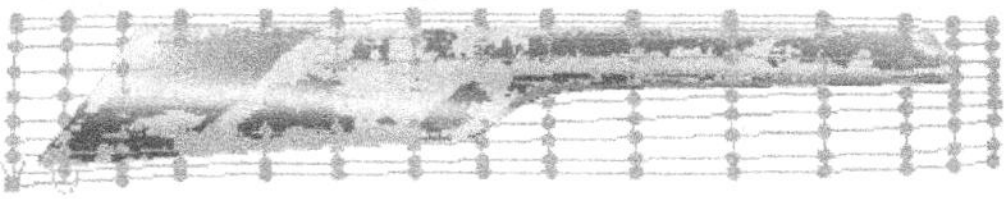

图 8.15

8.3 侧面

侧面为 C1～C7 共 7 个，如图 8.2 所示。

8.3.1 侧面 C1

右击点云，选择，剖切 C1 点云，选择 Construct→Curve from Cloud→Uniform Curve，Order 设置为 4，跨度数(Span(s))设置为 1。将其拟合为均匀曲线，选择 Construct→Swept Surface→Extrude in Direction，将曲线拉伸为一个带斜度的面，设置如图 8.16 所示。

延伸该面，右端至圆弧面的起点，为了配合中间部分 Z 形转折，选择 Modify→Snip→Snip Surface，选中 At Isoparameter，将 C1 曲面在大面变化处打断，如图 8.17 所示。然后选择 Modify→Continuity→Match Surface，以曲率连续(Curvature)将两段曲面连接起来。这样，一个曲面被剪裁时，不会延伸到另一个曲面。

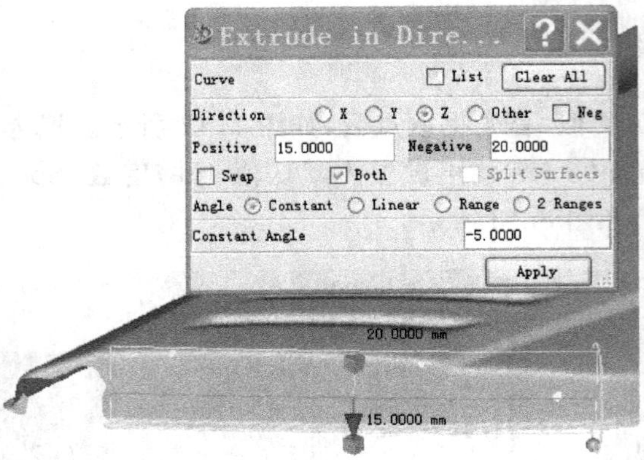

图 8.16

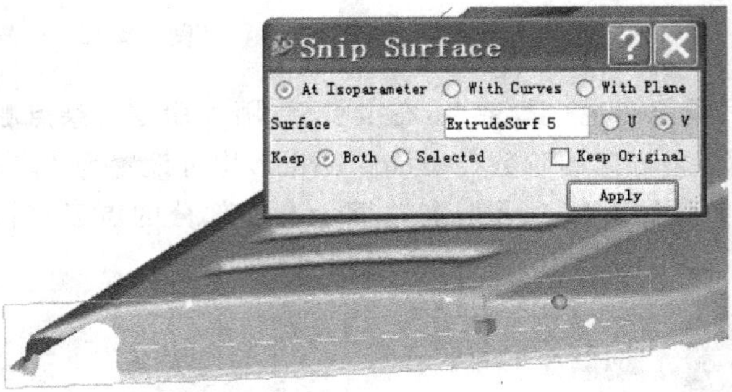

图 8.17

8.3.2 侧面 C2～C7

C2 侧面构造时，切得的点云线要先用右键命令整理成图 8.18 所示的形状，中间部分没有点云，然后拟合为均匀曲线，拉伸设置如图 8.19 所示。调整完成后，曲面 U、V 方向的阶数(Surface Order)均为 4，跨度数(Span(s))分别为 1 和 4。

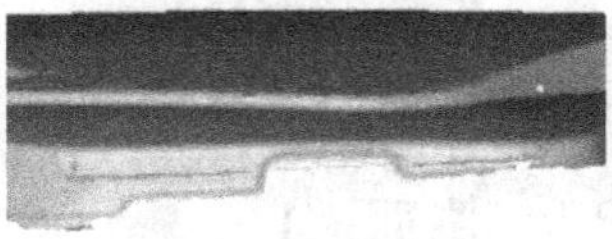

图 8.18

点云拟合曲线时，单击 Model 按钮，逐步提高跨度数(Span(s))，观察曲线与点云线的拟合情况，在满足要求的前提下，尽可能采用较少的跨度数。

C3 侧面与 C1 类似，调整完成后，曲面 U、V 方向的阶数(Surface Order)均为 4，跨度数(Span(s))分别为 1 和 11。需适当调整曲面右端部分的控制点，使其与点云形状更吻合，如图 8.20 所示。

C4 侧面与 C1 类似，曲面 U、V 方向的阶数(Surface Order)均为 4，跨度数(Span(s))均为 1。如图 8.21 所示。

C5 侧面与 D1 类似，采用提取曲面点云，然后选择 Construct→Surface from Cloud→Uniform Surface，U、V 方向的阶数(Surface Order)均为 4，跨度数(Span(s))均为 2，如图 8.22 所示。

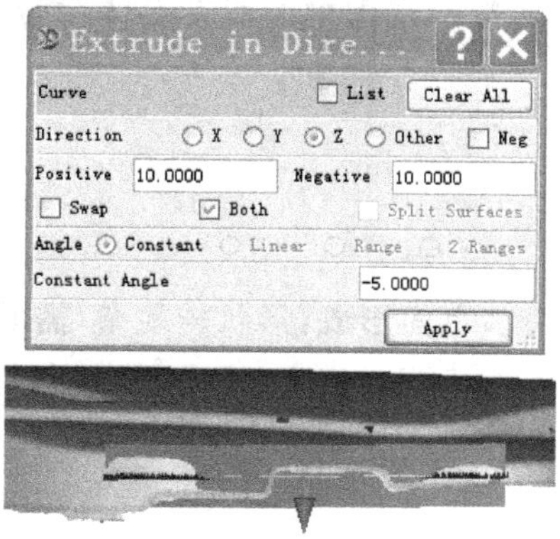

图 8.19

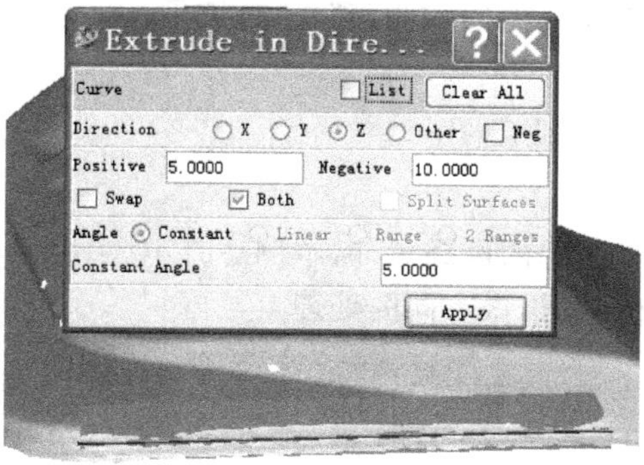

图 8.20

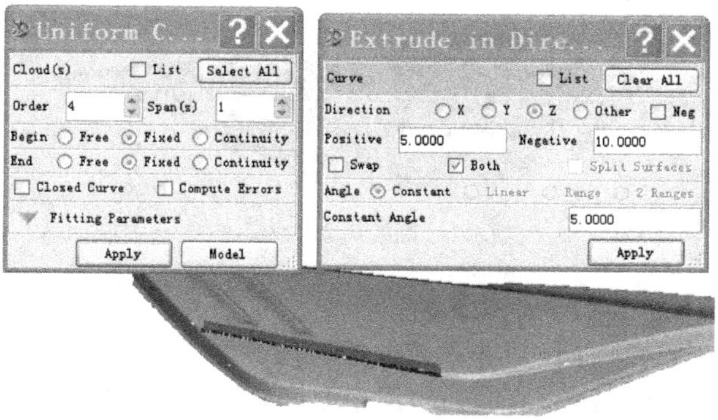

图 8.21

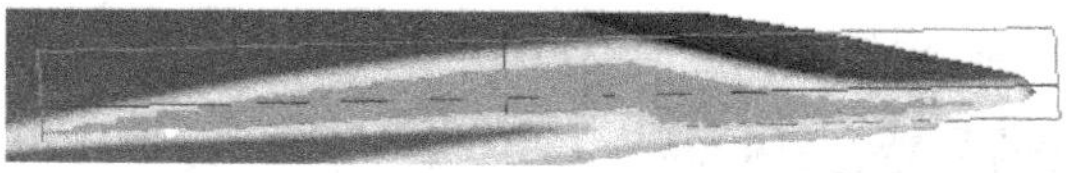

图 8.22

C6、C7 侧面与 C1 类似，C6 均匀曲面 *U*、*V* 方向的阶数（Surface Order）均为 4，跨度数（Span(s)）均为 1，C7 均匀曲面 *U*、*V* 方向的阶数（Surface Order）均为 4，跨度数（Span(s)）分别为 1 和 12，如图 8.23 所示。

至此，大面和侧面构造完毕，效果如图 8.24 所示。

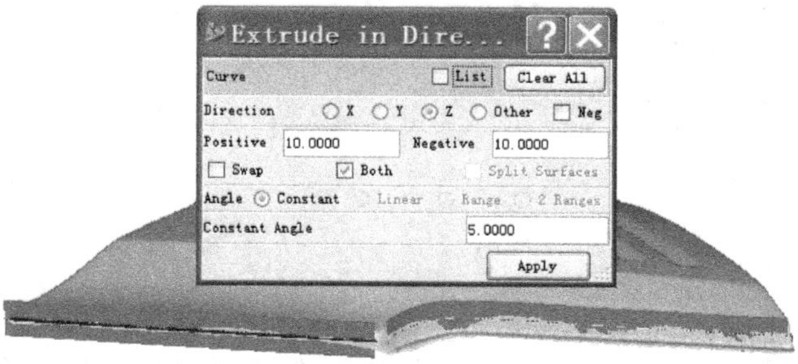

图 8.23

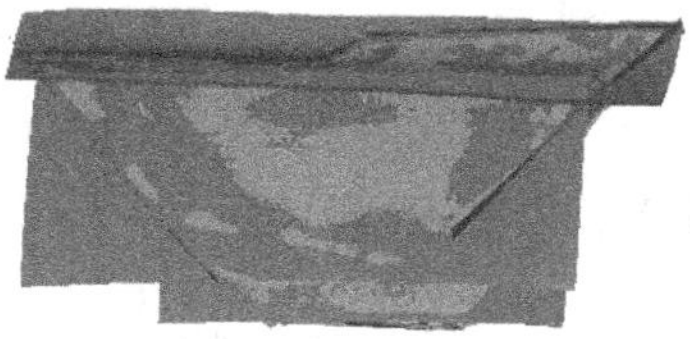

图 8.24

选择 File→Save，将文件存盘，选择 Edit→Delete All，删除视图中的所有实体，打开光盘文件“8-2 大面和侧面”，比较结果。

8.4 倒角

除简单的倒圆角外，本例还有 10 个倒角，这些倒角由多个面形成，形状较复杂，需要根据具体情况，做不同的处理。

8.4.1 倒圆角

选择命令 Construct→Fillet→Surface，对所有需要圆角的地方进行倒角，如图 8.25 所示。

图 8.25

倒圆角时的几个基本注意事项如下。

(1) 选中 Trim，倒圆角的同时，剪裁被倒角的边。

(2) 选中 B-Spline，可获得一个单一的圆角曲面，而非几个曲面组成的圆角。

(3) 变半径倒角。当沿着长度方向各圆角半径不同时，单击 Model 按钮，在对话框中分别输入两端圆角半径，如图 8.26 所示，图中圆角两端将出现 1 和 2 标记，与对话框中的值相对应。

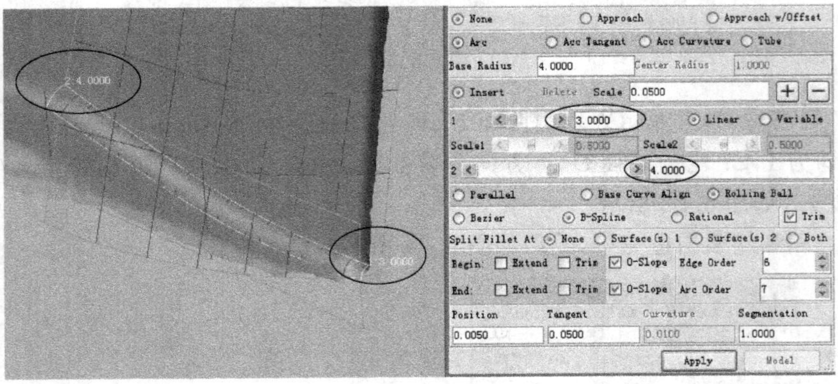

图 8.26

8.4.2 多面倒角 J0

倒角 J0 由 7 个面构成：上下两个平面，左边两个圆角面，右边两个圆角面加中间一个平面，如图 8.27 所示。

删除 C4 侧面，D2 曲面与 T1 倒圆角、D2 与 C5 倒圆角，得到 T2、T3 两个朝上的圆角，注意，这两个圆角不与相连的曲面剪切。然后利用 T1 和 T2 的接触线将 T1 圆角多余部分剪掉，如图 8.28 所示。

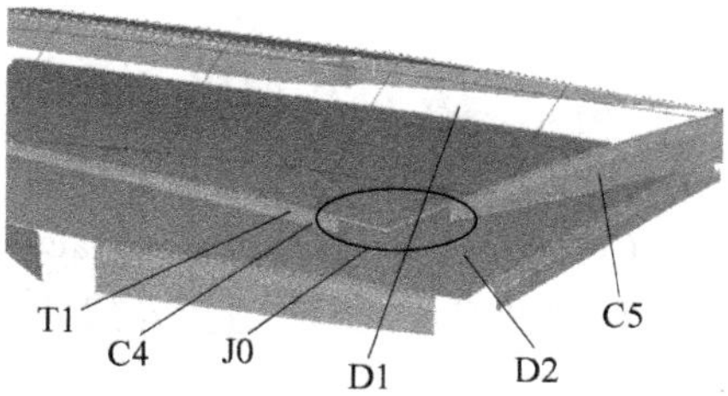

图 8.27

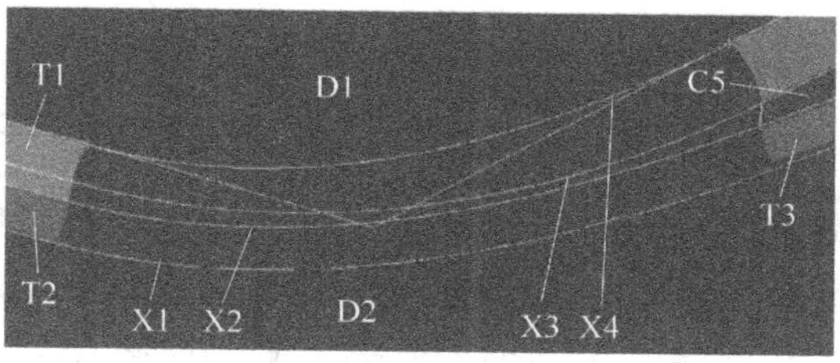

图 8.28

选择 Construct→Blend→Curve，将各圆角边线桥接起来，但是发现左边只有 3 条线，比右边少一条，因此先用 Construct→Curve from Surface→3D Curve from Surface 提取 T1 圆角面上的一条 Isoparametric 线。然后再桥接，得到曲线 X1～X4，如图 8.28 所示。

选择 Construct→Curve on Surface→Project Curve to Surface，将 X1 曲线投影到 D2 曲面上，用快捷键 Ctrl＋T 将 D2 面里面部分剪掉，如图 8.29 所示。若不能剪切，注意观察位置 1 和 2 处的曲线是否将 D2 围成了封闭区域，若 D2 面太大，先选择 Modify→Snip→Snip Surface，再选择 At Isoparameter 剪裁掉部分曲面。

将 X4 曲线投影到 D1 曲面上，然后用快捷键 Ctrl＋T 将 D1 的多余部分剪掉。如图 8.29 所示。

选择 Construct→Surface→Surface by Boundary，将 X1～X4 各曲线与周围曲线围成的四边形构造成 3 个圆弧曲面，如图 8.30 所示。

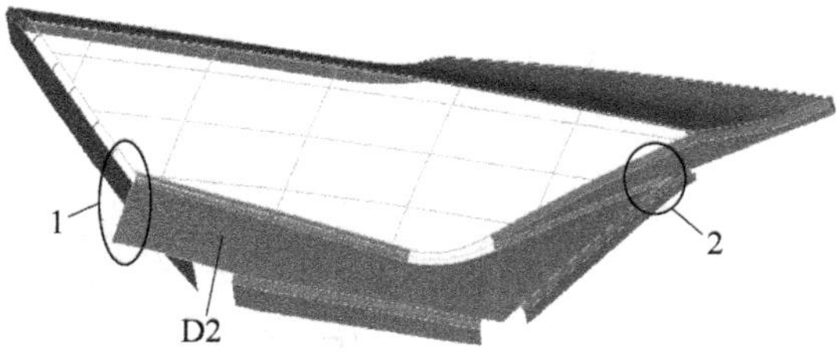

图 8.29

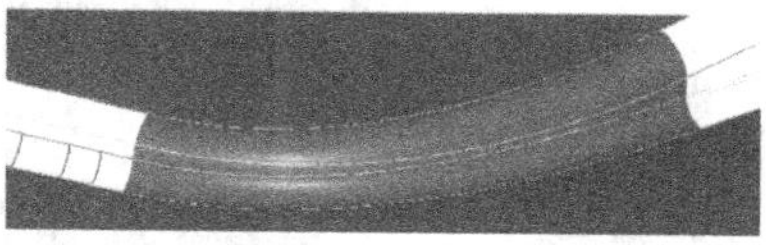

图 8.30

8.4.3 Z 形倒角 J1

Z 形倒角 J1 如图 8.31 所示，该倒角涉及曲面多达 8 个，侧面看似字母 Z 的形状。这个部位的构造比较复杂。

倒圆角后，该部位形状如图 8.32 所示。首先选择 Modify→Snip→Snip Surface，再选择 At Isoparameter 将圆角面 F3 剪掉一部分，如图 8.33 所示，然后选择 Construct→Blend→Curve，将圆角 F3 和 F4 的边桥接起来，得到曲线 X3。

选择 Construct→Curve from Surface→3D Curve from Surface 提取圆角面 F1 端线，选

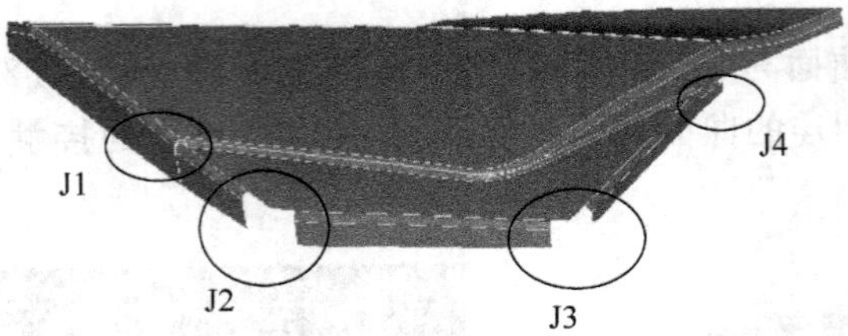

图 8.31

择命令 Modify→Extend，选中 Tangent 将其延伸，用命令 Construct→Curve on Surface→Project Curve to Surface，选中 Normal to Surface 法面投影到圆角曲面 F2 上，得到曲线 X2。用同样的方法将曲线 X3 投影到曲面 C1，如图 8.33 所示。

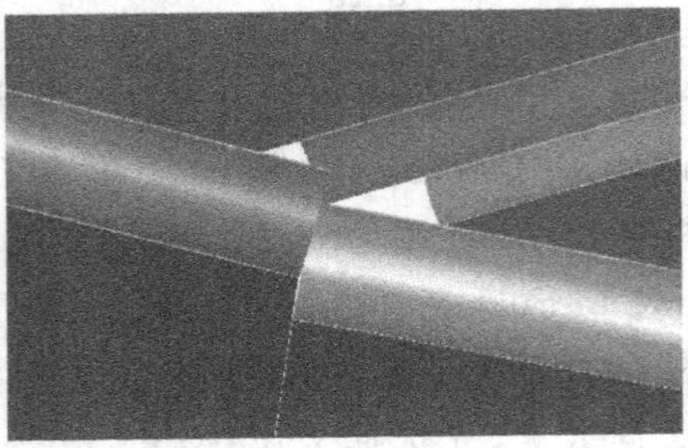

图 8.32

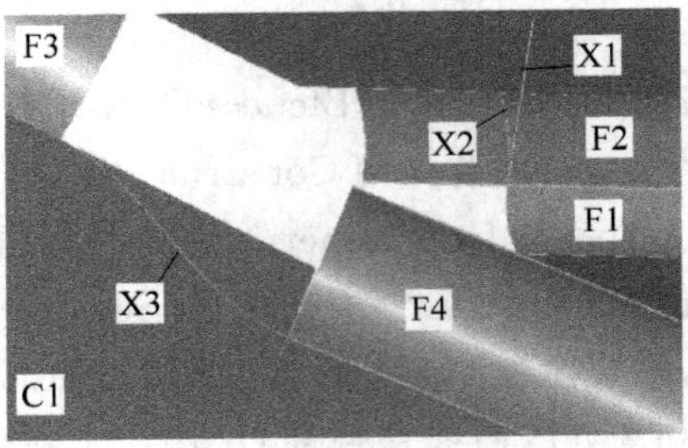

图 8.33

按快捷键 Ctrl＋T，用 X3 投影曲线剪裁曲面 C1，然后将曲面 C1 的边与曲面 F1 的边桥接得到曲线 X5，将其沿法向投影到圆角面 F4，剪切 F4，如图 8.34 所示。

选择 C1 的边时，按住鼠标，下拉菜单中出现供选择曲线名称的同时，窗口下面的状态栏也将出现该曲线的信息，如图 8.35 所示，曲面名称可以通过 Display→Name→Show Selected Name(s)得到。

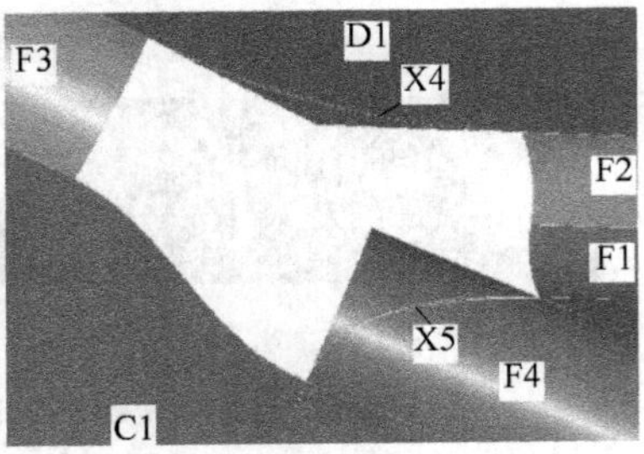

图 8.34

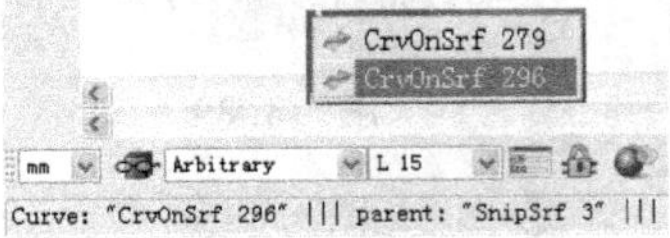

图 8.35

用 F2 与 F3 的边桥接得到 X4，投影曲面 D1，剪切 D1。由于曲线位置比较特殊，若不能完成剪切，可尝试其他剪切方式，比如用快捷键 Ctrl＋T 剪切时，由选中 Keep 改为选中 Remove，也可重新构造曲线，在桥接得到 X4 时，拖动 ，修改两曲线切率值 Tangent Scale Factor，改变曲线形状。

将 F2 与 F3 的边桥接，得到曲线 X6，如图 8.36 所示，然后，选择 Construct→Surface→Surface by Boundary，X6 与 F3、D1、F2 的边构造曲面，X6 与 F1、F4、C1 的边构造另一个

曲面，如图 8.37 所示。

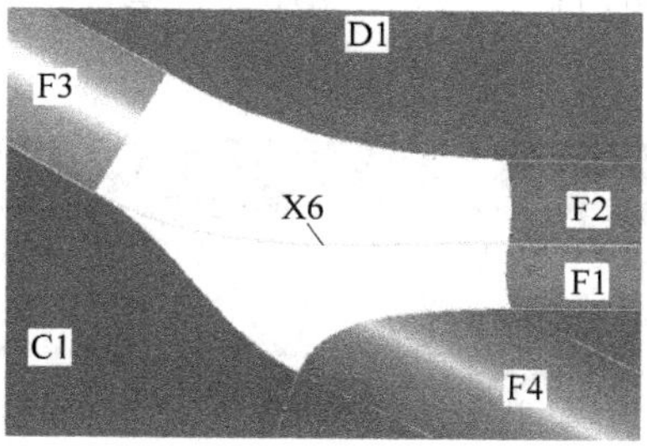

图 8.36

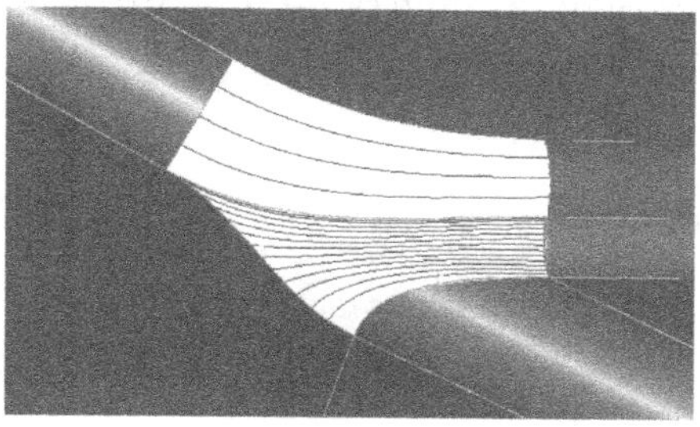

图 8.37

用四边构造曲面时注意以下事项。

(1) 若不能构造曲面，出现图 8.38 所示的对话框，说明四边曲线位置不连续，有缺口。需要重新选择四边封闭的曲线。例如，图 8.36 中的 X6 曲线，是由 F2 和 F3 的边构造的，若再一次用来作为 F1 与 C1 的边，构造另一个四边曲面，则可能出现位置不连续。此时，可以用 F1 与 C1 的边另外桥接一条曲线，作为四边形的边。

(2) 对有缺口的四边，也可采用 Construct→Curve from Surface→3D Curve from Surface 提取曲面上的边，得到一条 3D 曲线，用 Modify→Continuity→Create Constraint(s) 将两条曲线位置连续起来。

(3) 改变位置连续的限定值，即 Surface by Boundary 命令的对话框的 Position 的值，如图 8.39 所示，也可以使得构造曲面成功，但位置连续度降低了。可用命令 Evaluate→Continuity→Multi-Surface 查看两曲面之间的连续性以及最大的缺口数值。

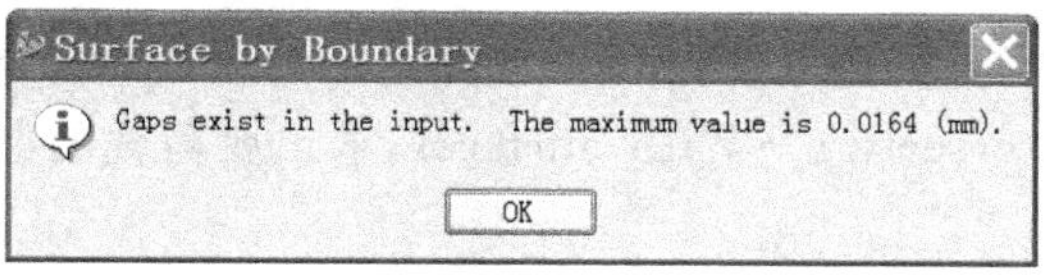

图 8.38

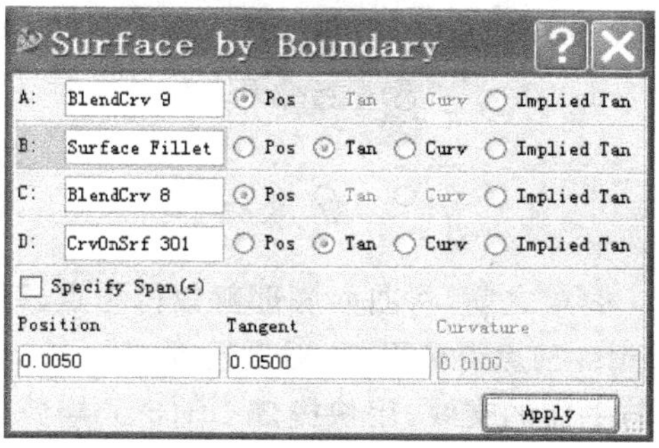

图 8.39

(4) 为了改善曲面的连续性，可在构建曲面之前，右击曲线，选择，调节曲线控制点，对曲线进行编辑修改，也可以升高曲线阶次或跨度数以便于调节。这样做，比得到曲面后再修改，控制点要少得多，更容易调整。

8.4.4 倒角 J2

J2 倒角如图 8.31 所示，部分涉及 5 个曲面。选择 Construct→Blend→Surface，将 S1 和 S2 两曲面桥接，得到曲面 B1，如图 8.40 所示，选择 Construct→Blend→Curve，将圆角上的曲线 X1 和 X2 桥接得到曲线 X3，选择 Construct→Curve on Surface→Project Curve to

Surface，将 X3 投影到曲面上，选择 Construct→Surface→Surface by Boundary，将 X3 投影的投影曲线、B1 的边线，以及两个圆角的端线围成的四边形构造出一个曲面，得到 J2 倒角，如图 8.41 所示。

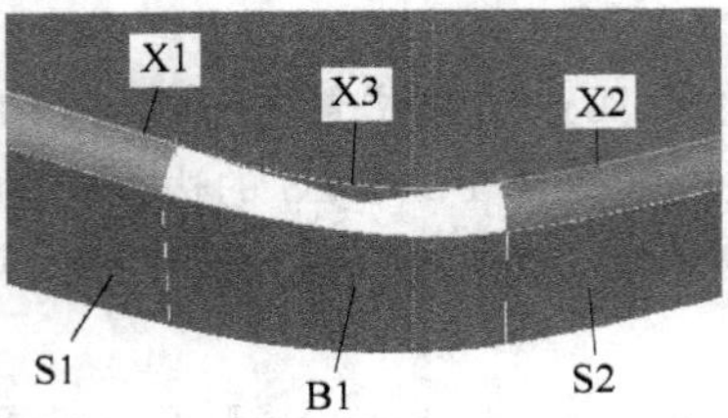

图 8.40

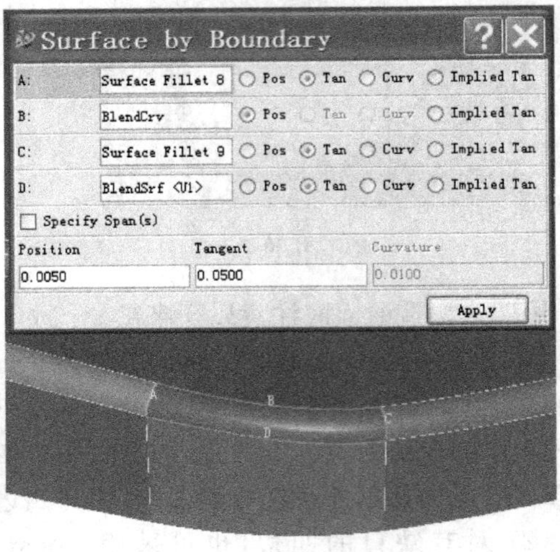

图 8.41

8.4.5 收缩形倒角 J4

J4 倒角如图 8.42 所示，涉及 5 个曲面，呈逐步收缩形状，放大后如图 8.43 所示。

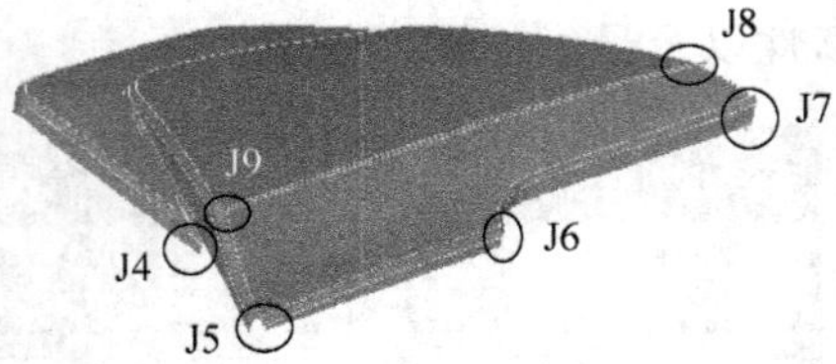

图 8.42

图 8.43

倒角之前，将曲面底部剪裁得与点云形状相符，如图 8.44 所示，选择 Create→Plane→3 Points，三点得到平面，然后选择 Construct→Intersection→With Surfaces，求出要剪裁的曲面与平面的交线，用快捷键 Ctrl＋T 修剪。

图 8.44

选择命令 Construct→Fillet→Surface，将圆角面 F1 和曲面 C5 倒凹圆角 F3，如图 8.45 所示。选择 Modify→Snip→Snip Surface，用 F3 的边剪裁掉 F1 的端面部分，并且通过 Modify→Continuity→Match Surface，选择 Curvature 将 F3 和 F2 连接起来。如图 8.46

所示。

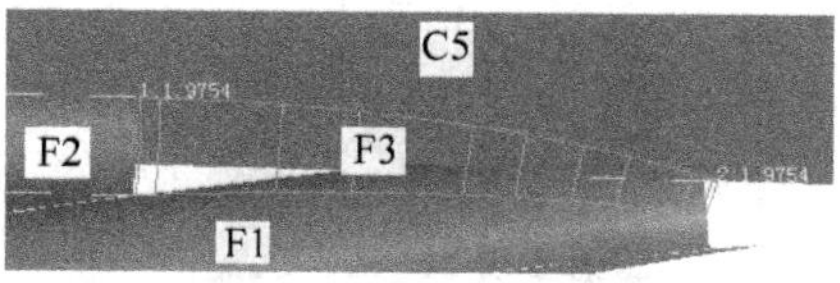

图　8.45

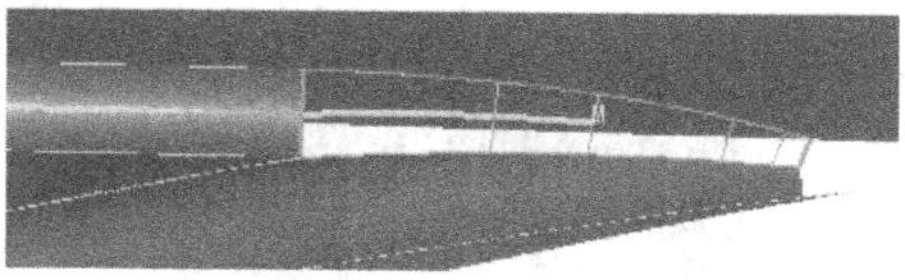

图　8.46

需要将 C5 曲面位于 F2、F3 后面的部分剪裁掉。选择 Construct→Curve from Surface→3D Curve from Surface 提取圆角面 F2 和 F3 的边线，将得到的两边线用 Modify→Continuity→Match 2 Curves 结合成一条曲线，如图 8.47 所示。选择 Modify→Trim→Trim w/Curves，选中 Inner Trim，剪裁 C5 曲面。如图 8.48 所示。

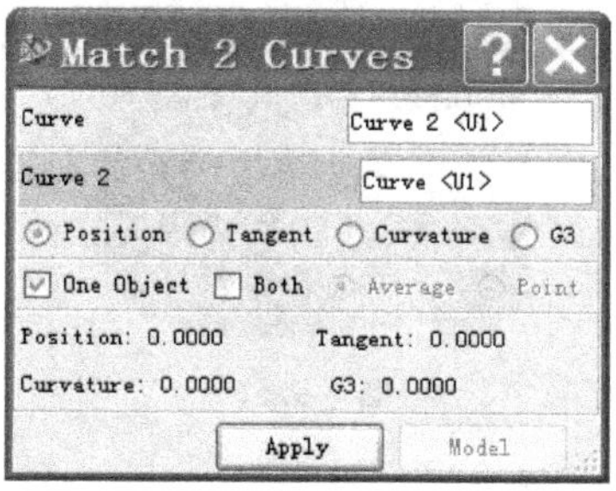

图　8.47

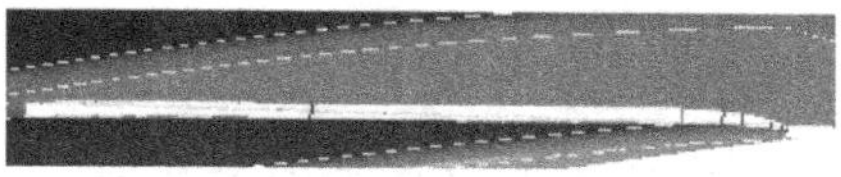

图　8.48

最后用 Create→3D Curve→3D B-Spline 命令构造一条曲线，如图 8.49 所示，投影到面上，用快捷键 Ctrl+T，将倒角修剪圆滑，得到 J4 倒角，如图 8.50 所示。

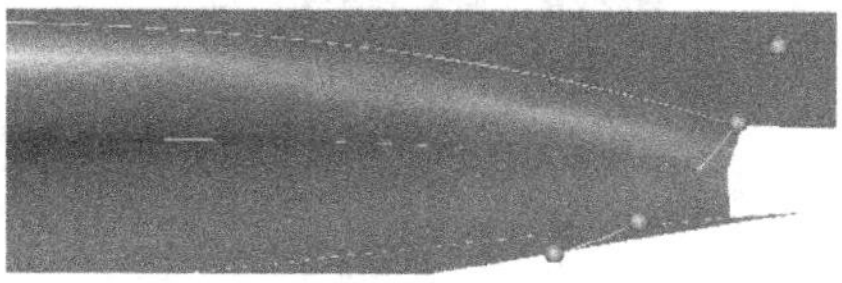

图　8.49

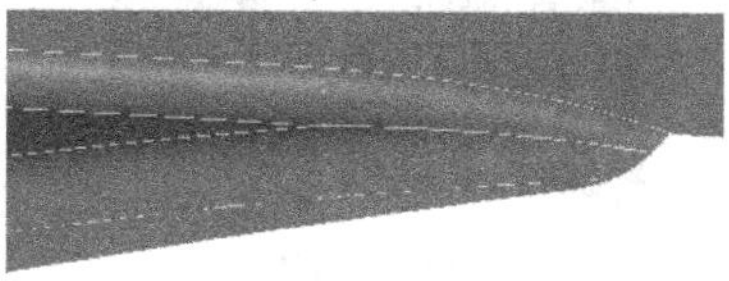

图　8.50

8.4.6　其余倒角

J3、J5～J9 倒角均与 J2 相似，只是有的需要预先剪短两边圆角，然后得到桥接曲线。

(1) J3 倒角，倒角前后图形分别如图 8.51 和图 8.52 所示。

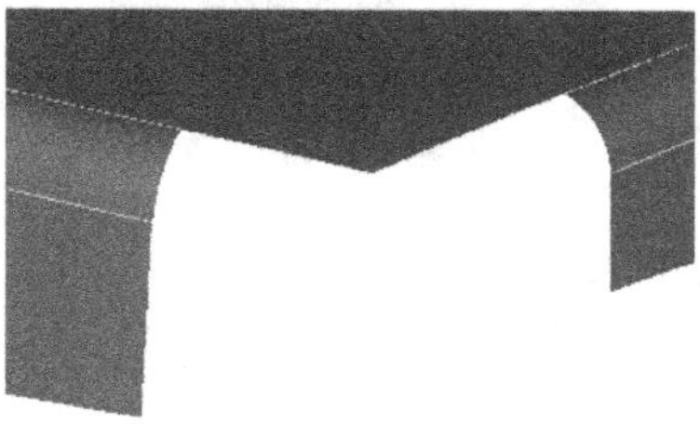

图　8.51

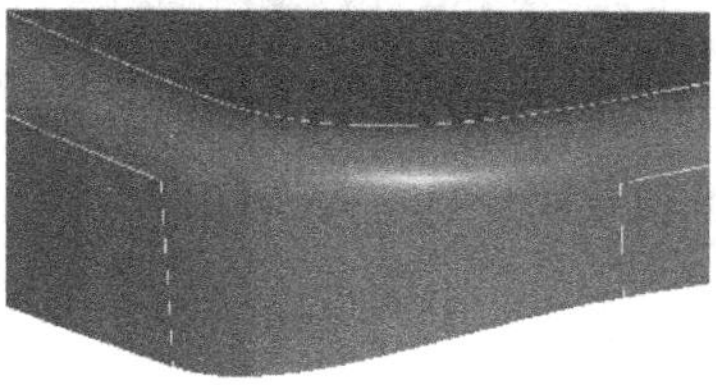

图　8.52

(2) J5 倒角，倒角前后图形分别如图 8.53 和图 8.54 所示。

图 8.53

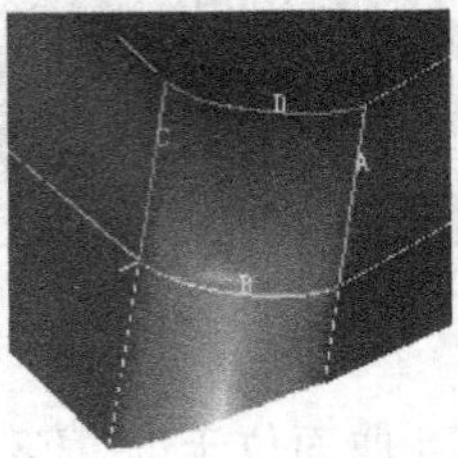

图 8.54

(3) J6 倒角，倒角前后图形分别如图 8.55 和图 8.56 所示。

图 8.55

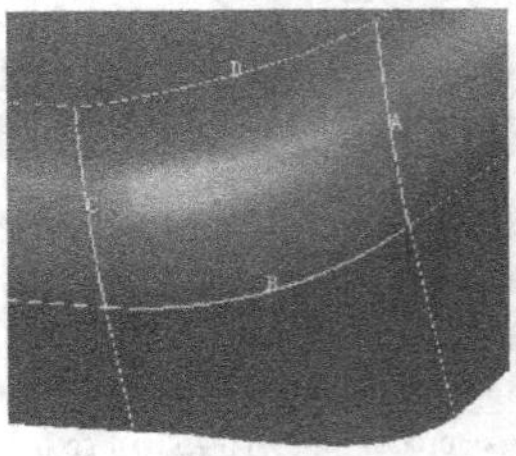

图 8.56

(4) J7 倒角，倒角前后图形分别如图 8.57 和图 8.58 所示。

图 8.57

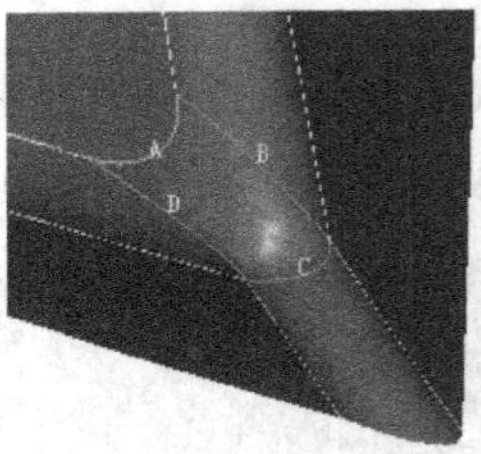

图 8.58

(5) J8 倒角，倒角前后图形分别如图 8.59 和图 8.60 所示。

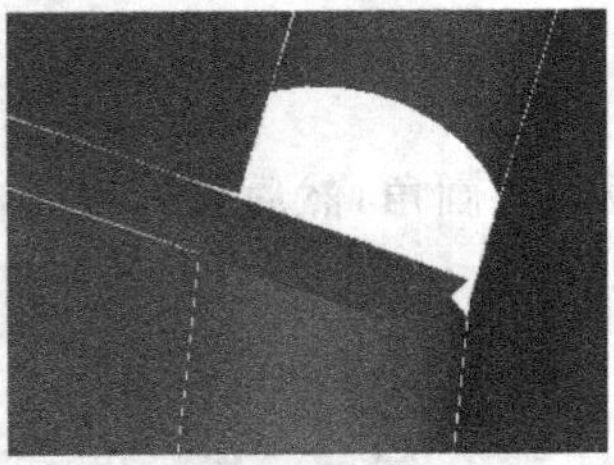

图 8.59

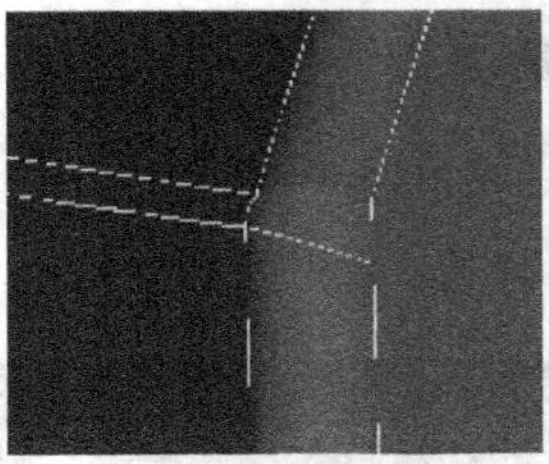

图 8.60

(6) J9 倒角，倒角前后图形分别如图 8.61 和图 8.62 所示。

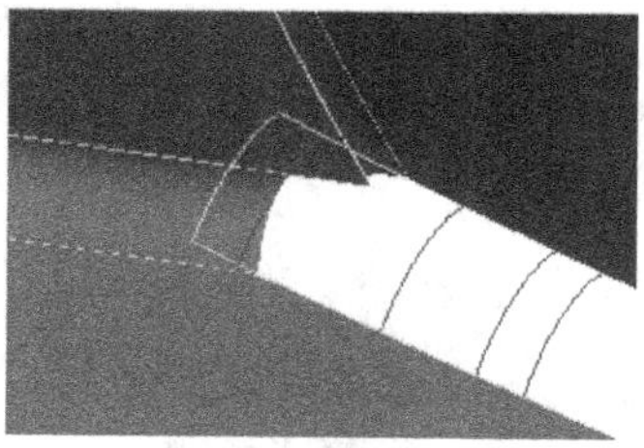

图　8.61

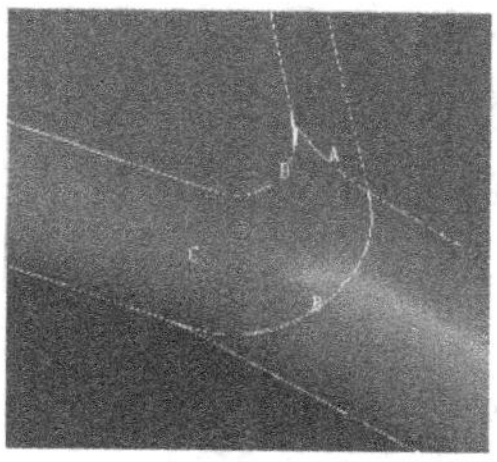

图　8.62

8.5　曲面上开槽

大面 D1 上有两个槽型曲面，右击点云，选 ，用鼠标横剖切槽点云，如图 8.63 所示，右击点云，用 命令将槽底横切面点云分割出来，选择命令 Construct→Curve from Cloud→Uniform Curve，将其拟合为跨度数为 4 的均匀曲线，如图 8.64 所示。

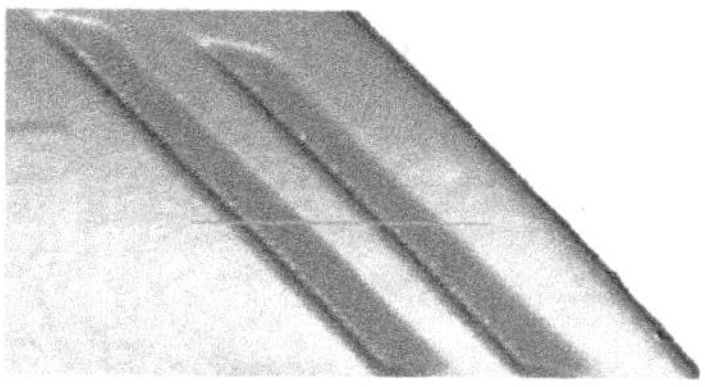

图　8.63

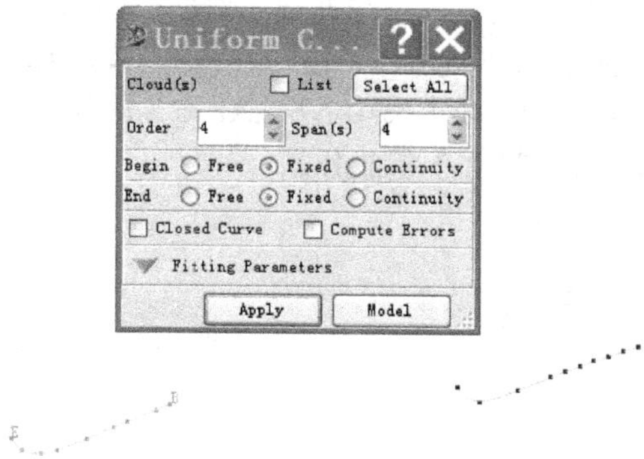

图　8.64

同样纵向剖切槽点云，将其拟合为跨度数为 1 的均匀曲线，选择命令 Construct→Swept Surface→Sweep，扫掠得到两曲面，如图 8.65 所示。

选择 Create→3D Curve→3D B-Spline 命令，绘制槽外轮廓，选择命令 Construct→Curve on Surface→Project Curve to Surface，再选中 Normal to Surface 法面投影到 D1 大曲面上，用快捷键 Ctrl＋T，移除槽孔部分曲面，如图 8.66 所示。

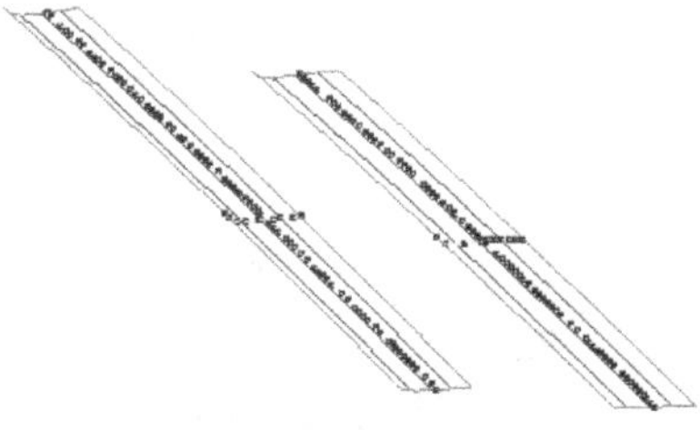

图　8.65

图　8.66

选择 Modify→Continuity→Match Surface 命令，以相切连续 Tangent 将槽面两侧与大面 D1 连接起来，如图 8.67 所示，选择 Construct→Blend→Surface 命令，以相切连续(Tan)将槽曲面两端与 D1 大面桥接，完成槽面制作，如图 8.68 所示。

图 8.67

图 8.68

8.6 曲面上凸痕

大面 D1 上有一矩形凸痕，如图 8.3 所示。选择 Create→3D Curve→3D B-Spline 命令，绘制凸面矩形外轮廓，如图 8.69 所示，选择命令 Construct→Curve on Surface→Project Curve to Surface，再选中 Normal to Surface 法面投影到 D1 大曲面上，用快捷键 Ctrl+T 选择 Divide，分割出凸面部分。

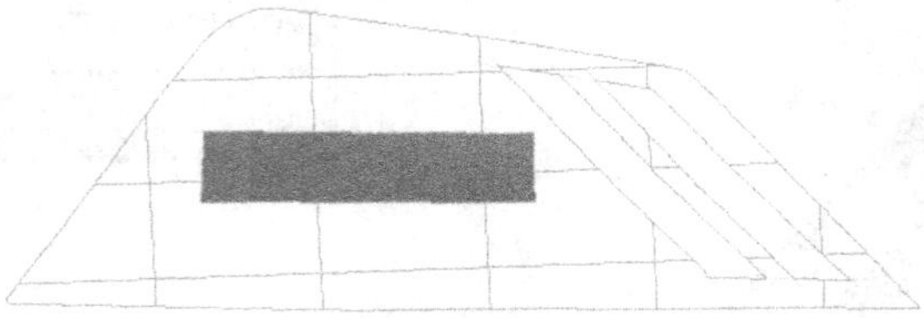

图 8.69

选择 Construct→Offset→Curve，再选中 Curve(s) on Surface，设置如图 8.70 所示，将分割出的矩形面边线向内偏移 2 mm，用快捷键 Ctrl+T 剪裁，使矩形缩小，如图 8.71 所示。

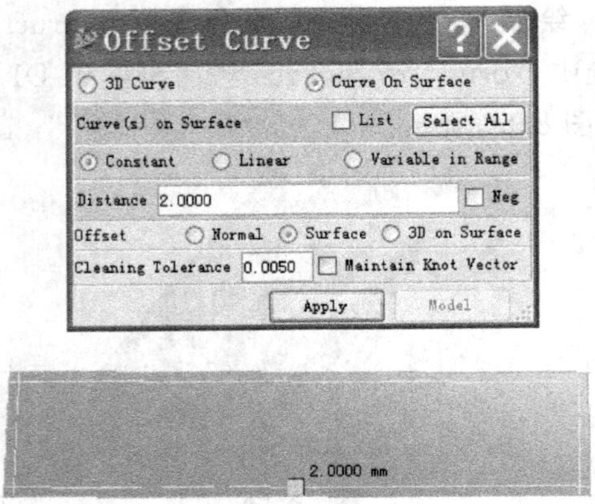

图 8.70

图 8.71

选择 Modify→Orient→Translate，设置如图 8.72 所示，移动方向选中 Other，将出现动态工具条，选择曲面法向，单击矩形面中间位置获得方向矢量，不断单击 Apply 按钮，矩形面逐渐凸起，反向移动则选中 Neg。观察曲面与点云的位置，适当时候为止，如图 8.72 所示。也可用 Modify→Distance→Point to Surface Closest 测量点云与曲面的距离，使其误差在一定范围内。

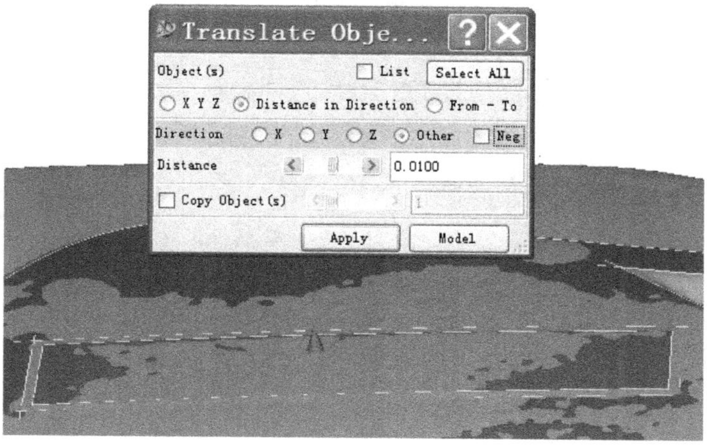

图 8.72

选择 Construct→Blend→Surface，以相切连续(Tan)将凸起面四周与 D1 大面桥接，如图 8.73 所示。选择 Modify→Continuity→Match Surface，以位置连续(Position)将桥接面端面缝合起来，如图 8.74 所示。完成凸面制作，如图 8.75 所示。

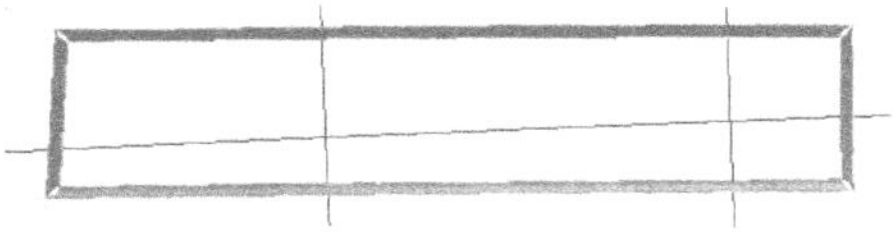

图 8.73

图 8.74

至此，完成所有工作，效果如图 8.76、图 8.77 和图 8.78 所示。

图 8.75

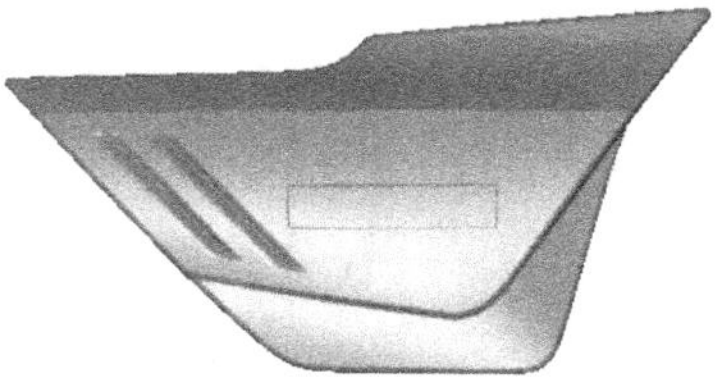

图 8.76

选择 File→Save，将文件存盘，选择 Edit→Delete All，删除视图中的所有实体，打开光盘文件“8-3 摩托车盖板完成”，比较结果。

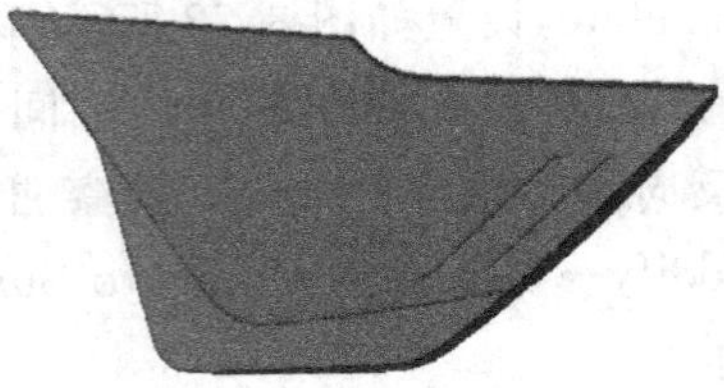

图 8.77

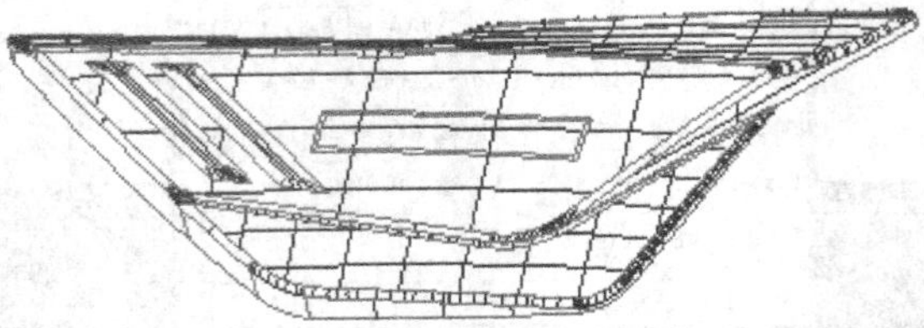

图 8.78

第 9 章

移动电话

移动电话是一个综合性较强的逆向实例，零件本身形状比较复杂，包含大块的背面，多孔的键盘面板，微小的送话孔，球形面听音孔，圆柱形天线等。

本章涉及较多的常用命令和技巧，练习曲率颜色识别提取点云，大块曲面的构造和连接，规则排列各种形状的孔，镜像，椭圆曲线拟合等，以及圆滑地处理一些小的细节，学习如何用简单的方法构造出高质量的复杂形状曲面。

9.1 反求思路

打开光盘文件“9-1 移动电话点云”，移动电话点云如图 9.1 所示，实物由分开的前面板和背面板两部分组成，为了方便，将其合起来扫描点云。移动电话由顶面、听音孔球形曲面、数字显示面板、键盘面板、送话孔、天线、背面、侧面等组成，各部分反求思路如下：

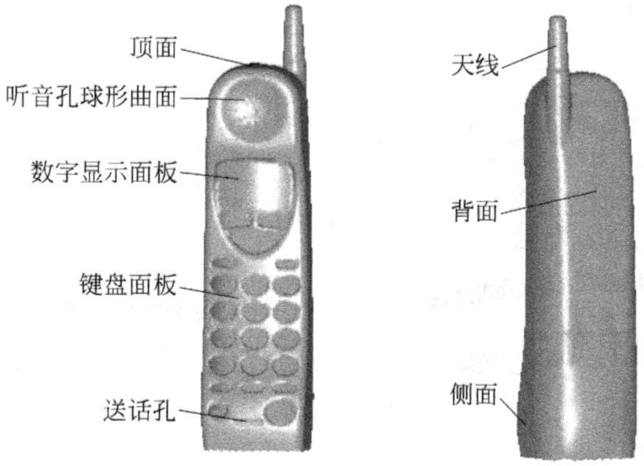

图 9.1

(1) 背面、侧面和顶面点云用 Cloud Curvature 和 Color Based 计算曲率、颜色识别提取。

(2) 键盘面板和背面、侧面三大块曲面由 Uniform Surface 拟合，用 Surface by Boundary 命令，将四边围成背面与侧面相连接的曲面。

(3) 听音孔球形曲面用 3D Curve from Surface 构造，用 Rotate 环形复制得到 10 个听音孔曲线。

(4) 数字显示面板由 Uniform Surface 拟合，与键盘面板 Blend 桥接构成过渡曲面。

(5) 键孔曲线采用椭圆(Ellipse)和槽 Slot 拟合，由 Flange Surface 卷边后构造倒角。

(6) 送话孔用 Points 和 Uniform Curve 构造曲线，用 Divide 分割出曲面，用 Offset 得到深度方向曲面。

(7) 天线由提取点云，由 Fit Cone 和 Fit Cylinder 构造天线主体，由切割点云，由 Uniform Curve 拟合为均匀曲线，由 Surface of Revolution 旋转得到顶端圆形体。天线圆柱部分与机身曲面相交的过渡采用倒圆角完成。

9.2 采用颜色提取点云

选择 Evaluate→Curvature→Cloud Curvature，得到点云曲率图形，如图 9.2 所示，选择 Construct→Feature Line→Color Based，再选中 Dynamic Update 设定一个 Percentage Growth 值，用鼠标选择图形中的一点，Seed Point 显示该点编号，图形中将把与该点颜色相似的点包围提取出来。为了尽快提取需要的点云，用鼠标使得滑动条保持激活，然后将鼠标在图中移动，不断改变点，图形快速显示各种不同的隔离点云。

当获得需要的区域后，单击 Apply 按钮，提取曲率近似点云。右击点云，用命令将提取的点云分割为 3 块：背面、侧面和顶面，如图 9.3 所示。选择 Display→Point→Remove Cloud Colors，移除点云色彩。在对曲面整体构造有相当了解后，这部分工作也可以简单地用命令分块提取点云。

图 9.2

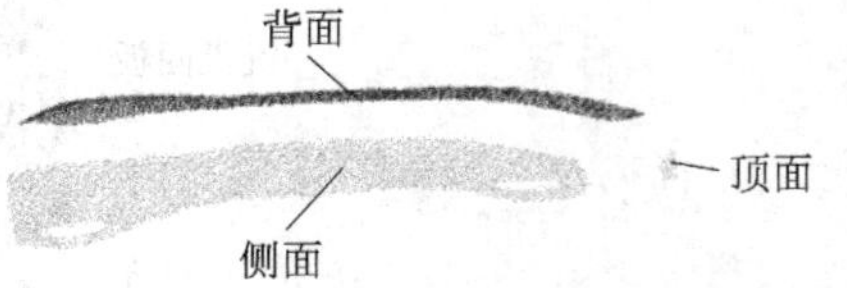

图 9.3

9.3 背面与侧面

选择 Construct→Surface from Cloud→Uniform Surface，将背面点云拟合为均匀曲面，如图 9.4 所示。为了和其他曲面连接，选择命令 Modify→Extend，将曲面适当延伸。调节曲面控制点，注意底部凸起部分曲面的调节。如图 9.5 所示。

按快捷键 Shift+Q，比较曲面和点云的误差，显示彩色云图和误差数据，如图 9.6 所示，

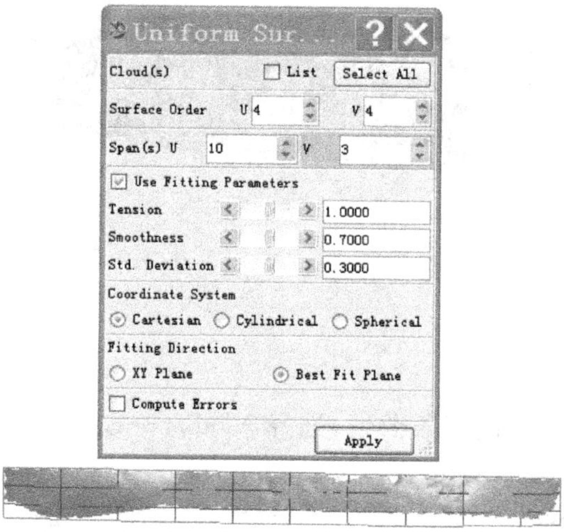

图　9.4

图　9.5

当移动调节控制点时，图中的最大正(Pos.)负(Neg.)误差即时动态改变，达到误差要求后，按 X 键，删除误差云图。如图 9.7 所示。

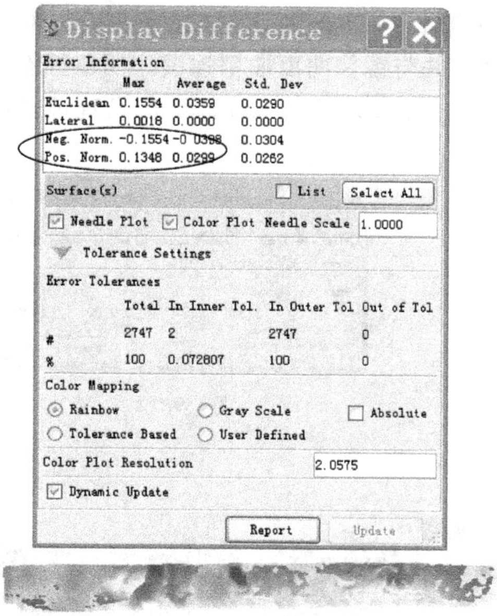

图　9.6

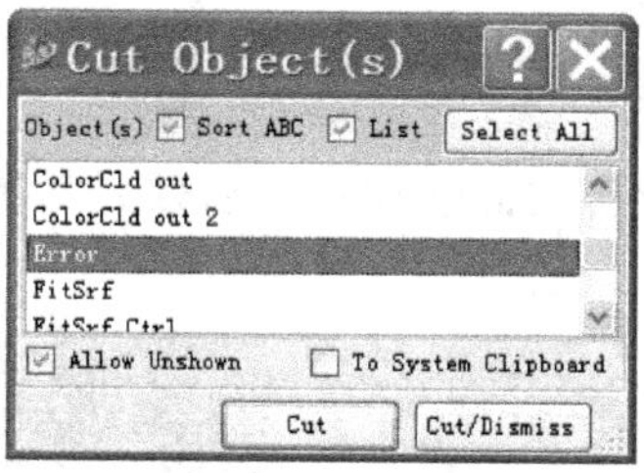

图　9.7

选择 Evaluate→Surface Flow→Reflection Lines，观察曲面光顺性，如图 9.8 所示。

用类似方法得到侧面和顶面。侧面均匀曲面 U、V 方向的阶数(Surface Order)均为 4，跨度数(Span(s))$U=2$，$V=10$。顶面阶数(Surface Order)均为 4，跨度数(Span(s))均为 1。如图 9.9 所示。

图 9.8

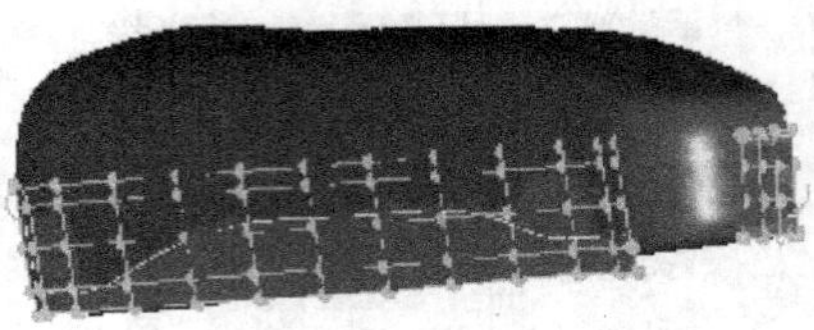

图 9.9

9.4 键盘面板

选择 Create→3D Curve→3D B-Spline 命令，绘制一条曲线，选择 Modify→Extract→Points Within Curves 命令，提取键盘面板点云，如图 9.10 所示。也可以直接右击点云用命令提取。

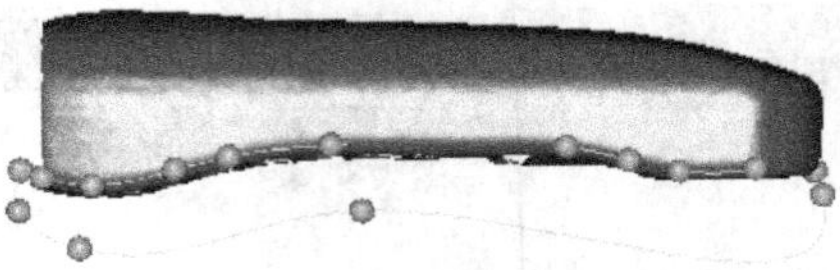

图 9.10

选择 Construct → Surface from Cloud → Uniform Surface 命令，曲面 U、V 方向的阶数(Surface Order)均为 4，跨度数(Span(s))$U=3$，$V=15$，如图 9.11 所示。选择 Modify→Continuity→Make Edge Curvature Symmetric 命令，弹出如图 9.12 所示的对话框，选择曲面上的镜像边，该命令将使得镜像边各控制点移动到镜像平面，并与镜像曲面曲率连续。用鼠标右键在图中空白地方单击，选择■，观察镜像后曲面的连续情况，如图 9.13 所示，若发现镜像面上的曲面法向不光顺，则继续修改控制点位置。

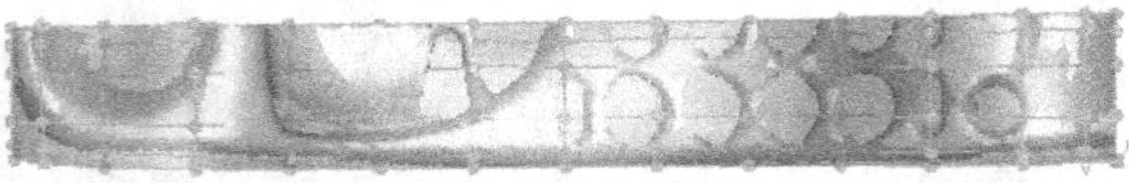

图 9.11

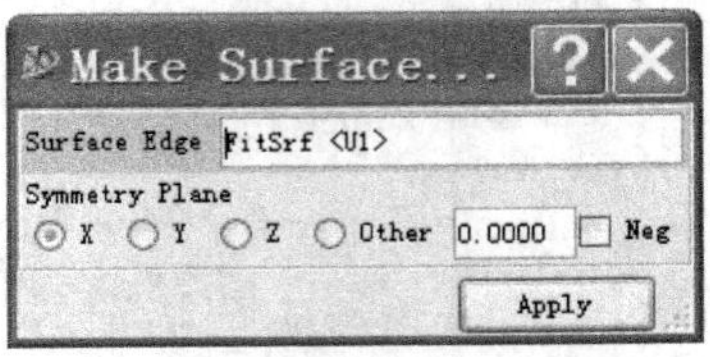

图 9.12

所有大面制作完毕后效果如图 9.14 所示。

图 9.13

图 9.14

选择 File→Save，将文件存盘，选择 Edit→Delete All，删除视图中的所有实体，打开光盘文件“9-2 大面”，比较结果。

9.5 大面连接

从键盘面板和背面之间的缝隙处，用 Modify→Snip→Snip Surface 命令将侧面剪掉一部分，如图 9.15 所示。

将顶面与键盘面板、背面之间倒圆角，如图 9.16 所示，然后选择 Construct→Blend→Surface，将侧面和顶面进行桥接，并将键盘面板处的两倒角边线桥接起来，选择 Construct→Curve on Surface→Project Curve to Surface，投影到面，修剪后，与相邻边用曲率连续围成一个四边曲面，如图 9.17 所示。

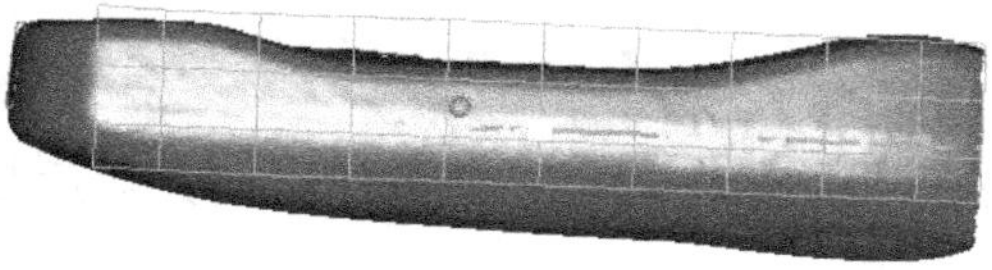

图 9.15

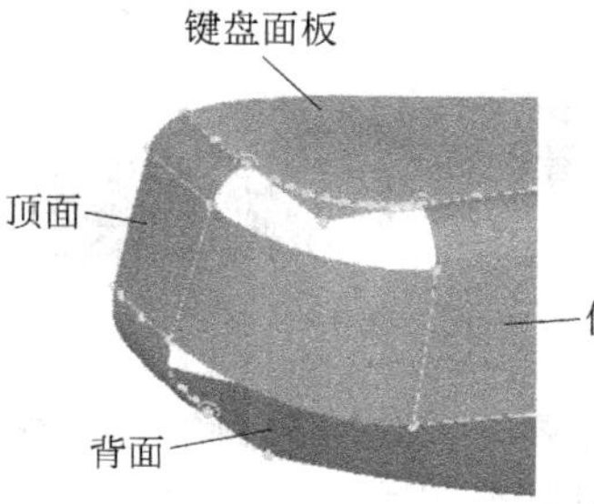

图 9.16

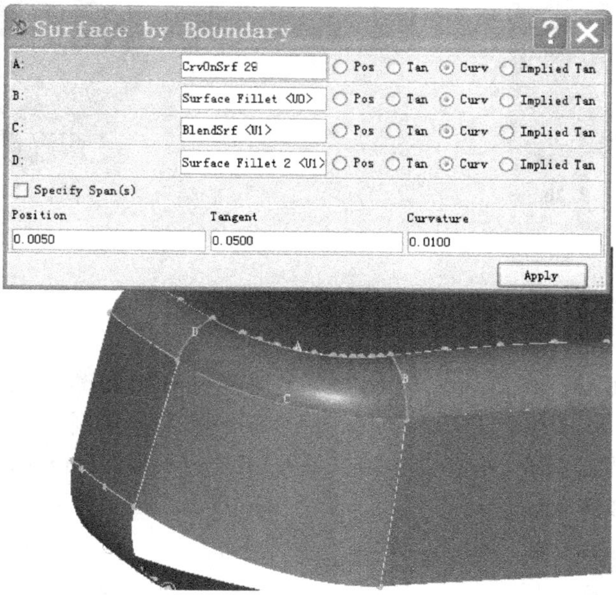

图 9.17

选择 Construct→Curve from Surface→3D Curve from Surface，从背面上提取一条 3D 曲线，选择 Construct→Blend→Curve，与侧面的一条边相桥接，如图 9.18 所示，然后选择 Construct→Surface→Surface by Boundary，用四边围成背面与侧面相连接的曲面，如图 9.19 所示。

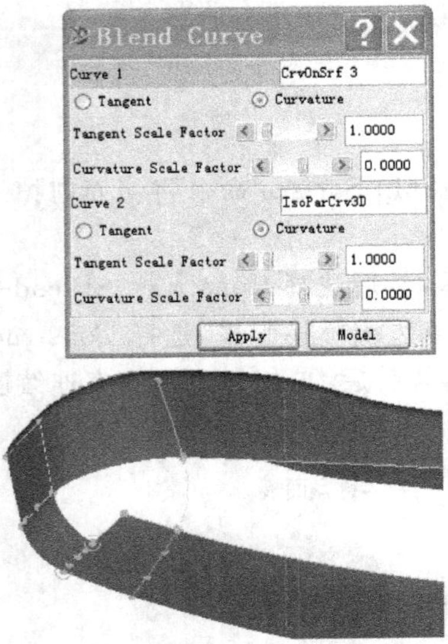

图 9.18

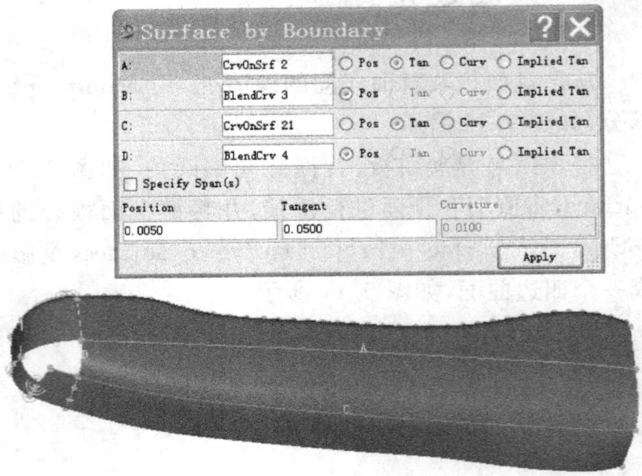

图 9.19

顶部剩下部分用两倒角边线桥接后，投影到背面，如图 9.20 所示，进行修剪，然后与相邻边围成一个四边曲面，如图 9.21 所示。

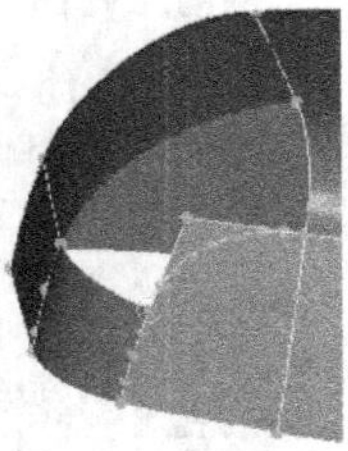

图 9.20

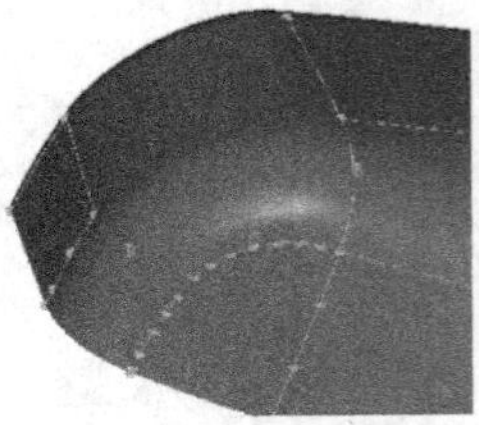

图 9.21

9.6 球面听音孔

键盘面板上端听音孔部分可以拟合为一个球面。右键选择，将点云分割出来，如图 9.22 所示。选择 Modify→Orient→Mirror 将其对称 X 面复制一份，用 Modify→Merge→Clouds 将两部分点云融合，选择 Construct→Surface from Cloud→Fit Sphere 将点云拟合为球面，如图 9.23 所示。

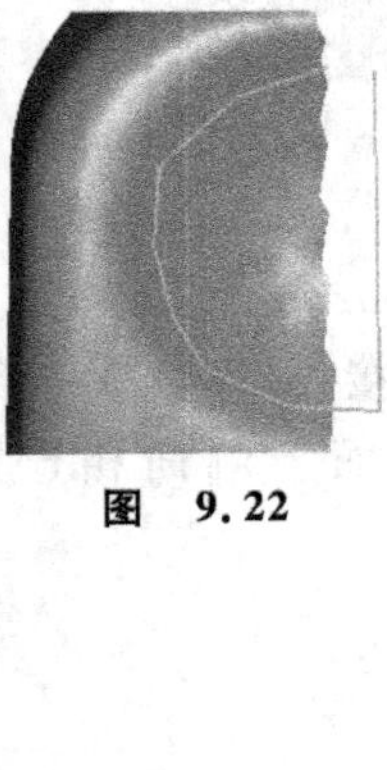

图 9.22

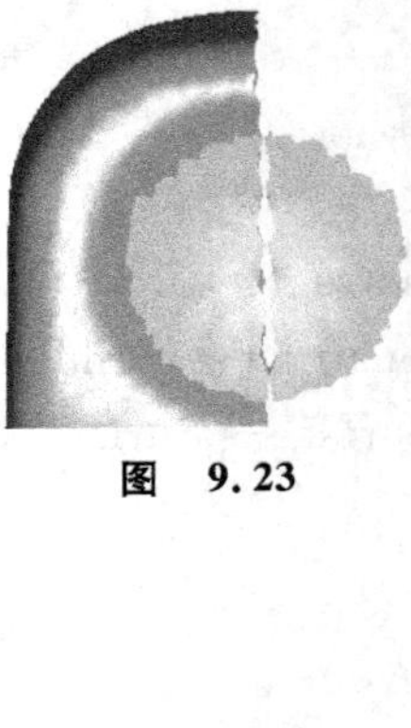

图 9.23

剪切球面时，如图 9.24 所示，打开工具条上的捕捉开关，准确剖切为两半，用 Construct→Intersection→With Surfaces 命令，求出键盘面板与半球面的交线，然后用快捷键 Ctrl＋T 修剪曲面，如图 9.25 所示。倒圆角时，采用两端不同半径。如图 9.26 所示。

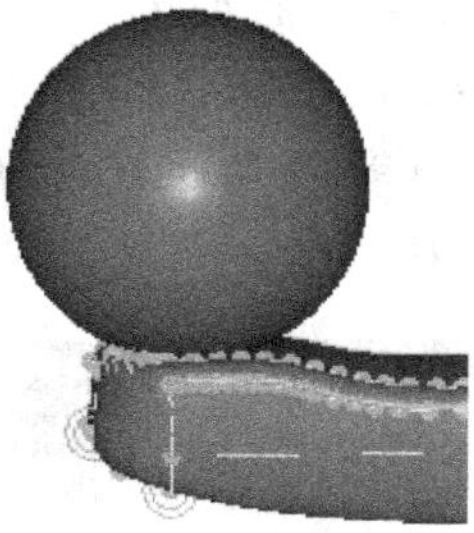

图　9.24

图　9.25

选择 Create→Points，根据听音孔形状绘制一组点云，如图 9.27 所示。选择 Construct→Curve from Cloud→Uniform Curve，选中 Closed Curve，创建一条封闭曲线，如果点云没有按照顺序选择，则需要用 Modify→Direction→Sort Points by Nearest 对点云重新排序，然后才能正确拟合曲线。

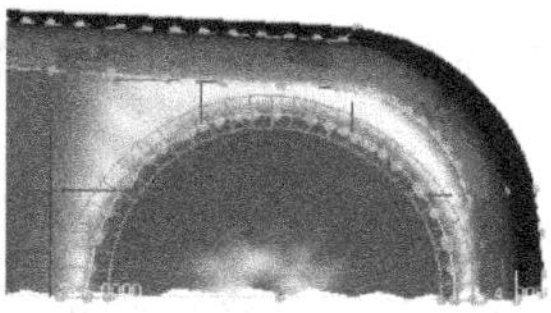

图　9.26

图　9.27

选择 Modify→Orient→Rotate，捕捉球形面中心（Axis Location）为轴点，环形复制 9 条曲线，如图 9.28 所示，将这些曲线投影到球形面，剪切，得到听音孔。如图 9.29 所示。

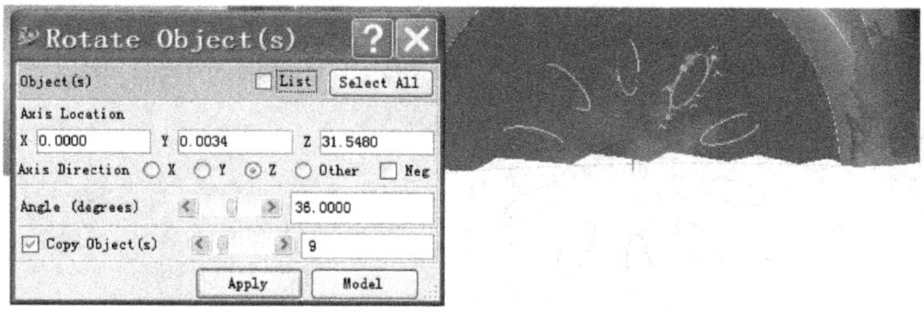

图　9.28

图　9.29

9.7 数字显示面板

数字显示面板与两个键孔用同一块平面构造。右击点云，选中提取点云，如图 9.30 所示，选择 Construct→Surface from Cloud→Uniform Surface，曲面 U、V 方向的阶数 (Surface Order)均为 4，跨度数(Span(s))$U=1$，$V=3$，如图 9.31 所示。将拟合曲面适当延伸。调整好曲面后，绘制 3D 曲线圈出数字显示面板轮廓，如图 9.32 所示，选择 Construct→Curve on Surface→Project Curve to Surface 投影到曲面，修剪。

图 9.30

图 9.31

用同样的方法将键盘面板轮廓修剪出来，这里将会剪掉部分圆角边，如图 9.33 所示。

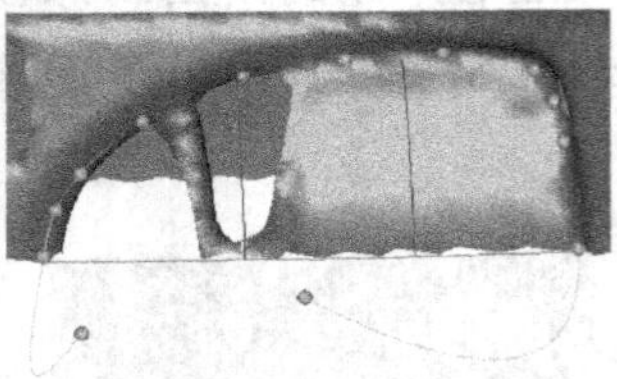

图 9.32

图 9.33

也可以用 Construct→Curve on Surface→Interactive B-Spline 命令直接绘制曲面上的 2D 曲线，这样将省略投影曲线到面这一步骤。

键盘面板与数字显示面板之间采用 Construct→Blend→Surface 桥接完成。由于曲面边比较长，而且形状较复杂，用一个桥接曲面完成连接效果不是太好。被剪掉的圆角边正好将键盘面板一条边轮廓分成了 3 部分。但是，对应的数字显示面板只有一条边，不能进行桥接。这里，绘制一条直线，投影到曲面上，用快捷键 Ctrl＋T，选择 Divide，分割曲面为两部分，得到 3 条边，如图 9.34 所示。桥接完成后曲面如图 9.35 所示。

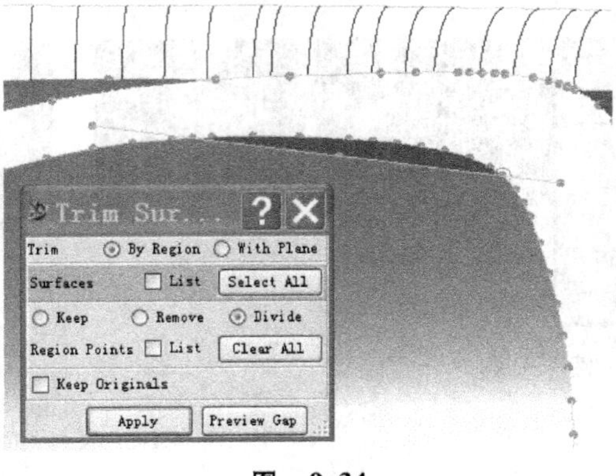

图 9.34

同样，绘制数字显示面板上的两键孔，并分割出曲面，如图 9.36 所示。这里之所以没有剪掉两键孔曲面，是需要利用其轮廓边获得卷边。

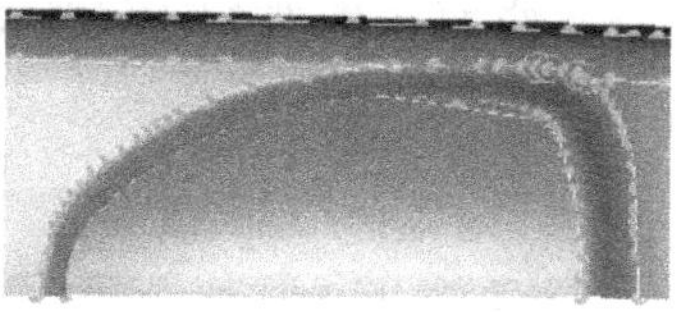

图　9.35

图　9.36

选择 Construct→Flange→Flange Surface，卷边，设置如图 9.37 所示，向下拉伸出键孔卷边。选择 Construct→Fillet→Surface 倒圆角，选择 Modify→Continuity→Match Surface，选中 Partial，对图 9.38 中圈出的端部缝隙进行两曲面部分匹配。

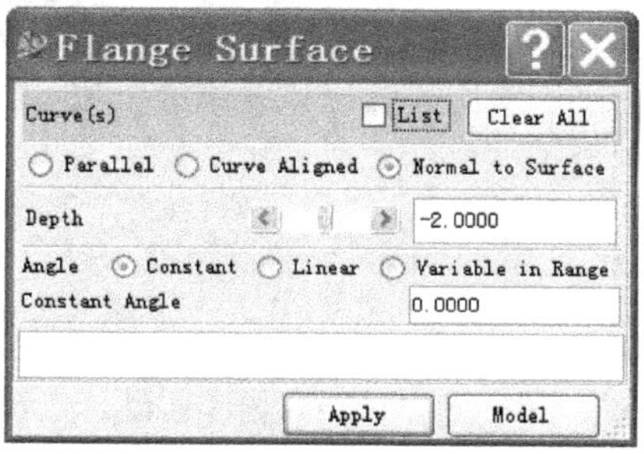

图　9.37

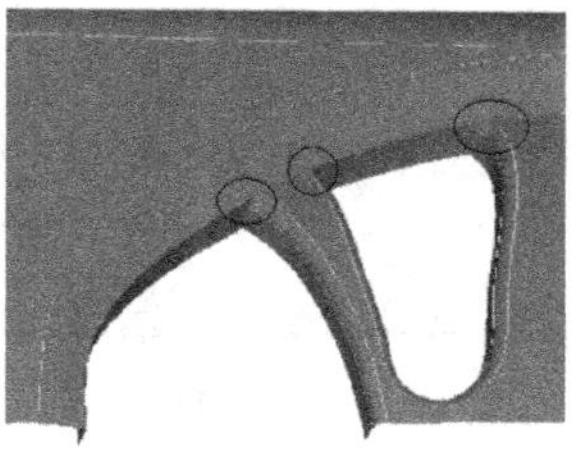

图　9.38

9.8　键孔

键盘面板上键孔有两排，首先绘制中间一排键孔轮廓，然后复制、移动到边上，这样才能保证中间一排键孔的中心落在 $X=0$ 的对称面上。

选择 Create→Curve Primitive→Line，打开工具条上的曲线捕捉命令，在曲面的边缘线上绘制键孔椭圆的短轴，如图 9.39 所示，打开曲面捕捉命令，绘制长半轴，如图 9.40 所示。

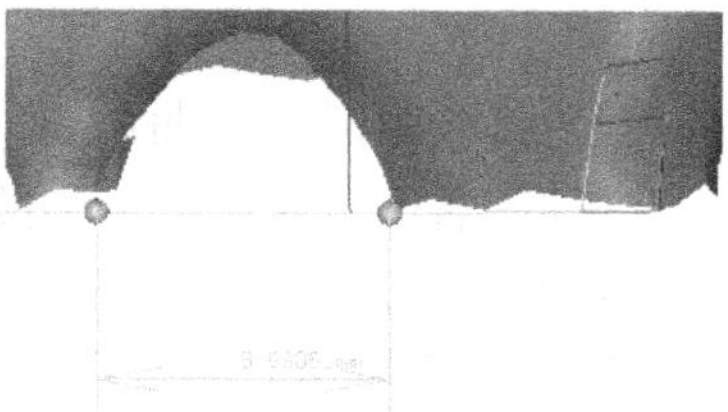

图　9.39

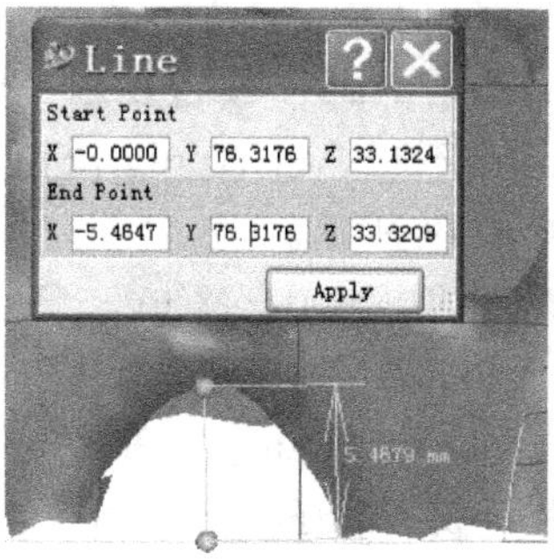

图　9.40

可以用命令 Evaluate→Information→Object 查看刚才绘制的两条直线的长度，如图 9.41 所示。选择 Create→Curve Primitive→Ellipse，先填好长短半轴值，Center 点坐标，打开捕捉椭圆短轴中心，然后选择 Normal→Other 捕捉曲面法线方向，选择 Major Axis→Other 捕捉椭圆短轴方向，得到椭圆，如图 9.42 所示。

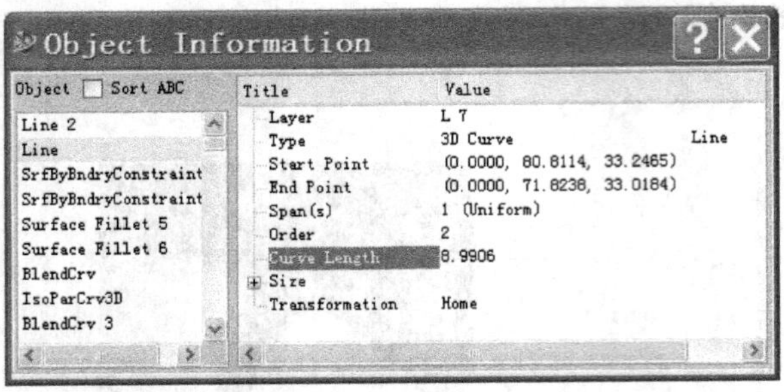

图 9.41

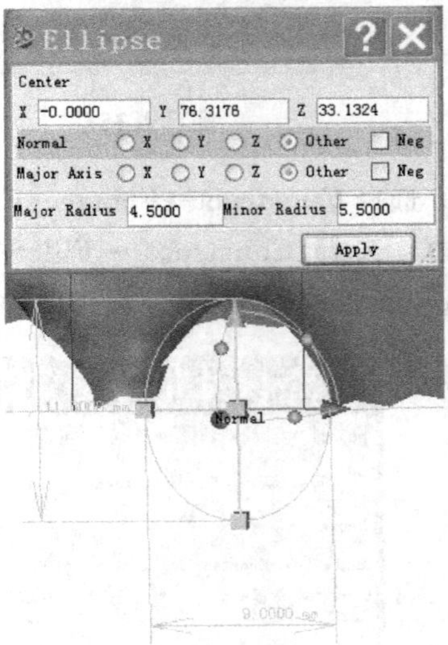

图 9.42

类似地得到其余 3 个椭圆，如图 9.43 所示。在曲面的边缘线上，根据点云绘制各孔椭圆的短轴直线，这些直线只是为了便于捕捉椭圆中心，因此长度可不相同，采用上面一个椭圆同样的长、短轴长，绘制出其余 3 个椭圆。但每个椭圆的法向 Normal 不同，为其所处曲面位置的法向。

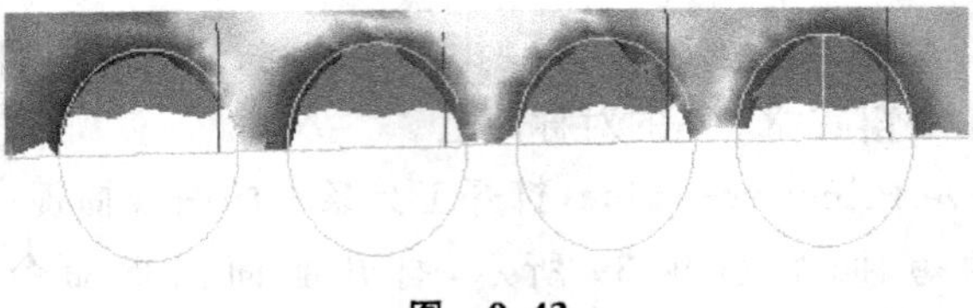

图 9.43

选择 Modify→Orient→Translate，选择 4 个椭圆曲线，选中 Copy Object(s)，Distance 设置为 0，单击 Apply 按钮复制 4 个椭圆，然后取消 Copy Object(s)的选中状态，设置一个 Distance 值，不断单击 Apply 按钮，在 X 方向逐渐移动 4 个椭圆曲线，得到另一排 4 个椭圆。如图 9.44 所示。

类似地，用 Create→Curve Primitive→Slot 命令，先绘制面板中间的槽曲线，如图 9.45 所示，然后再复制并移到其余两个位置。由于面板曲面为弧形，靠近键盘面板上端的那条槽曲线需要用命令 Modify→Orient→Rotate 旋转，使其与曲面平行，如图 9.46 所示。

键盘面板下端还有一个圆孔，在曲面上绘出圆曲线，如图 9.47 所示。

选择 Construct→Curve on Surface→Project Curve to Surface，将所有曲线投影到键盘面板曲面上，用快捷键 Ctrl+T 剪切，得到键孔，如图 9.48 所示。

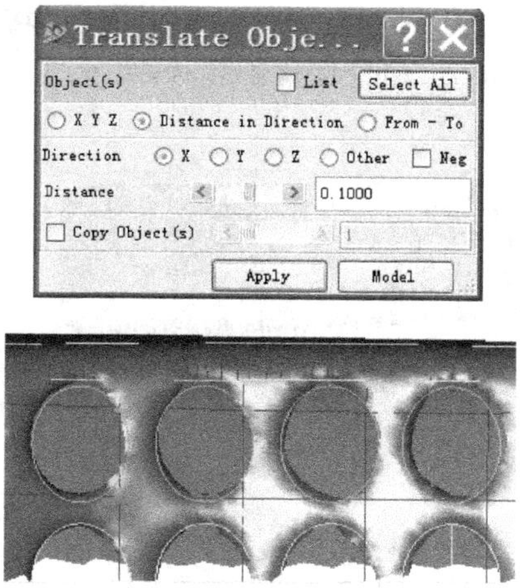

图　9.44

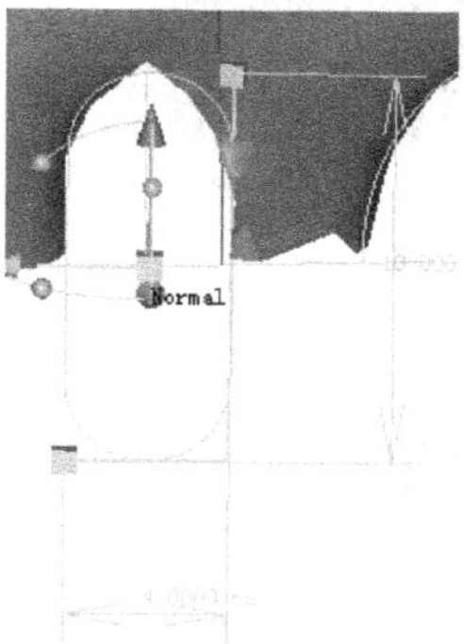

图　9.45

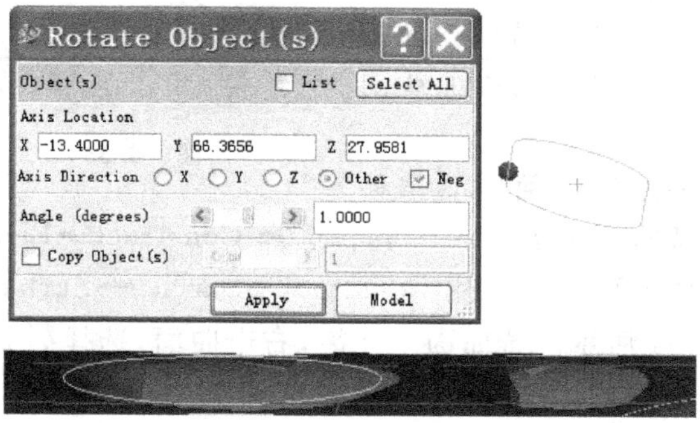

图　9.46

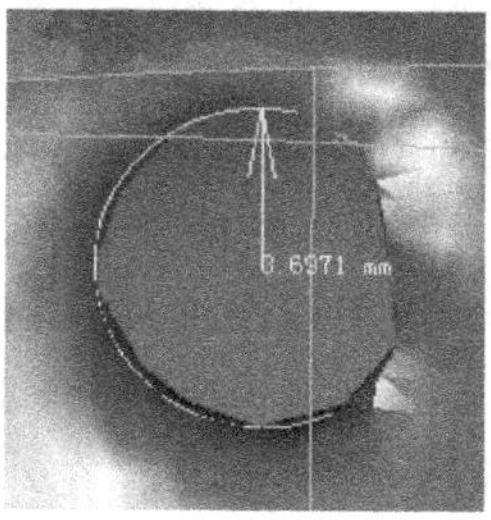

图　9.47

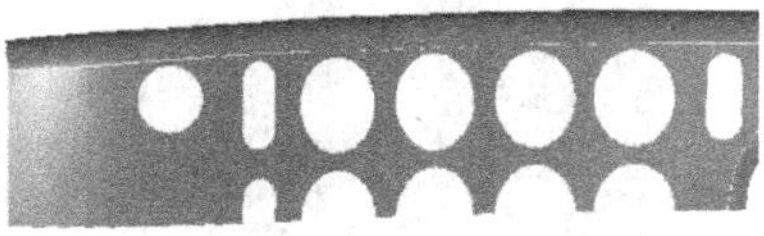

图　9.48

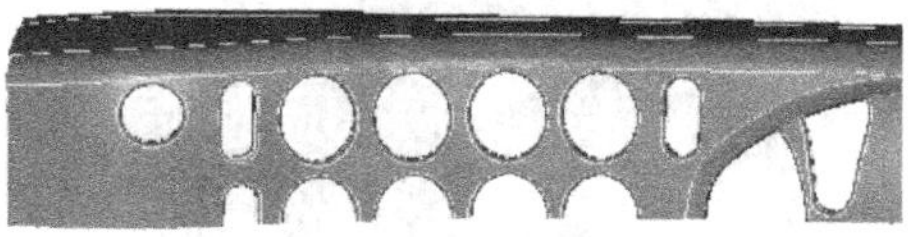

图　9.49

选择 Construct→Flange→Flange Surface，对键孔卷边，选择 Construct→Fillet→Surface 倒角，选择 Modify→Continuity→Match Surface，选中 Partial，对端部的缝隙处进行两曲面部分的匹配，如图 9.49 所示。

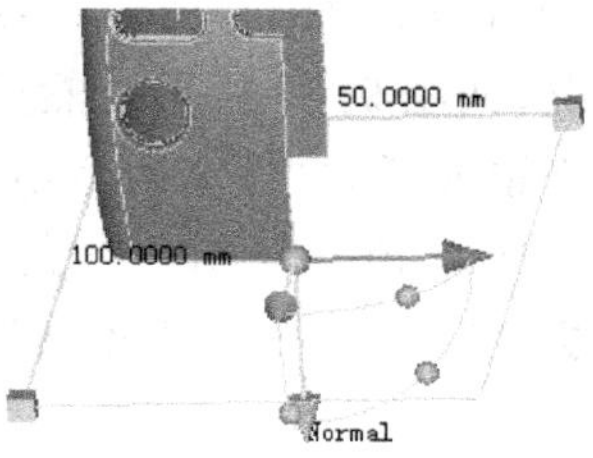

图　9.50

选择 Create→Plane→Center/Normal，做出底部平面，这部分没有扫描出点云，为了整体完成，添加该平面，如图 9.50 所示。选择 Modify→Snip→Snip Surface，选中 With Plane，剪掉多余的右半平面，然后将余下平面与其余曲面进行倒圆角，如图 9.51 所示。

选择 Modify→Orient→Mirror 镜像所有曲面，得到移动电话右边部分。如图 9.52 所示。镜像之前,要确认所有位于对称面 $X=0$ 的曲面边缘均已采用 Modify→Continuity→Make Edge Curvature Symmetric 命令优化了形状。

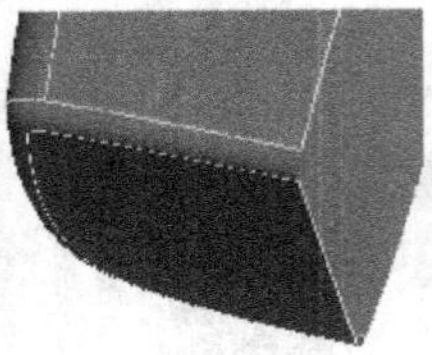

图 9.51

图 9.52

9.9 送话孔

送话孔由于不是由对称的两部分组成,因此需要镜像曲面完成后再制作。和听音孔制作类似,选择 Create→Points,根据送话孔形状,绘制一内一外两组点云,选择 Construct→Curve from Cloud→Uniform Curve,选中 Closed Curve,创建两条封闭均匀曲线,先将内曲线投影到曲面,用快捷键 Ctrl+T,选择 Divide,分割出内曲线围成的曲面,如图 9.53 所示。

图 9.53

选择 Construct→Offset→Surface,将这块曲面向后偏移 2 mm。然后将外曲线投影到曲面,在键盘曲面上剪出一个孔。选择 Construct→Blend→Surface,桥接键盘曲面与内曲面,最后一块曲面可以采用 Construct→Surface→Surface by Boundary 命令,用四边围成曲面,如图 9.54 所示。若曲面不光滑,右击曲面,选择,减少曲面的跨度数。最后在小曲面上绘制 3 个圆,投影后剪切,得到曲面上的送话孔。如图 9.55 所示。

图 9.54

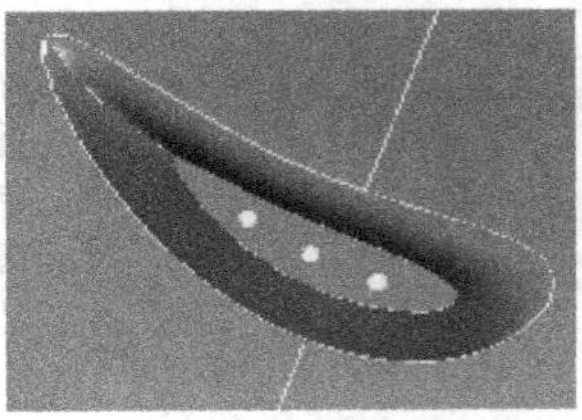

图 9.55

送话孔右边的圆键孔比左边的大,因此,要先删除已经镜像过来的小圆孔,选择 Modify→Trim→Untrim,选中 Selected Trim,将右曲面上的小圆孔删除,曲面恢复到未剪切之前的状况,如图 9.56 所示。然后像其他孔一样,剪切得到右边的圆键孔,如图 9.57 所示。可见,如果镜像后,再做这两个不对称孔,则可减少一些步骤。

选择 File→Save,将文件存盘,选择 Edit→Delete All,删除视图中的所有实体,打开光盘文件"9-3 键孔",比较结果。

图　9.56

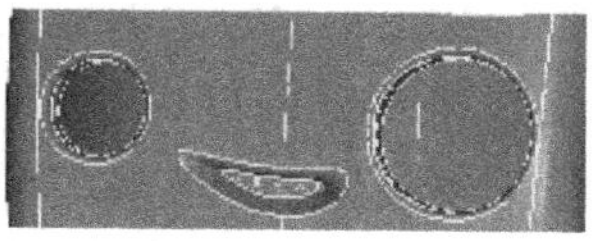

图　9.57

9.10　天线

天线主体是一个圆柱曲面和一个圆锥曲面，主要工作是底部与机身曲面的连接以及顶部旋转曲面的构造。

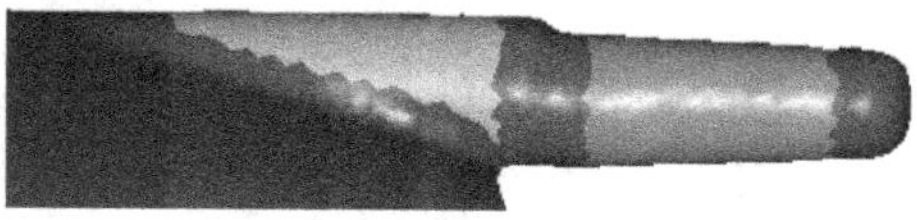

图　9.58

右击点云选择，提取圆柱面和一个圆锥面点云，如图 9.58 所示。选择 Construct→Surface from Cloud→Fit Cone 和 Fit Cylinder，分别将两段点云拟合为圆锥和圆柱面，打开圆心捕捉，用 Create→Curve Primitive→Fit Line 绘制圆锥面轴线并延长，如图 9.59 所示。然后将两段曲面均加以适当延伸，如图 9.60 所示。

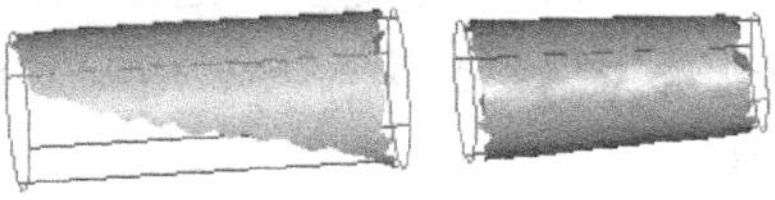

图　9.59

图　9.60

右击点云选择，过圆锥轴线剖切点云，如图 9.61 所示，右击点云选择，分割出顶端半圆形旋转体边线点云，选择 Construct→Curve from Cloud→Uniform Curve，将点云拟合为均匀曲线，端点用相切延长，穿过圆锥面，剪断圆锥面多余部分，如图 9.62 所示。

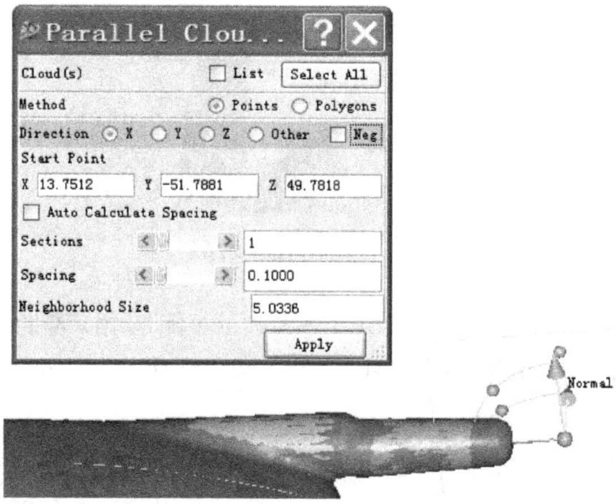

图　9.61

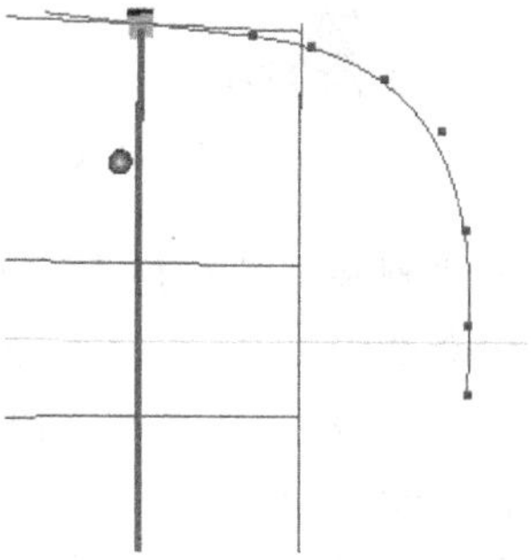

图　9.62

选择 Construct→Curve from Surface→3D Curve from Surface 提取圆锥曲面顶圆曲线，把拟合曲线两端剪断后，选择 Modify→Continuity→Create Constraint(s)将顶圆曲线和圆锥轴线位置约束连接起来，如图 9.63 所示。选择 Construct→Surface→Surface of Revolution 旋转得到天线顶部曲面，如图 9.64 所示。

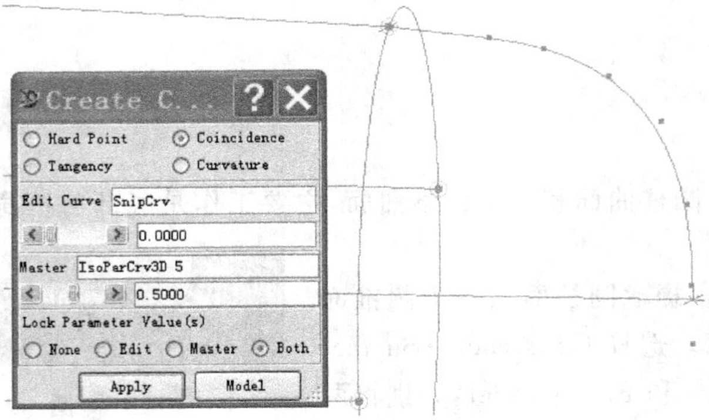

图 9.63

选择 Construct→Blend→Surface，将圆柱与圆锥曲面桥接，若发现桥接曲面扭曲，如图 9.65 所示，需要用 Modify→Direction→Change Surface Start Point 改变曲面起始点，如图 9.66 所示，若曲面当前 U、V 线可选状态不对，则先用 Modify→Direction→Reverse Surface Normal 调整过来。相切桥接部分曲面如图 9.67 所示。

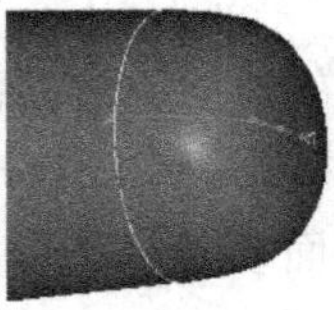

图 9.64

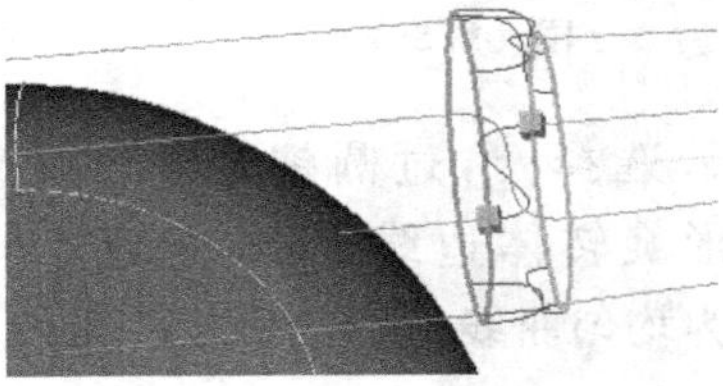

图 9.65

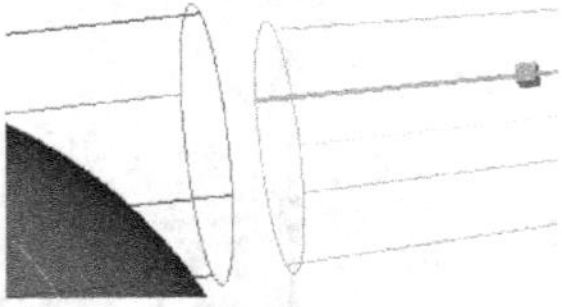

图 9.66

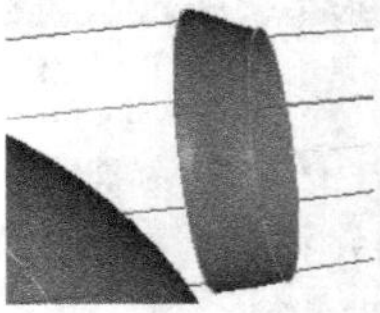

图 9.67

天线圆柱部分与机身曲面相交，需要用 Construct→Fillet→Surface 倒圆角，若直接用倒圆角命令中的 Trim 剪切选项，曲面剪切产生大裂缝，如图 9.68 所示，则去掉 Trim 勾选，倒角完毕后，利用形成的交线来剪裁，如图 9.69 所示。

若发现用快捷键 Ctrl＋T 不能剪切圆柱面，则需要检查圆角面与圆柱面的接触线之间是否有缺口，缺口较大的地方，要用 Modify→Continuity→Create Constraint(s)将接触线 Contact Curve 约束连接起来，如图 9.70 所示。然后剪切。

注意，直接用 Modify→Continuity→Match Surface 把两圆角曲面相切匹配约束，并不能使接触线约束连接在一起。

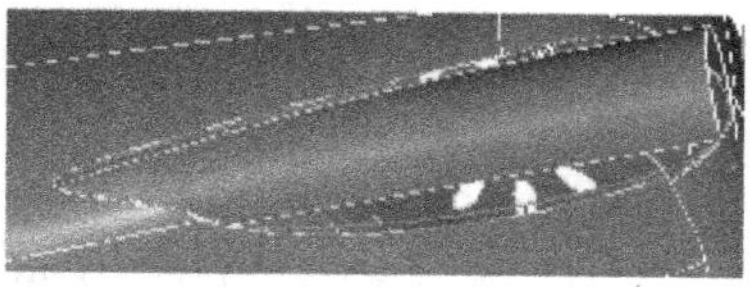

图 9.68

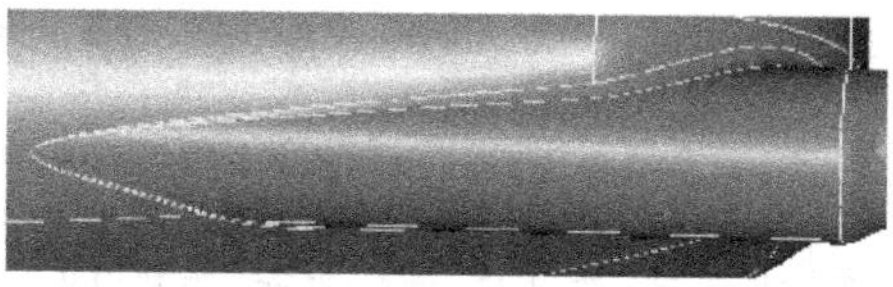

图 9.69

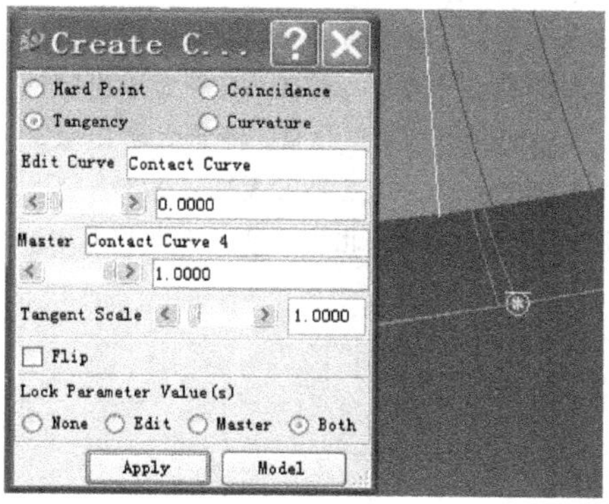

图 9.70

至此,移动电话全部制作完毕。如图 9.71 所示。

选择 File→Save,将文件存盘,选择 Edit→Delete All,删除视图中的所有实体,打开光盘文件“9-4 移动电话完成”,比较结果。

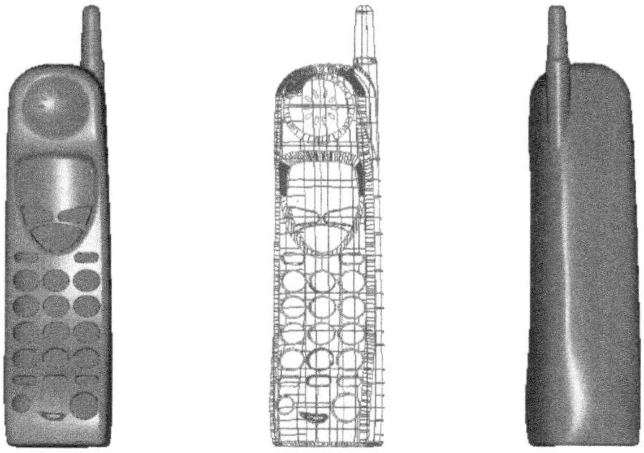

图 9.71

参 考 文 献

[1] 王霄.逆向工程技术及其应用.北京：化学工业出版社，2004

[2] 冯如设计在线，周文培，连祥宇，李翔鹏.UG/NX4 中文版自学手册——逆向造型篇.北京：人民邮电出版社，2008

[3] 吴永强.精通 UG NX5＋Imageware 逆向工程设计.北京：电子工业出版社，2008

[4] 姜元庆，刘佩军.UG/Imageware 逆向工程培训教程.北京：清华大学出版社，2003

[5] 单岩，谢斌飞.Imageware 逆向造型技术基础.北京：清华大学出版社，2006

[6] 单岩，谢斌飞.Imageware 逆向造型应用实例.北京：清华大学出版社，2007

[7] 金涛，童水光等.逆向工程技术.北京：机械工业出版社，2003

[8] 刘伟军，孙玉文.逆向工程原理方法及应用.北京：机械工业出版社，2008